# 规划过程参与主体的行为取向分析

## ——基于传统政治文化视角

彭觉勇　著

U0380034

东南大学出版社
SOUTHEAST UNIVERSITY PRESS
·南京·

## 内 容 提 要

当前,西方城市规划理论仍然深刻地影响着我国的城市规划实践。然而,改革开放 30 多年来,我国在快速城市化进程中出现的各类规划现象、城市问题,这是在世界城市发展史上都没面临过的问题。显然,西方城市理论与中国的城市规划实践之间存在较深的裂痕。只有把"在中国的城市规划理论"转变为"中国的城市规划理论",才能正确指导中国城市规划建设和适应实际的需要,故推动城市规划理论的本土化十分必要。

本书确定了城乡规划学、政治学和传统文化相交叉的研究方法,以传统政治文化作为研究视角,以城市规划过程(规划政策制定阶段、规划实施阶段)作为研究主线,以四大基本参与主体(政府部门、规划咨询机构、利益集团、市民)在规划过程中产生的各类行为后果(规划现象)为依据,对四大主体行为产生的取向原因进行了初步探索。同时,本书也为城市规划理论的本土化研究提供一个可供参考的思路。

本书适合城市规划管理工作者、城市规划理论研究人士、城市规划从业工作者、高校规划专业学生阅读参考。

### 图书在版编目(CIP)数据

规划过程参与主体的行为取向分析:基于传统政治文化视角/彭觉勇著. —南京:东南大学出版社,2015.9
ISBN 978-7-5641-5751-7

Ⅰ.①规… Ⅱ.①彭… Ⅲ.①城市规划—研究 Ⅳ.①TU984

中国版本图书馆 CIP 数据核字(2015)第 107593 号

规划过程参与主体的行为取向分析——基于传统政治文化视角

| | |
|---|---|
| 著　　者 | 彭觉勇 |
| 责任编辑 | 宋华莉 |
| 编辑邮箱 | 52145104@qq.com |
| 出版发行 | 东南大学出版社 |
| 出 版 人 | 江建中 |
| 社　　址 | 南京市四牌楼 2 号(邮编:210096) |
| 网　　址 | http://www.seupress.com |
| 电子邮箱 | press@seupress.com |
| 印　　刷 | 南京京新印刷厂 |
| 开　　本 | 700 mm×1 000 mm　1/16 |
| 印　　张 | 16 |
| 字　　数 | 305 千字 |
| 版　　次 | 2015 年 9 月第 1 版　2015 年 9 月第 1 次印刷 |
| 书　　号 | ISBN 978-7-5641-5751-7 |
| 定　　价 | 49.00 元 |
| 经　　销 | 全国各地新华书店 |
| 发行热线 | 025-83790519　83791830 |

# 序　言

## （一）

快速的城市化进程正日益改变着我国的城乡空间面貌,展示着我国城市规划学科的繁荣和行业的兴旺。但是,在对城市规划活动本质的认识上,各类从业人员还存在诸多差异。笔者在与规划从业人员或政府规划管理人员进行交流时发现,他们对规划现象的理解带有较多的"技术理性"特点;在与城市规划理论研究人员交流时发现,他们对规划现象的理解却带有较多"理想主义"特点。对城市规划活动本质理解的差异产生了这样一个现象,那就是:规划从业人员认为规划理论"不值一钱",而规划理论研究人员认为规划从业人员"不可理喻"。这种现象凸显了城市规划理论的某些尴尬,即中国当前的部分城市规划理论与中国城市规划的实际并不吻合。看来,城市规划理论与实践具有裂痕已经是不争的事实。如何弥合这些裂痕,将城市规划理论与中国城市规划的具体实践相结合,这是当前城市规划理论研究亟待解决的问题。

当前,我国大多数人将城市规划本质特征看作是对城市空间和土地进行安排的一项技术。这种强调"实用主义"的论断,可能来自于当前的一个普遍心态,那就是在"以经济建设为中心"的指导思想下,我们习惯于将城市建设水平的衡量标准物质化,常常以城市的发展规模、占地面积、基础设施建设水平、城市人口数量、城市建设投入等要素作为城市建设发展的指标。但只要我们沿着这个思路稍加分析就会发现,这种认识是多么的"片面"。如果说城市规划仅仅是一项对城市空间和土地进行安排的技术,那么这种论断很显然无法回答城市规划过程中出现的这些具体问题:①谁来进行城市空间和土地安排? 要回答这个问题,必然涉及城市规划过程参与主体的问题,即城市规划的参与主体是谁。②参与主体凭什么来进行城市空间和土地安排? 要回答这个问题,必然涉及权力问题,这属于政治学的研究范畴。③参与主体怎样安排空间和土地? 要回答这个问题,必然涉及城市规划参与主体的价值取向问题,这属于意识形态范畴。④参与主体对空间和土地安排的程序是如何进行的? 要回答这个问题,必然涉及城市规划过程阶段的设置问题,需要以过程的思维观来分析这个问题。对上述问题的思考,不仅仅是对城市规划理论的逻辑思辨,而是上述内容的确会对城市规划产生重要影响。基于这些粗略的分析很快就会发现,把"工程技术"作为城市规划的本质属性确实不够全面。实际上,城市规划的工程技术特性更多是表现在城市规划方案的编制阶段,而城市规划方案编制仅仅是城市规划过程中的一个阶段,其目的在于为城市规划目标的实现提供技术支撑,"工程技术理性"不足以全面、客观地表征城市规划过程的本质属性。以过程中某个阶段的属性来表征整体过程的属性,既不客观也不全面。笔者厘清这些问题的目的在于,说明本书的研究并没有沿着规划工程技术的常规路线进行,而是从更为宽阔的领域去探索城市规划现象的本质特征,这是对规划本体理论的一次探索。

## (二)

城市规划是政府及其相关参与主体,利用公共权威为实现某种特定的城市发展目标而进行的行动安排,涉及全体市民的整体利益和公共利益。在城市规划过程中,由政府、规划(咨询)机构、利益集团(开发商)和市民等多个主体参与,保障落实规划政策的基础是权力,开展规划活动是为了实现整体利益和公共利益。这些特征足以说明,城市规划活动是一项高度政治化的活动,具有公共政策的意味。城市规划活动所具有的政治属性,是本书研究得以开展的逻辑基础。

城市规划活动总是开端于某项社会问题,或是为了城市扩展的需要,或是为了改善城市空间环境的需要,或是为了满足某些城市建设意愿需要等。继而围绕这些问题制定具体的解决方案,最后对政策方案内容实施和落实。这些规划事件的发生具有先后的逻辑关系,即总是存在开始、发展和结束等阶段,进而说明城市规划活动的开展是一个过程。沿城市规划活动的过程进行探索,是本书研究遵循的逻辑主线。

在实践和观察中我们发现,城市规划活动是一项有意识的人类活动。人的意识活动及由意识控制下的行为,是城市规划活动得以开展最基本的要素。意识,即价值取向;人的行为,即参与主体的行为。可以说,城市规划活动中的城市规划现象,就是参与主体在自身价值取向的支配下,各参与主体行为的集合。价值取向驱动参与主体行为,行为结果产生规划现象,这就是城市规划活动中价值取向、行为及现象之间的逻辑关系。从这个逻辑关系来看,价值取向是城市规划活动开展的起点,是本书研究的核心内容。参与主体行为取向的生成受到诸多因素的影响,传统政治文化是最重要的影响因素之一。故传统政治文化可以作为分析城市规划行为取向的视角。

总之,城市规划活动具有这样一些基本特性,即城市规划活动是一项公共政策活动,是一个过程,是参与主体行为取向作用的结果。本书正是将城市规划看做一个公共政策过程，并以城市规划现象为导向，从传统政治文化的视角来认识规划参与主体的行为取向。

（三）

从城市规划理论的研究方法上看，城市规划活动既是"实证的"，又是"规范的"。"实证的"是指事实是怎样的，关注的是事实的"实然"部分，可以通过经验或观察的方法来检验真伪，这是现代科学发展的基础。"规范的"是指应当怎样，通常通过逻辑推理完成，关注的是"应然"内容，更多的带有主观价值判断，这是人文社科研究开展的基础。从研究对象来看，本书是以城市规划现象为导向，侧重于对城市规划过程参与主体的行为取向进行分析。因此，本书在研究方法上体现了"规范的"一面，即采用逻辑推理的方式去寻找价值取向与行为现象之间的联系。价值取向具有强烈的稳定性，当前规划过程参与主体的价值取向，一定是对既有的中国传统政治价值取向的"继承"和"发展"。这种具有强烈民族色彩的价值取向，是当前规划过程参与主体行为取向的重要组成部分。既有的价值取向即传统的，中国的政治文化即民族的，当前的行为取向即现代的，从这个角度上看，本书的研究初步构建了传统的——民族的——现代的逻辑维度，为"在中国的城市规划理论"向"中国的城市规划理论"的转化的探索进行了有益的尝试，即对城市规划理论的本土化进行了初步探索。同时，我们当前正面临日新月异的社会环境，全球化进程对我国城市规划参与主体行为取向会产生重要影响。面对这个问题，笔者也进行了初步的探索。

诚然，由于知识能力有限、经验积累不够，本书的研究还有很多不完善，甚至有错误的地方。但笔者相信，本书的研究已经对西方学理与当前中国实际相结合作出了有益的尝试，这应该是一个值得鼓励的研究方向。

彭觉勇<br>2015 年 5 月

# 前　言

笔者博士毕业后就职于城市规划管理部门工作,在此期间,参与了大量的城市规划工作,亲身经历和目睹了大量城市规划现象,并发现在当前我国的城市规划理论研究中,对部分城市规划现象关注还较少。由此,笔者产生了这样的想法,希望对自己在规划过程中所接触的规划现象开展初步研究。

如何串联这些复杂的规划现象进行系统研究,这是笔者面临的第一个难题。通过借鉴政治学理论和研究发现,尽管规划现象纷繁复杂,但这些现象始终会围绕一条主线发生,这就是城市规划过程。也就是说,一切规划现象都会发生在规划政策制定过程和规划实施过程中。同时也可发现,城市规划具有浓郁的政治属性。研究要解决的第二个问题就是现象发生的机制是什么? 通过研究发现,任何城市规划现象都是参与主体行为的集合,规划现象只不过是规划过程参与主体行为的具体结果。由此,笔者通过梳理发现,四类参与主体的参与行为具有普遍性,即政府部门、规划咨询机构、利益集团(开发商)和市民等四大主体在规划过程中发挥着基础性作用,他们是推动规划过程顺利开展最基本的力量。通过这一现象也可发现为各个参与利益主体搭建了一个可以讨价还价、相互妥协的平台是城市规划的一个重要本质特征。研究要解决的第三个问题是各参与主体在规划过程中各种行为产生的原因。正如马克思所说"人们自己创造自己的历史,但是他们并不能随心所欲地创造,并不是在他们自己选定的条件下创造,而是在直接碰到的、既定的、从过去继承下来的条件下创造。一切已死的先辈们的传统,像梦魇一样纠缠着活人的头脑"。因此,在研究具有浓郁政治属性的城市规划活动中,可以以传统政治文化为视角,对参与主体的行为产生的源头(即取向)进行剖析。由此,笔者建立了研究认识的全部框架和研究内容。

笔者对城市规划过程、参与主体、行为取向为关键词进行了检索发现,在城市规划的理论中对上述问题的研究几乎为空白。笔者认为,不同参与主体对城市规划过程中利益的追求，实际上受到了民族个性的深刻影响。因此，研究规划过程中参与主体的行为取向，是认识中国城市规划现象的关键，这也是本书的重点研究内容。本书大部分源自笔者的博士论文，并融入了自己在工作中的体会。

本书编写的主要目的有三个：一是致力于推动城市规划理论的本土化研究；二是尝试将参与主体的行为取向作为认识中国城市规划现象的一个突破点；三是尝试以跨学科的视角对城市规划理论进行研究。

由于知识水平与时间关系，研究中还有很多不完善的地方，肯请读者批评指正，为谢！

彭觉勇

2015 年 5 月

# 目　录

# 1 绪 论

## 1.1 选题背景

当前,随着经济社会的快速发展和城市化的快速推进,我国城市规划的理论研究和实践取得了巨大成绩。但是在城市规划的指导理论方面还存在一个较为突出的现象,那就是西方国家 20 世纪的规划理论仍然是指导我国规划实践的主要理论。城市规划是一个实践性很强的学科,必须与具体的城市综合环境因素相结合,才能更好地指导城市建设和管理的实际。对于城市规划理论,笔者认为影响其形成的综合环境因素主要包括三个方面(表 1-1):一是,国家的政治体制、经济状况、社会发展阶段、文化习俗等综合因素与城市的建设和管理紧密相关,并且这些要素

表 1-1 影响城市规划理论形成的各种因素

| 影响因素 | 具体内容 | 对规划现象可能产生的影响 |
|---|---|---|
| 政治制度 | 权力构成、制度设计、土地归属、执政目标等 | 1. 规划目标设定;2. 规划过程制度设计;3. 参与主体类别;4. 规划过程如何进行;5. 规划为谁服务等 |
| 经济情况 | 经济收入情况、社会财富分配情况等 | 1. 规划目标设定;2. 土地性质划定;3. 基础设施配置情况;4. 容积率等;5. 城市发展规模;6. 城市功能设置;7. 城市体系设置等 |
| 社会状况 | 社会群体构成、社会主要矛盾等 | 1. 规划目标设置;2. 基础设施配置;3. 规划内容选择;4. 规划过程参与情况等 |
| 文化习俗 | 历史情况、文脉场所、生活习俗等 | 1. 城市特色;2. 城市空间肌理;3. 历史遗产空间保护等 |
| 物质环境 | 地貌、水文、生态、气候、区位等 | 1. 城市空间形态;2. 城市空间特色;3. 城市设计内容;4. 城市景观风貌;5. 城市交通组织;6. 城市环境容量等 |
| 技术手段 | 交通组织、通信方法、规划成果展示技术等 | 1. 城市空间形态;2. 城市功能设置;3. 城市交通组织方式;4. 规划政策宣传;5. 规划成果展示等 |
| 参与主体 | 参与主体的类型、数量、特点等 | 1. 规划成果的科学性;2. 规划成果的权威性;3. 规划成果的合法性;4. 规划过程的制度设计;5. 规划实施情况监督等 |
| 价值取向 | 参与主体的行为取向 | 1. 规划成果的公正性;2. 规划成果的接受程度;3. 规划过程的参与情况;4. 规划政策的制定情况;5. 规划方案的实施情况等 |

是城市规划理论生成的土壤;二是,城市空间不断呈现出新的情况、新的需要、新的特点,对城市规划理论的创新提出了新的需求,城市规划不能一成不变,而是要对这些新时代需要作出正面回应;三是,在不同的城市之间,除了在功能定位、土地利用、市政配套和公共设施等方面具有共性外,还可能在地形地貌、风土人情、城市风貌、经济发展程度和社会发展阶段等方面存在差异,城市规划理论必须要正视这些差异性。

城市规划理论一旦忽略了对这些综合环境因素的考量,就会导致理论与实际建设脱节,进而影响城市的良性、健康发展。对于当前中国的城市规划理论与城市建设实践来说,两者之间的脱节现象较为突出,主要表现在以下几个方面。

### 1.1.1 规划理论"重物轻人"

"重物轻人"思想仍然是当前我国城市规划领域的主要价值理念。20 世纪初到 60 年代,受《雅典宪章》的深刻影响,理性功能主义思想成为这一时期城市规划理论的主流思潮,其产生过程有着特殊的时代背景。在欧洲工业革命的后期,土地使用混乱、交通拥挤、公共配套不足和居住环境较差等现象成为当时城市空间最突出的问题,这严重制约了当时社会的发展,甚至危及统治阶级的地位。在此背景之下,国际现代建筑协会(CIAM)于 1933 年召开了主题为"功能城市"的第四次会议,形成了对城市规划领域影响深远的《雅典宪章》。《雅典宪章》遵循理性主义哲学①,强调认知事物"分解思维"的模式,即通过"把复杂的事物分解成无限小的部分予以分别认识,然后再按照一定的秩序组装在一起以实现对总体的把握"②。在此基础上,《雅典宪章》提出将城市空间划分为居住、工作、游憩和交通等四项功能区域,以实现城市的良性发展,这一思想也成为该时段指导城市规划的大纲。面对工业革命后期出现的上述城市问题,理想功能分区的城市规划模式,使城市能适应其广大居民在生理上及心理上最基本的需求,具有一定的现实意义。但由于过度强调纯粹功能分区,也在城市规划的实践中产生了较多问题。"十次小组"(Team 10)曾经这样批评:"这是一种高尚的、文雅的、诗意的、有纪律的、机械环境的机械社会,或者说,是具有严格等级的技术社会的优美社会。"纯粹的功能分区,没有考虑城市各要素之间的有机联系,使城市的各个部分成为简单的机械组合,缺乏对城市进行系统的综合考虑,导致城市空间生活单调和空洞,缺乏应有的活力和生机。

---

① 这一思想来自近代哲学的奠基人物笛卡儿,在他的名著《方法谈》中提出了理性思维方法的规则,其中的两条是:"将我们考察的每一个困难分析至尽可能多的部分",然后根据这种分析,"以从最简单和最容易认识的对象开始,一步一步地循序渐进,直到最复杂的认识"。

② 张京祥.西方城市规划思想史纲[M].南京:东南大学出版社,2005:208.

　　经济社会的快速发展促进城市空间形态发生了巨大变化，人类对城市的发展提出了新的需求，这也促使人类开始重新审视《雅典宪章》所倡导的城市规划思想、理论和方法。简·雅各布斯在面对《雅典宪章》倡导的城市理想功能时说过，"没有考虑到城市居民人与人之间的关系，结果使城市生活患了贫血症，在那些城市里建筑物成了孤立的单元，否认了人类的活动要求流动的、连续的空间这一事实"①。面对上述问题的反思，20世纪60年代以后，人们对城市规划的理解逐渐从"功能秩序"转变为"系统综合"。1977年，在秘鲁签署的《马丘比丘宪章》（Charter of MACHU PICCHU），这是对传统城市规划思想、理论和方法的重大突破。受系统论思想的影响，《马丘比丘宪章》认为，"城市规划师和政治制定者必须把城市看作为在连续发展与变化过程中的一个结构体系"，这改变了《雅典宪章》所强调的描绘终极状态，强化了对城市规划连续的、动态的特性认识。同时，《马丘比丘宪章》认为物质空间只是影响城市生活的一项变量，而且这一变量并不能起决定性的作用，真正起决定性作用的应该是城市中各类人群的文化、社会交往模式和政治结构，这奠定了社会文化论的方法论思想。

　　20世纪三四十年代，西方现代城市规划的理论、方法和思想部分进入我国。受当时国家政治环境的影响，在1949年后到改革开放前这段时间里，我国的城市规划理论基本都是吸收苏联的理论和方法。改革开放以后，我国社会体制和经济发生巨大变革，西方部分新的规划思想和方法也进入我国。然而，"社会经济低水平下的包括初期工业化的一些城市规划理论"（董鉴泓，1989）仍然位居主体地位。我们迫不及待地学习西方城市规划的理论和方法，并快速应用于中国城市规划和建设的实际，而对其真正的精华和内涵缺少应有的研究。

　　我国快速发展的经济和高速的城市化水平是建立在落后的国情之上的。因此，改变城市现状就成为社会全体人员的共识，迅速使城市"脱贫致富"成为这个时代最鲜明的口号。《雅典宪章》所倡导的城市规划思想能很好地适应这些时代需求而大受欢迎，因为在理性功能主义的指导下，城市能较快地形成一个具有功能分区严格、空间秩序良好、土地使用严谨的城市空间环境。在这种思想指导之下，"物质空间决定论"和"技术至上"成为规划城市蓝图的基本价值法则，物质空间规划思想成为了城市发展思想的主宰。在快速改变落后城市面貌的呼声中，政府、规划师和公众乐意看见一个全新的城市环境，规划师们、建筑师们也在这样一个时代中大显身手。因此，一方面市长们对城市宏伟蓝图的行政要求不绝于耳；另一方面，规划师和建筑师可以在城市规划方案蓝图上"信手涂鸦"。于是，宽阔笔直的大道成为城市的主要线条，而拥堵的交通却让人们负重难行；耸立的擎天大厦成为城市耀眼

---

① J Jacobs. The Death and Life of Great American Cities[M]. New York：Random House，1961.

的标志,而低矮简陋的贫民窟却成为城市的道道伤痕;宏大的城市扩展目标成为响亮的政府口号,而对土地资源的侵夺和在拆建过程爆发的矛盾却成为严重的社会问题……综上所述,你哪里还看见了"人"的影子? 我们生活在一个被水泥建筑包围的时代,生活在一个为汽车服务的时代,生活在一个被规划的时代。当前城市空间出现的一些现象,如城市空间特色丧失、交通拥挤、强制拆迁、破坏生态环境等城市问题和社会问题,与这种规划思想有一定的关系。

城市的本质功能是什么? 这是城市规划理论研究需要回答的首要问题。"城市本身便是演出着人类生活每一场每一幕的大戏台"①,《马丘比丘宪章》(图1-1)指出:"人与人相互作用与交往是城市存在的基本根据",城市的核心本质在于为人类的文明创造活动提供舞台,因此这些实践活动中形成的社会关系、经济关系和组织关系才是城市发展的真正决定力量。《马丘比丘宪章》中关于城市中人及各种社会关系的思考,强调了人在城市空间中的主体地位,这与偏重物质空间的城市规划理论相比,显示出人性的温暖,无疑是规划思想的巨大进步。人类不断地在城市空间延续和创造文化,即"具有一定社会共同性的思想意识、价值观念和行为方式或制约作用的、由各种集体意识形成的社会精神力量"②,这种文化也指引着人类行为的方向。人类既是城市和文化的创造者,又是城市服务的对象。

图1-1 《马丘比丘宪章》签订地点

笔者以"规划过程参与主体"为关键词搜索发现,到目前为止没有找到一篇相关文献。这充分说明,在我国当前的城市规划理论研究中,对于规划过程中"人"的研究还十分缺乏。

无论怎么说,城市中的人(即参与主体)和他们在实践过程中创造的社会精神

---

① [美]刘易斯·芒福德. 城市文化[M]. 宋俊岭,李翔宁,周鸣浩,译. 北京:中国建筑工业出版社,2009:72.

② 金开诚. 文化的定义及其载体[J]. 中国典籍与文化,1992(03):43-46.

力量(即文化)都理应成为城市规划理论研究不可缺少的重要组成部分。然而,在当前的城市规划理论研究中,相关成果还不多见。

## 1.1.2 忽略过程公平透明

我国的城市规划理论仍然停留在"注重成果完美合理而忽略过程公平透明"[①]的状态。一方面,受《雅典宪章》(图 1-2)功能理性规划理论的深刻影响,"物质空间"规划理论仍然是指导我们进行城市规划的理论经典。另一方面,从我国城市规划的决策、实施看,其过程基本是一个"自上而下"的过程,公众参与没有得到有效落实,他们的利益被"城市精英"所代言。基于这两方面的原因,虽然我国当前的城市化建设取得了较大成绩,但在城市空间规划中也出现了较多问题。

随着 20 世纪 70 年代我国经济体制的转轨,我国从计划经济时代迈入了社会主义市场经济时代。城市规划不再受到计划经济体制的巨大束缚,而是通过"看不见的手",即价值规律来调节市场,有力地推动了中国城市的快速发展。"表现城市规划师和建筑师信心和经济富足的,是那些快速扩展蔓延的城市,是那些日益增多的、体现人类改造自然雄心的构筑物,以及无数奇思妙想的建筑"[②]。诺贝尔经济学奖得主斯蒂格利茨更是断言,"中国的城市化是 21 世纪对世界影响最大的两件事之一"。然而,由于改变城市物质空间面貌是当前我国城市规划活动的主要目标,因此《雅典宪章》倡导的功能理性的巨大惯性仍然停留在城市规划理论和建设实践中。

图 1-2  《雅典宪章》签署地及"理想功能主义"规划思想

① 张庭伟. 20 世纪城市规划理论指导下的 21 世纪城市建设——关于"第三代规划理论"的讨论[J]. 城市规划学刊,2011(03):1-7.
② 杨帆. 城市规划政治学[M]. 南京:东南大学出版社,2008:1.

在新的时代背景下,"随着经济社会的发展和政府职能的转变,城市规划过程涉及的利益主体和需要解决的问题日益综合、复杂,城市规划已成为城市空间资源分配的一项公共政策"①,决定和指引着城市发展的方向。如何顺利地推进这项公共政策的实施,需要从城市规划活动的整体性制度方面进行合理设计。因此,合理的城市规划政策制定和实施制度,是确保城市规划方案转变为科学建设实际的重要依据。特别是在城市规划的政策制定阶段,合理的制度设计尤为重要。在当前我国的城市规划政策制定现状中,由于缺乏保障性制度,加之既有的认识误区,降低了规划政策制定的科学性。具体体现在以下几个方面:一是"政府在行政过程中常常扮演着中心人的角色"②,集决策者和实施者于一身,"自上而下"的城市规划政策制定模式基本把公众参与排除在规划过程之外,决策主体的单一是当前城市规划政策制定过程的重要问题;二是"政策权威人物"和规划精英对城市规划政策制定结果具有决定性影响,并表现出对规划政策制定程序的漠视,非程序化的决策过程导致决策行为的短期性、非连续性和主观随意性,而"人格化的精英决策大大加重了决策过程非程序性的方面"③;三是受长期以来高度集权旧体制的影响,权力精英"越权决策、越权管理"④的现象常常出现在城市规划政策制定过程中,使得领导们的个人意志和价值观念凌驾在规划政策制定科学性之上,导致城市规划政策制定的科学性得不到保障。

在新的时代背景下,日益复杂的城市现象和陈旧的规划理念、决策方式之间出现了巨大裂痕,成为诸多城市物质空间问题和社会经济问题产生的重要原因。经济高速发展的中国和快速城市化的中国城市,交通拥挤、环境恶化、公共配套不足、社会问题频发等城市病在各类城市蔓延。这些现象表明,以"注重成果完美合理而忽略过程公平透明"(张庭伟,2011)的城市规划理论已经不适合当前城市发展的需要,"用20世纪初的城市规划理论来指导21世纪的城市建设,必然出现20世纪的城市病。以《雅典宪章》为第一代的城市规划理论注重成果的完美合理(工具理性),而忽略了过程的公平透明(程序理性)。20世纪70年代后,发达国家均以改进规划过程为中心。但是,注重成果完美而忽略过程透明的误区在中国还相当流行,成为影响中国城市建设的重要因素"⑤。张庭伟指的过程"程序理性",其实质就是参与城市规划过程的制度性设计。合理的制度设计来源于对国家制度、政治

① 彭觉勇.转型期城市规划咨询体系有效运行的策略研究[J].规划师,2011(06):16-19.
② 刘贵利.城市规划决策学[M].南京:东南大学出版社,2010:73.
③ [美]罗伯特·达尔.现代政治分析[M].王沪宁,陈峰,译.上海:上海译文出版社,1987.
④ 刘贵利.城市规划决策学[M].南京:东南大学出版社,2010:74.
⑤ 笔者根据张庭伟.20世纪指导下的21世纪城市建设——关于"第三代规划理论"的讨论[J].城市规划学刊,2011(03):1-7部分观点整理。

价值观念、时代需求和发展现状等宏观环境的准确判读,无论是城市规划过程的参与,还是制度设计的参与,都离不开人这个主体,即人既是城市规划过程的参与者又是制度环境设计的参与者。人参与城市规划过程和制度环境设计的各种行为,一定是在自身价值取向的指导下进行,受到自身价值观念的深刻影响的。从民族性的角度看,每一个特定的民族有自己思考问题的方式,在参与政治过程中表现出自身的价值取向。从上述分析过程不难看出,无论是参与规划过程还是制度设计,价值取向都具有决定性的作用。意识形态指导规划过程参与主体的行为,参与主体的行为产生规划现象。因此,意识形态(价值取向)深刻地影响着城市规划结果。

笔者以"参与主体行为取向"作为关键词搜索发现,到目前为止在规划领域里还没有出现一篇相关的研究成果。这充分表明,在当前的城市规划理论研究中,我们基本上忽略了价值取向会对城市规划过程产生重要意义。

同时,由于价值取向具有民族特性,所以基于民族个性的研究非常必要。如:我们"中国人"在规划过程中持有什么样的价值系统(即行为取向)? 这些价值系统会对城市规划产生什么样的影响呢? 会在城市空间表现出什么样的规划现象呢? 笔者认为,要研究适合本国的城市规划理论,从民族的角度去探索参与主体的行为取向十分重要。然而,从目前的研究成果来看,以规划参与主体行为取向为主题的研究尚属空白。

### 1.1.3  西方规划理论占据主导地位

当前,舶来的西方城市规划理论仍然主导着中国的规划实际。任何学科的发展都是时代需求的产物,作为一门科学学科和一项社会实践活动的城市规划尤为如此。综观现代城市规划理论的起源、发展和变革,无不是对社会时代需求的回应。也就是说,科学的城市规划理论应该与国民经济、社会发展、历史背景、文化传统相一致。城市规划的学科特点决定了,城市规划理论在应用方面总是存在局限性,不同的国家在不同的发展阶段需要自己的理论。城市规划理论的生成受到多种因素的影响,并且某项因素的改变影响规划结果。因此,城市规划理论必须要与国家的实际相结合,才能适应国家城市建设和发展的需要。正如约翰·弗里德曼教授所说,"我不同意有放之四海皆真理的城市规划理论的存在。实际上应结合具体的规划实践来考虑这个问题"[①]。一般来说,规划理论的集中产生总有特定的土壤,特别是"增长方式的革命、对大规模建设的反思以及思想方式的变革"[②]。然

---

① 周珂,王雅娟. 全球知识背景下中国城市规划理论体系的本土化——John Friedmann 教授访谈[J]. 城市规划学刊,2007(05):16-24.

② 吴志强,于泓. 城市规划学科的发展方向[J]. 城市规划学刊,2005(06):2-10.

而,在我国当前的城市规划活动中,西方城市规划理论仍然占据着主导地位。笔者针对这个问题,在 100 名规划从业人员中进行了两次调查。在第一轮调查中,笔者设计了两个问题:①您知道哪些城市规划理论? ②这些城市规划理论来源于哪个国家? 在第二轮调查中,笔者整理了第一次调查对象所提出的所有规划理论核心词汇,提出了两个问题:①在您从业过程中,你觉得哪些理论对您你影响最大? ②您认为中国有自己的城市规划理论吗?

笔者对本次的调查情况进行了统计整理(表 1-2),发现了这样几个情况:一是受调人群中所列举的城市规划理论几乎全部来源于美国、英国等西方国家;二是对他们日常工作影响最大的城市规划理论几乎全部是美国、英国等国家的城市规划理论,并且这些理论还将对他们的规划理念产生长期影响;三是在他们日常工作运用的城市规划理论中,影响最大的规划理论的出现时间主要在 20 世纪 60 年代以前;四是认为"中国没有城市规划理论"的人群占到了 98%。

表 1-2　城市规划理论认知情况统计表

| 规划理论核心词汇 | 知道情况统计 | 对从业的影响情况 | 理论产生的国家 |
|---|---|---|---|
| 田园城市 | 100% | 大 | 英国 |
| 广亩城市 | 75% | 一般 | 美国 |
| 邻里单元 | 92% | 大 | 美国 |
| 战后重建(卫星城及新城建设) | 45% | 一般 | 英国 |
| 社会公正 | 78% | 较大 | 美国 |
| 历史文化遗产保护 | 94% | 大 | 西方国家 |
| 公众参与 | 82% | 较大 | 美国 |
| 女权主义 | 8% | 一般 | 美国 |
| 新马克思主义 | 2% | 一般 | 美国 |
| 可持续发展(生态城) | 87% | 大 | 英国 |
| 全球城 | 63% | 较大 | 美国、英国 |
| 其他 | 3% | | 西方国家 |
| 您认为中国有自己的城市规划理论吗 | 有 | 2% | |
| | 没有 | 98% | |

不难看出,西方城市规划理论在当前我国的城市规划过程中仍占据主导地位,对我国的城市规划活动产生了深刻影响。然而,任何理论都不是凭空产生的,都是基于某些特殊的时代背景,对当时社会最迫切、最需要解决城市问题的回应。就拿大家最耳熟能详的"田园城市"来说,其产生就有特殊的时代背景。"田园城市"产生的时代背景主要有两个:一是由于工业革命后期新的生产要素、社会结构、生活

形态和社会需求都发生了革命性的变化,城市空间人口爆炸式的增长,导致城市空间出现了恶劣的居住环境、城市交通拥堵、公共卫生设施严重缺乏等问题,这些问题严重影响和制约了当时社会的发展;二是社会矛盾处于极其尖锐的状态,由于资本家对剩余价值的狂热追逐,欧洲当时的城市环境变成了"人间地狱"。根据调查显示,"1841 年利物浦市民的平均寿命是 26 岁,1885 年曼彻斯特的平均寿命只有24 岁"①。面对如此严峻的社会现状,缓解或消除这些城市问题成为当时最为迫切的需要。基于空想主义的构想,霍华德提出了以社会改革为主要思想内核的"田园城市",这也被誉为现代城市规划理论的开始。时代需要是催生城市规划理论的土壤,可以说每一个西方城市规划理论的诞生,都有自身独特的时代背景。笔者根据调查对象提到的规划理论,列举了这些理论产生的主要时代背景(表 1-3)。

表 1-3　部分西方城市规划理论产生的主要时代背景分析

| 城市规划理论核心词汇 | 产生的主要时代背景 |
| --- | --- |
| 田园城市 | 1. 人口爆炸式的增长,导致工业革命后期的城市问题更加突出;2. 社会矛盾十分尖锐 |
| 广亩城市 | 1. 城市空间极度拥挤;2. 市民对居住环境的重视;3. 城市空间缺乏自然生态环境;4. 小汽车、电话等新技术的大量使用 |
| 邻里单元 | 1. 私人汽车对现代城市生活模式产生重要影响;2. 城市应该为广大市民提供便捷的"场所空间";3. 社会学中关于"社区"理论的出现 |
| 战后重建（卫星城及新城建设） | 1."二战"后西方国家急剧膨胀的大城市和特大城市,引发了各种"城市病";2. 在"二战"后,"分散主义"与"集中主义"的争论初步达成共识,认为城市应该"适度分散";3."田园城市理论"在实践探索中的经验总结 |
| 社会公正 | 1. 西方世界"人本主义"的兴起,呼吁要重视人的需要;2. 城市规划由单纯由物质空间塑造逐步转向对社会文化的探索;3. 马丁·路德·金在美国领导了反种族隔离运动并波及世界;4. 女权主义运动呼吁的社会改革;5. 对城市规划的制度性思考 |
| 公众参与 | 1. 西方世界"人本主义"的兴起,呼吁要重视人的需要;2. 人权运动的推动;3. 在20 世纪 60 年代至 70 年代,石油危机、种族歧视、持续失业等社会问题突出,公众参与成为缓和这些社会矛盾的重要手段②;4. 对城市规划的制度性思考 |
| 女权主义 | 1. 马丁·路德·金在美国领导了反种族隔离运动并波及世界;2. 女性在政治权利、就业、教育等社会地位方面受到歧视 |
| 历史文化遗产保护 | 1. 工业革命机器化大生产和片面注重经济的增长,古建筑、古城市遭到破坏;2."二战"后,出于对生活环境和生活品质的注重,文化的重要性被日益重视;3. 民族主义思想兴起 |
| 新马克思主义 | 1. 他们认为资本主义城市规划在本质上是对资本利益的追逐;2. 城市需要新的、健康的城市环境;3. 对城市规划的政治性理解 |
| 可持续发展（生态城） | 1. 人类的生存空间面临着可怕的生态环境问题;2. 联合国环境与发展大会提出的"可持续发展理念";3. 精明增长与精明管理的理念 |
| 全球城 | 1. 西方国家的跨国经济实体全球扩展,全球的政治、经济和社会等关系变得更加紧密,出现了新型的协作关系;2. 经济生产要素的全球配置;3. 区域管治思潮的出现;4. 网络、交通工具的快速发展 |

① 张京祥. 西方城市规划思想史纲[M]. 南京:东南大学出版社,2005:81.
② J M Levy. Contemporary Urban Planning[M]. Prentice:Prentice Hall Inc. ,2002.

9

综观我国当前的城市发展环境,在政治制度、文化意识、物质条件和发展阶段等方面,都与西方国家存在较大的差异。这主要体现在以下几个方面:①中华民族具有较为独特的民族个性。我们知道,城市规划现象与国家的政治制度紧密相关。拿西方最为崇尚的权利来说,在中国的传统政治文化里就找不到相关的概念,更谈不上去争取自己的权利。中国传统政治的主题根本不在主权问题上,"而是政治上的责任应该谁负的问题。社会上一切不正,照政治责任论,全由行政者之不正所导致,所以应该由行政者完全负其责"①。受此观念影响,公众对参与城市规划政策制定过程的热情不高,而行政首长对规划政策制定中的权威影响却当仁不让。因此,在我国城市规划公众参与制度的设计方面,采用的方式、实现途径、参与手段等方面会有别于西方国家。影响参与权利的价值取向仅仅是中华民族个性的一部分,我们还有很多的价值取向都会对城市规划结果产生影响,在此不一一列举。②我国当前的社会发展阶段及物质基础有别于西方国家,总体来讲还处于社会主义建设的初级阶段。2010 年 8 月,我国的经济总量成为紧随美国之后的世界第二大经济体,并以较高的速率持续增长。虽然我国的经济总量较高,但人均指标还处于发展中国家之列。2010 年第六次人口普查显示我国的总人口为13.39 亿,其中居住在城镇的人口约为 6.7 亿,城市化率达 49.68%。2004 年,我国的耕地资源总量下降到 18 亿亩的警戒线,逼近 16 亿亩的生产红线,人均耕地 1.4 亩,仅为世界人均耕地面积的 2/5。中国人均水资源拥有量只为世界平均水平的 1/4,全国 600 多座城市有 2/3 供水不足。2010 年我国能源进口量大幅度增长,全年煤炭进口量为 16 478 万 t,同比增长 30.98%,原油进口量为 23 931 万吨,同比增长 17.5%②。资源总量的富足与人均不足的现象是我国当前发展的主要矛盾,而这些矛盾是当前我国城市化进程中不得不考虑的宏观因素,这都是西方世界从来没有经历过的。

然而,在城市规划理论的借鉴和应用方面,我们往往忽略对这些因素的思考。在表 1-2 的统计中我们就能深刻感受到,当前我国对城市规划理论的理解,强烈依附于西方城市规划理论,"受到文化传播途径、方式等局限以及与社会形态、意识匹配程度等制约,带有某些先天不足"③,这主要表现在把城市规划仅仅作为一项工程技术来认识,严重忽略了文化在城市规划技术、方法和形式上的统领地位。梁鹤年先生说:"用我们的现象去迎合他们的理论,忽略了别国的理论起源和社会背景",这是当前国内典型的"洋为中用"思想。在当前我国的城市规划理论应用中,

---

① 钱穆. 国史新论[M]. 北京:三联出版社,2001:82.
② 数据来源 http://finance.jrj.com.cn/industry/2011/04/1916379772995-1.shtml.
③ 孙施文. 城市规划哲学[M]. 北京:中国建筑工业出版社,1997:2.

恰好就处于"洋为中用"的典型时期,更遗憾的是,少有学者从自己民族特性的角度去审视城市规划理论问题①。"我以为,城市规划上很多'问题'都是来自我们把西方城市现象的解释硬生生地套在我们身上。更可怜的,我们还把他们的指导性理论(其实都是意识形态的东西)照搬过来去指导我们的规划。这非但是不伦不类,更是削足适履、自我伤残。"我的导师在针对这些现象的时候谈到:"国外学者根本不了解中国的具体国情和实际情况,高高在上的规划理论指导不了中国的规划实际"②。

　　一方面,博大精深的中国文化深刻地影响着中国人的行为、思想和价值观念,从而对城市规划理论、方法产生深刻影响;另一方面我国在发展阶段、基本国情方面与西方国家有较大的差异。很显然,我们在借鉴西方城市规划理论的同时,不能忽略这种差异的存在。如果我们片面地把西方城市规划思想奉为"普遍真理"用于我国的规划实际,就严重忽略了由于制度、民族个性及社会背景等文化造成的思想意识形态差异和基本国情差异。然而,在西方城市规划理论占据主导地位的当前,我们很少从这些差异性的角度去研究中国的城市规划理论。

## 1.1.4　中国规划理论面临新的创新环境

　　随着全球经济一体化的加速推进,世界经济和社会环境正发生着剧烈的变革,城市的建设和管理被赋予了新的时代内涵,只有我们不断创新城市规划理论,才能适应这些新变化的要求。当前,我国的城市规划理论正面临着一系列创新环境,主要体现在以下几个方面:

　　(1)在经济政治全球化进程加速的背景下,我国的城市规划理论面临着创新的需求

　　首先,西方先进的城市规划理论、思想不断地进入中国,但我们在接纳别人先进理念的时候也需要进行自身的理论创新。当前,我国城市规划理论在国际上并没有太多的话语权,一个非常重要的原因就是因为我国的城市规划理论缺少自身的创新思想,常常只扮演着接受和输入的角色。这显然与中国博大的传统文化、悠久的建城历史和快速崛起的国际地位不相吻合。其次,从城市规划的学科特点来看,城市规划具有的综合性、社会性和实践性的学科特点,也要求我们在进行规划理论研

---

　　①　梁鹤年先生于 2011 年 10 月 29 日在武汉大学举办讲座的时候,对当前我们把西方城市规划理论用于指导我们中国的城市规划的实际的现状,做了讲述分析。上述观点是根据梁鹤年先生讲座内容整理而成。

　　②　2011 年 10 月 25 日,第 47 届国际规划大会在武汉召开。我的导师周建在给我们讲课的时候谈到,"我们要理性地面对这些国际嘉宾的观点。国外学者根本不了解中国的具体国情和实际情况,高高在上的规划理论指导不了中国的规划实际。做好中国的城市规划工作,必须要尊重中国当前经济社会发展的特殊情况,才能切实解决中国当前城市规划面临的问题"。

究的时候要结合本国的实际,这也是推动我国城市规划理论创新的重要力量。

(2)从当前中国城市规划实际情况看,我国的城市规划理论建设需要考虑新的时代内涵和中国的特殊国情

从城市规划的指导理论来看,20世纪60年代以前的西方城市规划理论仍然主导着中国城市发展实际。从我国的城市建设实践来看,我国经济和社会发展的情景其他国家从来也没有碰到过。在这种背景之下,规划理论与城市规划实践之间已经开始出现裂痕。因此,吴志强教授在谈到中国的城市规划理论存在的问题时认为,当前中国城市规划理论问题在于"核心理论空心化、理论创新的惰性化"①,这需要城市规划学者的觉醒,需要他们积极行动起来,以推动我们城市规划理论的升华。

(3)我国的城市建设综合环境与西方存在巨大差异,因此需要构建自身的理论体系

从当前我国的城市建设实际过程看,一方面需要符合本国需要的城市规划理论指导实际建设,另一方面也为我国城市规划理论的创新提供了客观环境。回顾西方现代城市规划理论的发展历史,其理论的建设是根植于"1890—1915年的工业革命期间、1961—1973年的战后重建和民权运动期间两次规划的思潮"②之上。当前中国城市建设背景与西方20世纪50年代战后重建和城市更新运动的城市建设背景颇有几分相似。中国当前也面临着大规模的城市扩张、低收入人群住房改善、城市环境改良、利益集团对利润的狂热追逐等一系列社会问题。但同时,中国也面临着自己独特的制度、文化、历史、社会实际情况。虽然两者之间具有相似的背景,但差异性却是巨大的。借用一句歌词来描述,这叫"涛声依旧,不见当年的夜晚"。因此,"中国完全没有必要照搬西方的规划理论,而是应该在自己的实践过程中建立自己的规划理论体系"③。

(4)国家提出了加强文化体制创新的具体要求,为中国城市规划理论创新提供了契机

2011年10月15日,中央召开了关于文化体制创新的十七届六中全会。会议指出,"当今世界正处在大发展大变革大调整时期,世界多极化、经济全球化深入发展,科学技术日新月异,各种思想文化交流交融交锋更加频繁,文化在综合国力竞争中的地位和作用更加凸显,维护国家文化安全任务更加艰巨,增强国家文化软实

---

① 吴志强,于泓. 城市规划学科的发展方向[J]. 城市规划学刊,2005(06):2-10.
② 吴志强,于泓. 城市规划学科的发展方向[J]. 城市规划学刊,2005(06):2-10.
③ 周珂,王雅娟. 全球知识背景下中国城市规划理论体系的本土化——John Friedmann教授访谈[J]. 城市规划学刊,2007(05):16-24.

力、中华文化国际影响力要求更加紧迫。当代中国进入了全面建设小康社会的关键时期和深化改革开放、加快转变经济发展方式的攻坚时期,文化越来越成为民族凝聚力和创造力的重要源泉、越来越成为综合国力竞争的重要因素、越来越成为经济社会发展的重要支撑,丰富精神文化生活越来越成为我国人民的热切愿望"①。加快城市规划理论研究,创新城市规划理论是当前我国文化体制创新的组成部分。创新城市规划理论,将成为破解当前城市发展瓶颈的重要举措,也是推动城市规划理论与时俱进的巨大动力。

## 1.2 问题的提出

### 1.2.1 中国的城市规划理论需要进行变革

综观中国的城市规划,无论是在城市规划的理论研究方面,还是城市规划的实践方面,都烙上了明显的西方学理的印痕。这是因为系统的现代城市规划理论起源于西方,同时也近代以来处于经济文化"高势位"的西方向处于经济文化"低势位"中国进行输入的结果。近代的中国,随着进步人士对西方自由、民主思潮的呐喊,传统的自然经济生产方式遭到解体,迎风招展两千多年的封建统治大旗被斩断,经济社会环境发生了巨大变革,并且这些变革需要城市物质空间作出回应,才能适应时代发展的需要。于是他们把寻求城市规划理论的目光投向了西方,作为"西学东进"重要组成内容的西方城市规划理论,便成为指导中国城市建设实践的理论。新中国成立以来,特别是在社会主义市场经济确立的改革开放后,中国的经济社会又发生了巨大的变革,城市建设高速发展,并呈现出很多有异于西方城市空间的特征。然而,产生于西方 20 世纪 30 年代的"物质空间决定论"仍然深刻影响着我国的城市规划领域,使我们在对城市规划的认识、理解方面形成了较多误区,并且"这一误区在当前的中国却仍然十分流行,并影响着中国的城市建设"②。"物质空间决定论"是基于西方 20 世纪上半叶的规划理论,"决策者依靠 20 世纪的理念指导 21 世纪的城市建设,规划师依靠 20 世纪的理论编制 21 世纪的城市规划,是出现城市问题的重要根源"③。中国对城市规划理论的认识仍然停留在西方 20

---

① 摘自《中共中央关于深化文化体制改革推动社会主义文化大发展大繁荣若干重大问题的决定》,资料来源:http://news.xinhuanet.com/politics/2011-10/25/c_122197737-2.htm.

② 张庭伟. 20 世纪城市规划理论指导下的 21 世纪城市建设——关于"第三代规划理论"的讨论[J]. 城市规划学刊,2011(03):1-7.

③ 张庭伟. 20 世纪城市规划理论指导下的 21 世纪城市建设——关于"第三代规划理论"的讨论[J]. 城市规划学刊,2011(03):1-7.

世纪 60 年代前的水平,城市规划理论缺乏与时俱进的创新,这是当前中国城市规划理论面临的核心问题。

## 1.2.2 结合中国具体实际是理论变革的关键

如何消除对中国城市规划现象认识的既有误区,推动城市规划理论创新发展呢?可以肯定地说,中国当前的城市规划理论需要变革。如何变革呢?张庭伟教授提出"规划理念的变革是规划改革的中心,而规划改革是解决城市问题的核心之一。中国社会的长治久安,中国城市的持续发展,都有赖于与时俱进地对理念进行改革,其中心是根据中国特点"[①]。吴志强教授也谈到,城市规划理论要开展"根植于中国实践的应用研究"[②]。在针对当前中国城市规划理论变革的措施中,两位教授不约而同地提出了一个共同的趋势,那就是城市规划理论的发展一定要尊重中国的具体实际。只有把"在中国的城市规划理论"转变为"中国的城市规划理论",才能正确指导中国城市规划建设和适应实际的需要。笔者将城市规划理论面临的中西方实际环境进行了对比(表 1-4),发现在影响城市规划理论的因素中,中西方的实际环境存在较大的差异。

表 1-4 中西方城市规划面临的实际情况对比表

| 影响规划理论形成的因素 | 中国的实际情况 | 西方国家的实际情况 | 两者是否相同 | 会对规划结果产生什么影响 |
|---|---|---|---|---|
| 政治制度 | 具有中国特色的社会主义制度 | 议会制、总统制、君主制等 | 不同 | 1. 影响规划政策制定制度的设计;2. 影响规划参与制度设计;3. 影响规划过程的权力的构成;4. 影响规划成果合法性、权威性的取得方式等 |
| 经济情况 | 发展中国家(以经济建设为中心) | 发达国家(经济高度发达) | 不同 | 1. 影响规划要实现的目标;2. 影响城市基础设施和公共设施的配置;3. 影响城市的功能设置;4. 影响城市规划政策制定的实施情况等 |
| 社会状况 | "二元结构"现象突出、人口老龄化、国民受教育程度低 | 高度的城市化、部分国家进入老龄化社会、国民受教育程度普遍较高 | 少部分相同 | 1. 影响着城市化是否是国家的重要政策;2. 影响城市建设的基础设施配置情况;3. 影响国民参与规划过程的可能性及参与情况;4. 影响规划目标和规划内容的选择等 |
| 文化习俗 | 历史悠久、多民族融合、文化多元 | 历史悠久、种族歧视、文化多元 | 部分相同 | 1. 影响城市特色;2. 影响城市空间肌理;3. 影响城市历史遗产保护;4. 影响到规划内容的编制等 |

---

① 张庭伟. 20 世纪城市规划理论指导下的 21 世纪城市建设——关于"第三代规划理论"的讨论[J]. 城市规划学刊,2011(03):1-7.

② 吴志强.《百年西方城市规划史纲》导论[J]. 城市规划汇刊,2000(02):9-20.

**续表1-4**

| 影响规划理论形成的因素 | 中国的实际情况 | 西方国家的实际情况 | 两者是否相同 | 会对规划结果产生什么影响 |
|---|---|---|---|---|
| 物质环境 | 地貌景观丰富、气候构成复杂、人均资源有限 | 地貌景观丰富、气候复杂、人均资源占有量丰富 | 部分相同 | 1. 影响城市空间形态；2. 影响城市空间特色；3. 影响土地、水等资源的配置；4. 影响城市生态安全等 |
| 技术手段 | 技术创新较弱 | 技术创新能力较强 | 不同 | 1. 影响城市规划理念；2. 影响城市建设材料；3. 影响城市交通组织；4. 影响城市功能设置等 |
| 参与主体 | 参与数量有限、参与类型有限、参与者的综合素质有待提高 | 参与数量较多、参与类型丰富、参与者的素质较高 | 不同 | 1. 影响规划成果的科学性；2. 影响规划成果的合法性和权威性；3. 影响规划的实施效果等 |
| 意识形态 | 民主方式较间接、相关法制不够健全、参与意识不高、民族个性鲜明 | 民主程度较高、自由程度较高、法制完善、维权意识较强 | 不同 | 1. 影响规划成果的公正性；2. 影响参与主体参与规划过程的积极性；3. 影响规划过程的参与方式、参与数量、参与程度；4. 影响规划成果的接受程度等 |

从表1-4中不难看出，城市规划理论的形成背景十分复杂，很多因素都可能成为影响规划理论形成的前提条件。因此，城市规划理论必然是某个时代背景下的产物，在一定程度上反映了这个时代的政治、经济、社会、文化、科学技术和意识形态等综合环境。当前，我国在政治、经济、社会、文化、科学技术和意识形态都有自己的特点，明显表现出与西方国家相异的地方。因此，要推动西方城市规划理论服务于中国城市规划管理的实际，必须要与中国的实际情况结合起来。这就要求我们在从事城市规划研究的时候，必须将西方学理、中国传统与当下实际需要紧密地结合起来。看来，"中国的具体实际"是推动城市规划理论发展的关键词汇。

## 1.2.3 "中国的具体实际"是研究开展的重要切入点

那么，什么是城市规划领域的"中国的具体实际"呢？显然，这需要首先探索一个问题：城市规划理论和实践是由什么"具体实际"决定的？关于这个问题，我们要从什么是城市规划入手分析。

城市规划活动涉及城市社会、经济、政治、文化、环境、工程等多个方面，其构成的知识体系是多个学科知识的系统综合。因此，在针对城市规划概念的理解上就形成了多个视角。有从经济学的角度对城市规划进行定义，拉特克利夫（Ratcliffe）认为"城市规划是土地资源最有效分配的一种方法"[①]；有从工程技术和社会学的角度

---

① J Ratcliffe. An Introduction to Town and Country Planning[M]. London: Hutchinson, 1974. K G Willis. The Economics of Town and Country Planning[J]. The Town Planning Review, 1981, 52(4): 481-482

对城市规划进行定义,霍尔(Hall)认为,"规划作为一项普遍活动是指编制一个有条理的行动顺序,使预定目标得以实现";有从人类学、政治学的角度对规划进行定义,规划是将人类知识合理地运用到决策过程中,这些决策将作为人类行动的基础。综合分析上述定义,我们可以看出城市规划的基本特性,城市规划是人类的一项实践性活动过程,是"由社会改造运动、政府行为和工程技术三方面的相互渗透、共同作用而形成的一个综合体"①。

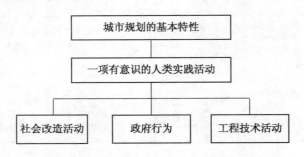

图 1-3　城市规划活动基本特性构成示意图

在表 1-4 中,笔者就影响我国城市规划的理论面临的实际情况与西方国家进行了简单的对比。分析这些情况我们发现,政治制度、参与主体和意识形态这些因素会对城市规划理论的形成产生十分重要的影响。同时,在图 1-3 中,笔者对城市规划的基本特征进行了分析,发现城市规划是一项政府行为,这是城市规划的重要属性。可以确定,城市规划具有浓郁的政治属性,这是城市规划的重要特征。事实上,政治不仅仅被理解为城市规划的一个外在环境,从某种程度上说,城市规划就"是一项高度政治化的活动"②。"城市规划一直是社会进步和权力运作的一个辅助的工具,它并没有先于城市而出现,也没有脱离城市而存在"③。因此,从政治层面来解构城市规划活动面临的"中国的具体实际",这是本书研究的重要切入点。

## 1.2.4　问题的提出

政治属性是城市规划重要的本质特征,这也是构成规划面临的"具体实际"的重要组成部分。然而,政治学涉及政治制度、权力构成、政治结构、政党组织、政治文化等内容,面对如此宽泛的研究领域,在研究的过程中又要保证其内容与城市规

---

① 孙施文. 城市规划哲学[M]. 北京:中国建筑工业出版社,1997:11.
② [美] 约翰·M. 利维. 现代城市规划[M]. 第五版. 张景秋,等,译. 北京:中国人民大学出版社,2003:8.
③ 杨帆. 城市规划政治学[M]. 南京:东南大学出版社,2008:22.

划理论紧密相连,我们从何处入手呢?

（1）城市规划的政治属性总是存在于城市规划过程之中并发挥着经常性作用

城市规划活动的开展总是由起因、发展、结束等阶段构成,也就是说城市规划活动是按照一定逻辑顺序运行的过程。城市规划活动作为一个事关全体市民的公共利益和整体利益的公共政策,其政治属性并不是存在于规划过程的某一个阶段,而是始终弥散于规划活动的过程中,发生着经常性的作用,并对规划活动产生实实在在的影响。可以说一切规划活动的开展都是围绕着规划过程这条主线展开的,其政治属性也通过一定的方式存在于规划过程之中的。因此,从规划过程入手开展研究,界定了研究领域,回答了是什么领域的政治属性的问题,即明确了是在规划过程的政治属性,而不是在其他领域的政治属性。

（2）参与主体的行为是推动城市规划现象发生的力量源泉

规划过程中的政治属性总是对外直观地表现出某些规划现象,如规划目标表现了一定的执政理念,规划问题的选择表现了一定的政治价值观念,规划的参与制度表现了国家的政治制度,规划成果的权威性、合法性的获取表现了国家的权力运作方式等。规划过程中这些现象的发生,总是通过参与规划过程中的人(即参与主体)的某些行为来实现的,即规划现象必然是参与主体行为集合的结果。如果说规划现象是规划过程政治属性的表现载体,那么规划过程参与主体的行为是推动规划现象发生的源泉。由此可见,规划的政治属性与规划参与主体的行为具有天然不可分割性,也就是说只有参与主体实施某项具体行为,才可能出现对应的城市规划现象,才能表现出某些政治属性。在上述分析中,我们发现,政治属性弥散与整个城市规划过程中,也就是说城市规划过程中包含着浓郁的政治属性。由此可见,城市规划作为一项事关全体市民利益的活动,具有强烈的公共政策属性。在规划过程的参与中,无论是哪个参与主体,其主要目的不外乎去实现某些利益,或是维护某些利益。因此,参与主体参与规划过程,其本质就是一种政治参与活动。从规划参与主体入手,界定了研究的目标群体,回答了是哪个目标群体的问题。即明确了是规划过程参与主体的政治属性,而不是其他群体的政治属性。

（3）参与主体的行为总是在价值取向的驱动下工作

规划过程中的参与主体行为,为什么总是表现出"这种"行为,而不是"那种"行为呢？这说明,参与主体的行为背后受到了某种力量的驱使,推动参与主体行为的这种力量就是价值取向。在规划参与过程中,参与主体的行为总是受到价值取向的直接影响。"不管怎样,政治事实从来不会自己说话,而是通过不同的意识形态呈现出来。人们不是按照'世界本来的样子'来审视世界,而是看到他们希望看到的世界的样子。换句话说,他们是透过一层由内置的信仰、观念和假设织就的'幕'

来看世界的"①。意识形态具有强烈的主观色彩,"这种主观性是一个政治系统赖以生成和运作的文化背景与条件"②,作为人类价值理念的系统表达,意识形态是政治制度的灵魂,这种判断主导着政治参与主体行为的认知、情感、评价、信仰等方面。参与主体的政治认知、政治情感、政治态度、政治价值和信仰等四个部分构成了一类特殊的文化,学者称其为政治文化。在规划过程的参与过程中,参与主体所持有的所有政治认知、政治情感、政治态度、政治价值和信仰都属于政治文化的研究范畴。也就是说,如果把城市规划过程看成是参与主体的一种政治参与活动,那么规划过程参与主体的行为取向,就属于政治文化的研究范畴。因此,从规划参与主体的行为取向入手,界定了研究对象,"回答了是研究参与主体的行为取向而不是研究"其他内容的问题。

政治文化最大的特征就是民族特性,不同的民族具有不同的政治文化内容。"无论是立足于理论的政治意识形态,还是立足与人民日常政治心理与行为取向,政治文化都是人们对于上述政治价值的态度的体现"③。对于一个民族的政治文化来说,政治意识形态的形成是一个复杂而长期的过程,需要数代人或千百年的传承和积淀。政治价值一旦形成,将以比较稳定的状态持续影响着人们的行为。由此可见,规划过程参与主体的行为取向并不是在当前的某个过程中形成,而总是对过去既有价值取向的继承和发展,受到了传统政治文化的强烈影响。因此,传统政治文化是研究规划过程参与主体行为取向的一把钥匙,可以作为分析参与主体行为取向的视角。

通过上述分析过程,我们有了这样一个判断:传统政治文化影响规划参与主体的行为取向,行为取向驱动着规划参与主体行为,参与主体的行为总是表现出一定的规划现象,大量规划现象组成了规划过程,规划过程表现出政治属性。传统政治文化、规划过程、参与主体、行为取向这些关键词语正是本书研究的入手点。传统政治文化是研究的视角,回答了从什么视角看的问题;规划过程界定了研究范围,回答了在哪个领域看的问题;参与主体界定了目标群体,回答了谁在什么领域的问题;参与主体行为取向界定了研究对象,回答了谁在什么领域的什么的问题;根据这些研究内容的需要,笔者引入了分析的研究方法,这回答了用什么方法的问题。将上述关键词汇组合,就形成了这样一个题目:"规划过程参与主体的行为取向分析——基于传统政治文化视角"。题目回答了"基于什么视角用什么方法看谁在什么领域干什么"的核心问题,即基于传统政治文化的视角,用分析的方法看参与主

---

① 景跃进,张小劲. 政治学原理[M]. 北京:中国人民大学出版社,2010:213.
② 葛荃. 中国政治文化教程[M]. 北京:高等教育出版社,2006:5.
③ 任剑涛. 政治学:基本理论与中国视角[M]. 北京:中国人民大学出版社,2009:48.

体在规划过程的行为取向。本书研究的开展,正是基于这一核心问题展开。

在规划过程中,我们能直观看到的是规划过程参与主体的行为,及由行为制造的规划现象,即我们常常能看到的是直线以上的部分(图1-4)。但是,是什么力量驱使参与主体产生这些行为呢?这就需要我们采用一定的分析方法透过直线,寻找直线以下隐藏的部分,即寻找驱动参与主体行为的价值取向。直线的上面表示我们看得见的参与主体行为及由行为制造的规划现象,直线的下面表示是我们看不见的,但又是支撑参与主体行为的价值取向部分。这种现象类似海面上漂浮的"冰山",我们能直观观察到的是海平面以上的部分,而海平面以下是支撑"冰山"的基础。实际上,在每个参与主体身上都存在这样一座"冰山"①。

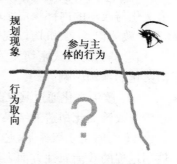

图1-4 哪些因素构成了规划过程参与主体的行为取向

## 1.3 释题

本书主题由四个关键词组成,分别是传统政治文化、规划过程参与主体、行为取向、分析。以这四个关键词作为本书的题目组成,分别界定了研究视角、确定了目标群体、明确了研究对象、表明了研究方法(图1-5)。

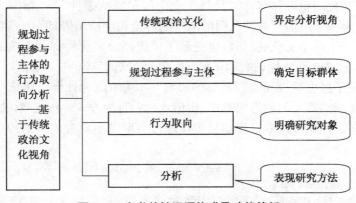

图1-5 本书关键词语构成及功能简析

① 维吉尼亚·萨提亚(Virginia Satir,1916—1988)是美国举世知名的心理治疗师和家庭治疗师,被视为家庭治疗的先驱,甚至被誉为"家庭治疗的哥伦布",在家庭心理治疗方面具有重大贡献。对心理冰山的描述和图示来自《心灵的淬炼》[玛莉亚·葛莫利(Maria Gomori)]、《萨提亚家庭治疗模式》和《新家庭如何塑造人》。本书图示是参照她"心理冰山"的图示而制作。

1)"传统政治文化"是本书的分析视角

对于中国的政治现象(包括城市规划现象)来说,如不关注传统,便不能触及政治文化与政治的内部深层结构,从而导致对许多问题的解释似是而非。政治文化"赋予政体以意义、机构以规矩、个人行为以社会关联性"①,并与人们的价值观、态度、信念和行为方式密切相关。参与主体在规划过程中的行为取向,受到了传统政治文化的深刻影响。

(1)政治文化通过其社会化作用塑造人的民族特性,中国人的政治行为习惯是传统政治文化塑造的结果

"不同的文化培养基,必定会培养出不同的人格类型和行为模式"②,并在城市规划过程的政治属性方面表现出囿于本民族意识形态的行为,导致在规划理论研究、实践过程中产生有别于其他民族的差异性。在规划过程中存在的这些差异性,成为"中国的具体实际"的重要组成内容。要使城市规划理论更好地结合实际,必须要正视这些差异。

(2)传统政治文化对中国人产生如影随形的影响,特别是以儒家文化为主流的华夏文明,影响到中国人的思想、精神、价值、信仰、习俗等各个方面

规划过程参与主体是由每一个个体组成,个体的行为取向是构成参与主体行为取向的基本单位。同时,从政治文化的角度看,个人的心理取向是政治文化的基本分析单位:"一方面,个体的人是文化和政治的载体"③,"文明的任何成分归根结底都是个体的贡献。离开了一个个男女老少的行为,哪还能有什么特性?"④;另一方面,"传统文化的积淀和养育又是每一个个体形成的条件"⑤,"每一个男女的每一种个人兴趣都是由他所处的文明的丰厚的传统积淀所培养的"⑥。也就是说,每个个体在创造了政治文化的同时,也受到了传统政治文化的深刻影响。传统政治文化具有稳定和传承特性,这使国人与生俱来带有民族的"文化基因"(梁鹤年,2011),"表明了过去对现在如影随形的影响"⑦,从而成为社会全体成员的共同无意识,影响和制约着人们的思想意识、价值观念和行为方式。传统政治文化对中国人的影响方式,体现了规划过程参与主体的行为取向中具有浓郁的传统政治文化

---

① Lucian Pye , Sidney Verba. Political Culture and Political Development[M]. Princeton, NJ: Princeton University Press,1965:7.

② [美]刘易斯·芒福德. 城市文化[M]. 宋俊岭,李翔宁,周鸣浩,译. 北京:中国建筑工业出版社,2009:13.

③ 葛荃. 中国政治文化教程[M]. 北京:高等教育出版社,2006:14.

④ [美]露丝·本尼迪克特. 文化模式[M]. 王炜,等,译. 上海:三联书店,1988:231.

⑤ 葛荃. 中国政治文化教程[M]. 北京:高等教育出版社,2006:14.

⑥ [美]露丝·本尼迪克特. 文化模式[M]. 王炜,等,译. 上海:三联书店,1988:233.

⑦ 吴小如. 中国文化史纲要[M]. 北京:北京大学出版社,2007:2.

色彩,强调了物质空间并非是城市发展的真正决定要素,表明了"城市是文化的容器"①,且"容器所承载的生活比容器本身更重要"②。说明了以文化为纽带所形成的社会关系、社会组织、人与人的相互作用,才是影响城市空间、城市土地使用的决定性因素。

以传统政治文化作为本书的研究视角,突出了规划过程中"中国人"行为取向的特殊性,这是在当前具有强烈西方烙印城市规划学理背景下,对我国城市规划理论研究自我觉醒的一次尝试。同时,以传统政治文化作为研究视角,也为将西方学理、中国传统与当下实际需要相结合找到了一个较好的切入点。

2)"规划过程参与主体"界定了研究的目标群体

《马丘比丘宪章》指出:"区域和城市规划是个动态过程,不仅要包括规划的制定,而且也要包括规划的实施。"规划是一种过程,这一点可以算作共识,它是一个多阶段、多主体的行事过程,它也像所有事物一样具有发生、发展和结束等不同阶段。对于一次规划事件来说,笔者认为主要包括两个过程,即政策制定过程和政策实施过程。政策制定过程是"通过一系列选择来决定适当的未来行动的过程"③;政策实施过程为实现既定目标提供技术性解决办法。

在规划的两个阶段中,凡是在其过程中直接或间接参与的个人、团体或组织都是参与主体,如政府、研究机构、利益集团(开发商)、规划(咨询)机构、市民、新闻机构、非政府组织等。没有他们的参与,城市规划过程不可能实现,也不存在所谓的规划过程。需要说明的,规划参与主体的种类和数量并不是一成不变的,而是受到国家政治体制、社会发展阶段、经济发展水平和公民受教育程度等因素的影响。在本次研究中,是将"规划过程参与主体"作为一个词汇。其中,规划过程是参与主体的定语,借以界定参与主体所从事的领域。换句话说,规划过程参与主体的含义可以抽象地表达为"那个领域的那些人",或者说是特指"参与城市规划过程的那些人"。

3)"行为取向"是本书的研究对象

行为取向是本书出于研究需要的合成,来源于"行为"和"取向"两个词汇。这里的"行为"主要是指参与主体在城市规划过程中表现出来的态度和具体行动。"取向"是指驱动参与主体产生"要么是这种行为"、"要么是那种行为"的价值系统。行为和取向之间的关系是,取向驱动行为,行为表现取向。在规划过程中,参与主

---

① [美]刘易斯·芒福德. 城市文化[M]. 宋俊岭,李翔宁,周鸣浩,译. 北京:中国建筑工业出版社. 2009:15.

② [美]刘易斯·芒福德. 城市文化[M]. 宋俊岭,李翔宁,周鸣浩,译. 北京:中国建筑工业出版社. 2009:16.

③ P Davidoff, T A Reiner. A Choice Theory of Planning(1962)[J]// A Faludi. A Reader in Planning Theory[M]. Oxford: Pergamon Press, 1973.

体的态度、价值观和信仰等取向,这种具有强烈民族性的行为取向深刻影响着规划过程的运转。当前,"中国人"正是以这些行为取向为导向,在实践活动中创建着城市这个特定地域空间的社会大系统。

以城市规划过程参与主体行为取向为研究对象,是对当前物质空间规划思想占据主流规划理论的有效补充,凸显了意识形态对城市规划结果的影响。参与主体在这些意识形态的推动下,用自己的行为方式去影响城市规划过程的运转,进行着城市空间利益的分配,延续着人类的文明,也不断地创造文明。

4)"分析"表现了本书的研究方法特征

本书的研究目的,在于寻找西方规划理论与中国具体实际的结合点,为推动规划理论向本土化转化进行一种新的探索。理论的研究,来源于我们对规划现象的提炼和抽取。如果我们否定有可能从全部互相关联的具体规划活动中抽象出我们能够认定是属于规划的一种形态,那就显然不会有进一步探索一项一般规划理论的基础①。通过我们对规划事件中各种城市规划现象和行为的观察,并将这些现象和行为之间的联系进行抽象加工,那么城市规划理论的研究就开始了。

从城市规划理论研究的方法论看,规划作为人类一项有意识、有目的活动,它不仅是事实的或是实证的,而且也是伦理的或规范的。"实证的"(Positive)是可以通过经验和观察的判断来认识事实"是怎样的","实证的"是关注事实的"实然"部分;"规范的"带有较多的主观价值判断,认为事实"应该怎样","实证的"关注的是事实的"应然"部分。本书关注规划中人的行为取向,在研究对象的选取上具有"规范的"特征。因此,本书的研究方法属于规范性理论研究,是通过笔者的主观价值判断,对城市规划过程中存在的问题和现象进行分析,并努力将其理论成果用于指导城市规划过程实践。

按照库恩的观点,"范式"(Paradigm)是常规科学赖以成立和运作的理论基础和实践规范,包括本体论、认识论和方法论三个部分。本书的研究关注规划的理论,代表着一种使规划系统化的尝试。在对城市规划本体论研究尚无固定研究范式的背景下,以主观价值判断进行分析是城市规划理论研究的一个有效手段。

以分析作为研究过程状态的描述,是因为本书强调逻辑分析和演绎的研究方法特征。这种研究方法,强调了理论和实践的互动关系,一方面认为城市规划是一项实践活动,会表现出各种城市规划现象;另一方面认为理论研究不仅仅依靠对实践的归纳和总结,还可以通过逻辑分析和演绎的方法进行理论研究。本书正是基于上述认识,借鉴了政治学、公共政策学和政治文化学等研究成果,对规划过程中

---

① 以上关于对城市规划理论的描述借鉴了《政治体系》关于政治理论描述的方式。[英]戴维·伊斯顿.政治体系[M].马清槐,译.北京:商务印书馆,1993:297.

的现象和行为之间进行整合分析,并揭示背后蕴含的传统政治文化。同时,"分析"一词包含了研究的程度可深可浅,由于这项研究还刚刚起步,"分析"一词可以恰当表达笔者对这一尝试的敬畏之情,也包含着笔者需要大家鼓励的心理需求。

## 1.4  研究意义

1)  有利于推动规划理论的本土化

本文以规划过程参与主体的行为取向,作为联系西方城市规划理论与中国规划实践的切入点,研究的开展有利于推动中国城市规划理论的本土化进程。

(1) 对于当前的中国城市规划理论来说,理论与实践相脱离可能是最突出的问题,主要原因是因为规划理论没有很好地结合中国的具体实际

从理论与实践的关系来看,或许"理论与实践"相分离的问题本来就不是问题,又或者说"理论与实践"不完全匹配是一个永恒的问题。因为,实践与理论之间本来就处于"动态不匹配"的过程之中。同时,由于城市规划理论面临的社会问题具有复杂性,"今天的规划理论"与"明天可能出现的问题"并不一定完全重合,不可能有一个精准的理论能够使城市规划理论在处理社会问题中一以贯之。也就是说,不存在一个城市规划理论与城市问题之间的精确匹配。从城市规划实践来看,以未来的手段解决现在的问题是规划的重要特点,也就是说"现实性"和"未来导向性"是规划最重要的特征。"现实性"意味着要正确认识城市规划过程现实的具体情况;"未来导向性"意味着要对城市规划内容进行有效预测。因此,认识现实和预测未来就成为城市规划理论重要的组成内容。本书以当前规划过程中我国这个特殊参与主体行为取向为研究内容,考虑到了参与主体的"现实性",有效结合了规划过程"人"这个现实要素。

(2) 对于城市规划理论的产生源头来说,现实需要是理论产生的前提,理论是在实践过程中对经验的总结提炼

经验总结包括直接经验和间接经验,直接经验更多是我们在实践过程中的主观感受,间接经验是我们对既有经验的吸取。从当前我国城市规划理论构成看,大部分来源于西方城市规划理论的间接经验,而且是全盘接受。西方城市规划理论基于西方的现实情况,其理论来源于对社会背景、社会问题、经济社会情况、政治制度、意识形态等实际情况的探索。实际上,"理论关注的不是特定条件下人们的具体行为和互动,而是一般意义上人类行为的本质。理论将是一般的、基本的、永恒的和普遍的"[①],从这个意义上看,西方的城市规划理论在当前还没有上升到"真正

---

①  [美] 乔纳森·特纳. 社会学理论的结构[M]. 邱泽奇,张茂元,译. 北京:华夏出版社,2001:1-2.

的理论"这个高度,不足以对所有的规划实践进行指导。因此,全盘接受西方城市规划理论并用以指导中国的规划实际,缺乏对中国现实情况的考量就成为其先天的缺陷,更何况我们很多规划师至今还陶醉其中、"乐不思蜀"。本书以我国参与主体行为引发的规划现象作为分析对象,结合了规划现象发生的"土壤",实现了规划理论与中国实际情况的结合。

(3)西方城市规划的部分理论当然对中国城市规划理论具有很强的指导意义,都是在对城市这一共同客体发展需要的回应,都是为了创造更加美好的城市生活

但是在中国的城市中,又存在一个明显有异于西方的社会环境。特别是对于我国的参与主体来说,其价值取向受到了传统政治文化的深刻影响,他们在行为方面表现出明显的"中国式逻辑"特点,导致规划现象呈现出有异于西方国家的特质。"在中国的城市规划理论"必然要面对这一现实情况作出回应,才能更好地指导我国的规划实践。本书以传统政治文化为视角,较好地将我国参与主体行为取向的特殊性引入到规划理论之中,有助于西方城市规划与中国的实际相结合。

本书以传统政治文化为视角,以参与主体的行为取向和我国的规划现象为分析对象,考虑了规划过程"中国人"这个参与要素,结合了中国"土壤",凸显了我国参与主体行为取向的特殊性,为推动西方城市规划理论与中国实践相结合找到了一个较好的切入点,有利于推动城市规划理论的本土化研究。

2)有利于开辟一个新的认识视角

以传统政治文化来认识规划参与主体行为取向与规划现象,开辟了一个新的认识视角。在当前的中国城市规划领域中,囿于对城市规划本质认识的误区,把规划仅仅看做是一项物质空间技术,这种认识论断还较为普遍。在本书的研究过程中,笔者以规划过程的政治属性为基础开展研究,这种研究视角的转换在我国当前的规划理论研究中还不多。

规划的政治属性通过规划过程参与主体的行为表现,参与主体的政治行为是规划政治属性的客观载体。也就是说,规划参与主体的行为一定表征着某些政治属性。这表明,借以对规划参与主体行为的分析,可以认识规划过程蕴含的政治属性。同时,在城市规划过程中,参与主体的行为影响和制约着城市规划的结果,因此对规划过程参与主体行为的研究具有重要意义。然而,在当前的城市规划理论研究成果中,以参与主体行为为研究对象的还不多,仅仅零散地分布于城市规划理论的相关研究中,导致规划政治属性与参与主体行为关系的系统性理论成果还不多。究其原因,是因为政治属性涉及制度、组织、机构、权力、意识形态等十分宽泛的内容,稍有不慎便有使城市规划研究内容泛化的可能。面对这样的研究现状,确定研究视角是对城市规划政治属性研究的重要前提。通过借鉴政治文化学研究成果,笔者发现,任何政治行为背后一定受到意识形态的深刻影响,而且这种政治意识形态的形成必

然是对传统的继承和创新。也就是说,传统政治文化与规划过程参与主体行为取向之间具有密切的关系。本书正是基于规划过程的政治属性,以传统政治文化为研究视角,较好地实现了参与主体行为、规划现象和政治属性之间的融合。本书的研究视角的选择在当前的相关理论研究中尚属首次,是一个较为独特的视角。

3) 有利于更好地解释各种规划现象

以规划过程中参与主体的行为取向作为研究对象,为更好地解释当前各种城市规划现象提供了一个新的思路。规划的实践过程总是由无数的规划现象组成,也正是因为无数个规划现象才构成了整个规划过程。规划现象同规划参与主体的行为密不可分,没有参与主体的具体行为,根本不可能发生任何规划现象。沿着这个分析思路继续分析,我们就会产生一个疑问,为什么参与主体发生这些行为,而不是另外一些行为呢? 这是因为,参与主体的每个行为背后必然受到了某项价值取向的支撑。在规划过程中,一定有某些观念、信仰、态度等价值判断支撑着参与主体的行为。没有参与主体的价值判断根本不可能发生任何规划现象,价值判断是规划现象发生的思想源泉。由此可见,参与主体的某些价值判断促使某些规划现象的发生,规划现象同时也表现了参与主体的某项价值判断,规划现象与价值判断紧密相关。因此,结合价值判断有助于更好地理解各种规划现象,价值判断也能为规划现象提供解释。实际上,"社会科学还没有发展出一套对意识形态真正不带价值判断的概念"①。然而,在我国当前的规划理论研究成果中,从意识形态的角度去寻求对规划现象进行解释的研究还不够多,这不能不说是我国当前规划理论存在的一项缺陷。造成这种现状的原因,可能是人们对规划现象的认识更多受到了实用主义观的影响,偏向于从物质技术层面去理解规划现象。因此,"技术至上"、"解决实际问题"就成为指导人们理解规划现象的价值法则。

由上面的分析不难看出,要更好地解释各种规划现象,从本质上说必然要涉及参与主体的价值取向。本书以参与主体行为取向为研究对象,有效地实现了意识形态与规划现象的连接,这将有助于更好地理解各种规划现象。

4) 有利于推动规划理论的创新

在本书研究过程中,笔者大量借鉴了政治学和政治文化学的研究成果,这有利于推动城市规划政治属性研究方面的创新。城市的构成是一个庞大的系统,由政治、经济、社会、文化等各个子系统构成,在这样一个复杂的系统里,任何一个系统的变化都会促使城市的其他系统发生改变,并以其整体合力共同作用于城市,城市就是在这样一个动态变化的状态中不断地发展。既然城市是各个子系统整体合力的结果,那么就不得不考虑各个子系统对城市规划过程的影响。从现实看,城市规

---

① [美] 克利福德·格尔兹. 文化的解释[M]. 纳日碧力戈,等,译. 上海:上海人民出版社,1999:223.

划要解决的主要任务就是要处理好特定地域土地和空间资源的分配。要实现这一任务,需要一个前提,这个前提就是处理土地和空间的权力得到了合法认可。同时,如果系统地看一个完整的城市规划过程,从问题的提出、规划方案的确定、规划方案的实施、实施效果的评估等都无不与制度、权力、利益、公平等政治术语密切关联。这就要求我们在处理土地和空间资源的纯技术或工程活动过程中,必须要考虑政治因素对规划的影响。可以这样说,城市系统中的政治系统与城市规划密切相关,与城市规划过程密不可分。因此,从纯政治的角度去研究规划过程具有重要意义,然而这在当前的规划理论研究中并不多见。

本书在研究中,借鉴了政治学、政治文化学和公共政策学等相关知识,从规划具有的政治属性出发,密切联系了规划现象,为规划过程参与主体的行为取向进行了较好的解释。借鉴纯政治理论来研究规划过程的各种规划现象,尊重了规划过程的本质属性,较好地实现了学科交叉,这有利于推动城市规划理论的创新。

5) 有利于规划理论与时俱进

本书的研究充分突出了当前的时代主题,研究成果是对时代变迁需求的一种回应。马克思认为,社会发展的动力来自生产力与生产关系、经济基础与上层建筑的矛盾运动,也就是说社会发展是生产力与生产关系冲突的结果。20 世纪以来,特别是在 70 年代末期改革开放以后,我国长期封闭的国门被打开,经济社会发生了巨大变革。"以经济全球化为先导的经济、政治和文化的全球性整合运动"[1]的时代背景,正深刻地改变着中国经济社会发展的各种关系。就拿国家的政治体制来说,跨国组织使得国家经济自主权受到削弱,政治主体和政治权威的多元化挑战着民族国家的权力和权威,普世价值标准的形成及国家法制化挑战了传统民族国家的独立性和最高权威[2],全球问题挑战传统民族国家的属地优先权和属人优先权。经济全球化改变了我国的经济基础,传统政治体制存在的弊病得到了有效改善,民主化成为政治体制改革新的时代主题,中国的政治体制改革也沿着这一方向开始转型。中国政治体制的转轨必然导致城市规划的实践环境发生变化,影响和制约着规划政策制定过程、参与方式、决策实施方式等各个层面。政治体制转型必然会导致我国城市规划的实践环境发生变化,规划理论的研究必须要适应这种变革,才能更好地指导中国城市规划的实践。

本书是在"十七大六届会议"提出的关于文化体制创新的时代背景下,着眼于中国城市理论发展瓶颈问题的一种分析讨论。本书立意的基础是规划过程的政治属性,这充分结合了政治体制改革这一时代主题。本书研究的开展,有利于寻找我

---

① 任剑涛. 政治学:基本理论与中国视角[M]. 北京:中国人民大学出版社,2009:324.
② 任剑涛. 政治学:基本理论与中国视角[M]. 北京:中国人民大学出版社,2009:324-328.

国城市规划理论转型的动力,是对规划理论体系创新的一次实践。

6)有利于关注规划中人的需要

本书以规划过程参与主体的行为取向(即人的行为取向)为主体内容,体现了城市规划"以人为本"的核心价值理念。马克思曾经说过,"人是最名副其实的政治动物,不仅是一种合群的动物,而且是只有在社会中才能独立的动物"①,人总是处于一定的社会关系之中,而各种社会关系总是存在于特定的地域空间,如城市、农村等。城市空间既容纳人与人特定的社会关系,也是人与人社会关系过程中创造的产物。因此,"城市、社会、空间及城市中的人,具有一种天然的不可分割性"②,人是城市的主体,是城市的创造者。从城市规划的最终结果来看,城市空间是人类实践活动和认识活动的结果,正是由于诸多人类社会行为才创造了城市空间。城市规划是"人类为了在城市的发展中维持生活和发展的空间秩序而作的未来空间安排的意志。这种对未来空间发展的安排意图,在更大的范围内,可以扩大到区域规划和国土规划,而在更小的空间范围内,可只延伸到建筑群体之间的空间设计"③。人既是参与城市规划的主体,又是城市的服务对象。古希腊哲学家亚里士多德说:"人们为了安全,来到城市;为了美好的生活,聚居于城市。"可以说:"城市规划不仅是地点规划或工作规划,如想取得成功,必须是人的规划。"④因此,无论从哪个角度来说,在城市规划的实践中都要考虑人的需要,在城市规划的理论研究中都应把人作为研究的组成部分。然而,从目前城市规划理论成果来看,以研究规划过程中人为主题的成果并不多。

本文以参与主体的行为取向为研究对象,集中关注了规划过程中的人及他们的意识形态,体现了城市规划"以人为本"的核心思想,这是对规划理论最核心的价值准则的回归。

7)有利于更好地指导规划实践

本书旨在探索参与主体行为取向的一般规律,研究成果会对城市规划实践做出有益的理论指导。在实际的规划过程中,我们发现参与主体在处理相同事物的时候总是具有相同的行为,如政府部门总是在规划过程各个阶段扮演着主导力量的角色、利益集团(开发商)总是以经济利益的最大化进行城市建设、市民总是对规划参与的热情不太高等等。造成这些现象的原因,实际上是在每个参与主体的行为背后都有一个相对稳定的价值取向支撑,这些支撑参与主体的价值取向我们可

---

① 详见:马克思恩格斯全集[M].北京:人民出版社,1995:21.
② 吴晓,魏羽力.城市规划社会学[M].南京:东南大学出版社,2010:1.
③ 李德华.城市规划原理[M].北京:中国建筑工业出版社,2004:6.
④ 金经元.近现代西方人本主义城市规划思想家——霍华德、格迪斯、芒福德[M].北京:中国城市出版社,1998:28.

以从传统政治文化中去寻找。因此,以传统政治文化作为研究规划参与主体行为取向的视角,可以寻找到参与主体行为取向的一般规律。参与主体的价值取向不仅稳定,而且还具有较强的民族个性,一旦形成就不会轻易改变。规划参与主体行为取向的这些规律稳定地存在于规划的过程之中,会使参与主体在处理相同规划事务的时候,表现出某些相似行为。因此,规划参与主体行为取向的一般规律,可以作为预测规划参与主体行为的理论依据,从而有利用推动城市规划过程的顺利开展。比如,在设置城市规划过程参与阶段的时候,我们就可以根据各参与主体的行为特点进行设定,这显然更加有利于推动城市规划过程的顺利进行。再如,我们可以根据城市规划参与主体行为的民族特点,对他们将要产生的行为进行预测,使规划过程能更加符合规划参与主体行为取向习惯,从而回避某些社会矛盾或社会损失的发生。

任何理论的研究,最终目的都是为了服务于现实需要。本书研究的开展,可以使我们找到参与主体行为取向的一般规律,运用这些规律有助于更好地指导规划实践。

## 1.5 研究内容

1) 规划过程的政治属性

在本部分内容中,着重分析规划过程为什么具有政治属性,具有哪些政治属性,构建政治理论与城市规划过程理论之间的相互关系。

2) 城市规划过程性

在本部分内容中,主要研究规划过程的组成阶段,每个阶段由哪些环节构成,每个环节会发生什么规划现象。

3) 规划过程参与主体及行为

在本部分内容中,主要研究在不同的规划阶段参与主体的类型和数量,以及在这个过程中参与主体有哪些行为,为什么要以四大典型参与主体及他们的行为为研究对象。

4) 规划过程参与主体的行为取向

在本部分内容中,主要研究参与主体行为的驱动因素是什么,规划过程参与主体的行为具有哪些特点,这些特点会对规划过程产生什么影响。

5) 传统政治文化作为分析的视角框架

在本部分内容中,主要研究参与主体行为的来源于什么,为什么传统政治文化可以作为分析参与主体行为取向的视角框架。

6) 以传统政治文化为视角分析规划过程两个阶段四大参与主体的行为取向

在本部分内容中,主要是用传统政治文化视角对规划过程政策制定阶段和规划政策实施阶段参与主体的行为取向进行分析。

## 1.6  研究方法

### 1.6.1  研究的思维模式

1）历史的思维观

（1）从认识事物方法论的角度看，"人们对自然现象的距离越近，认识得越清楚；而人们对社会现象则是距离越远（置入历史的过程中），才能认识得越清楚"①。城市的产生、发展只不过是人类众多社会现象中的一个，因此需要我们将当前的城市状况置入到历史的长河中，才能看得更加清晰。

（2）从城市的发展过程看，城市是人类长期社会实践的产物。当前的城市状况，是连接过去和未来的纽带。现在，是人类过去对于未来的畅想，也是未来城市对于过去的描述。首先，"城市凝聚了文明的力量与文化，保存了社会遗产"②，当前的城市空间容纳了人类千百年以来创造的所有文化和精神，是若干年来人类文明发展的结果。其次，当前城市空间所有的物质、文化和精神会为城市的未来发展提供基础，未来的城市将会在现有的基础上不断发展。因此，必须要以历史的眼光看待城市的发展。

（3）规划过程参与主体的行为取向，一定会受到某些传统价值取向的影响。城市是人类历史长河中某个时刻参与主体行为的产物，但这些行为并不是随意发生，而是受到了某些既有价值取向的支配。既有价值取向，就是在人类长期实践过程中形成的，具有稳定性的价值体系。我们不可能与历史一刀两断，而总是不断传承历史和创造新的历史。正如马克思所说："人们自己创造自己的历史，但是他们并不能随心所欲地创造，并不是在他们自己选定的条件下创造，而是在直接碰到的、既定的、从过去继承下来的条件下创造。一切已死的先辈们的传统，像梦魔一样纠缠着活人的头脑。"③因此，进行规划理论研究，特别是对于参与主体价值取向的研究，一定要结合历史。

总的来说，认识城市需要结合历史，推动城市发展需要结合历史，研究参与主体行为取向需要结合历史。因此，分析当前各种规划现象，运用历史的维度，才能把各种规划现象看得更清晰。本书以传统政治文化为视角分析当前的各种规划现象，较好地联系了过去和现在，推动了规划理论向未来的发展。研究的开展，在认

---

① 张京祥. 西方城市规划思想史纲[M]. 南京：东南大学出版社，2005：1.

② [美] 刘易斯·芒福德. 城市文化[M]. 宋俊岭，李翔宁，周鸣浩，译. 北京：中国建筑工业出版社，2009：3.

③ 马克思恩格斯选集[M]. 北京：人民出版社，1995：585.

识参与主体行为取向方面初步构建了传统——现代——未来的时空观。

2) 逻辑分析的思维观

城市规划是一项人类有意识、有目的的行为活动,这些活动结果将会直接作用于现实生活,表现出各种规划现象,这是城市规划活动具有"实证性"的一面。但是,作为一门学科,规划活动的指导理论也具有抽象的一面。从城市规划理论的产生过程来看,主要有两个渠道:第一,城市规划的核心理论将有相当大的部分是建立在对城市规划过程实证性的观察和分析的基础之上,它包括了从规划编制到规划建设管理的全部过程,通过长时期关于规划过程实证的知识积累而逐步达到规划理论系统化的构建,这些城市规划理论来源于对规划实践过程的抽象;第二,由于城市规划活动所面对的环境具有复杂性,受到社会、政治、经济、文化等诸多要素的影响。城市规划理论研究的一个重要任务就是要去寻找到这个规律,即寻找社会、政治、经济、文化与城市规划的某种联系。由于这些要素具有复杂性特征,在研究这些要素与城市规划之间联系的时候,就需要我们采用某种法则进行演绎和分析。这个法则就是一种逻辑,具有主观性和理性特征。建立了这些逻辑思维,我们就可以对城市规划现象、城市规划经验进行分析和解释。本次研究关注参与主体的行为取向,这需要我们在研究过程中透过规划现象,才能关注规划现象的本质;研究中涉及政治学、政治文化学、公共政策学等多学科知识,这需要我们建立这些学科与城市规划之间的联系,才能实现有效借鉴。因此,无论从研究对象来说,还是从研究方法来说,都需要我们通过逻辑分析、归纳演绎的思维方式,才能顺利地推进本次研究。

## 1.6.2 具体的研究方法

1) 以问题为导向的研究方法

本次研究的开展,是基于当前城市规划领域存在的一个突出问题,即在我国城市规划领域中,理论与实践相脱节的问题较为突出。围绕这一问题,笔者力求通过本次研究去探索解决这一问题的方法。同时,在研究过程中的每个阶段,即在本书的每个章节的前言部分,笔者都提出了本章要解决的核心问题,并详细阐述了这些问题与本书主题的逻辑关系,继而围绕这个问题寻求解决的办法。以问题为导向开展研究,这是本次研究在方法上呈现的一个较为显著的特点。

2) 归纳演绎的研究方法

在通常情况下,我们观察到的城市规划活动常常表现出理性和实证的一面。然而,如果我们要进一步深入认识城市规划活动,还必须带有强烈的价值判断。人在参与规划活动的过程中,不可能不带有任何感情色彩。并且,参与主体价值的差异也会产生不同的城市规划现象。在这种情况之下,如果仅仅运用理性的思维方法,采取实证的研究方式,可能会对城市规划过程的认识产生某些局限。因此,在城市规划理论的研究过程中,要重视意识形态差异对规划后果的影响。然而,意识形态总是隐含于事实之中无法直观获取,这就需要我们透过规划现象的背后,对参与主体的意识形态进行归纳和演绎。

3) 多学科交叉的研究方法

本书选择将城市规划活动具有的政治属性作为研究开展的基础,并将参与主体参与规划过程中的行为看做作是一项政治参与活动。从上述对规划活动的认识可以看出,现有的城市规划理论不足以开展研究。因此,必须借鉴相关学科的知识,才能推动本次研究的顺利开展。在本书研究中,主要借鉴了政治学、政治文化学、传统政治学和公共政策等相关知识,还适当参考了社会心理学、公共政策、文化人类学、政治伦理学等相关学科研究成果。这些学科理论以及城市规划理论共同构成了本次研究的理论体系,实现了城市规划学科与多学科的交叉融合。

4) 政治文化分析方法

在政治学的研究中,文化分析是一种重要的研究方法。文化是影响社会政治发展的一种极为重要的因素,是通过对人们传统习俗、心理、态度和情感的分析,去理解社会的政治生活。政治文化是人们的政治取向模式,它支配着人们的政治行为方式,通过政治文化可以帮助人们去寻找政治行为发生的深层根源。本书选取规划过程参与主体行为取向为研究对象,这与政治文化学的研究对象具有较高的相似性。因此,政治文化分析方法可以被借鉴,作为本书的研究方法。

5) 以过程为分析单元的研究方法

规划活动中的一切现象都是围绕规划过程展开,参与主体的任何行为也都是围绕规划过程展开,规划过程是组织一切规划现象和参与主体的主线。本次研究将规划过程作为研究的主线,将规划过程划分为规划政策制定过程和规划政策实施过程,分两个阶段讨论参与主体的行为取向。以规划过程的发展为研究的主线,这是本次研究的一大特点。

6) 对比分析的研究方法

本书研究的开展有一个重要的目的,就是努力推动西方城市规划理论与中国的实际相结合,使西方城市规划理论本土化。这个研究目的需要一个前提,那就是中国的城市规划环境有别于西方国家。根据本书研究需要,笔者在某些方面进行了中西方对比。这些对比差异,有助于我们更加深刻地理解我国规划环境的特殊性。

7) 实证的研究方法

城市规划理论总是建立在大量的事实基础之上,任何规划现象总是直接或间接的表现在规划过程之中。首先,本书主题的选择正是源于笔者对大量规划事实的理解之上,研究主题的确定正是实证的结果;其次,在研究中笔者选取了较多具有典型性和代表性的案例,用以支撑本书观点。

## 1.7 研究框架

本书按照"四段式"的逻辑框架进行组织：第一部分首先回答为什么要选择这个研究主题；第二部分构建研究的基础理论和视角框架；第三部分开展主题内容研究；第四部分是对策、结论与展望。本书共分十章（图1-6）。

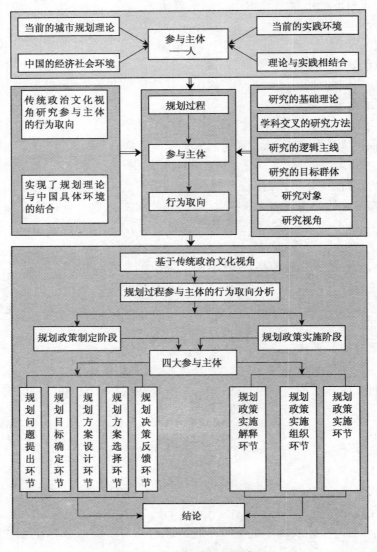

图1-6　本书研究框架示意图

第一部分包括第 1 章。在本部分，主要是回答选题的背景、研究对象、研究目的、研究意义、研究方法等内容。

第二部分包括第 2 到 6 章。在本部分，首先建立政治学理论与城市规划理论的联系，并突出学科交叉研究的方法；其次，研究规划过程、参与主体、行为取向、传统政治文化的基础理论，并建立它们之间的逻辑联系。

第三部分包括第 7 到 8 章。在本部分，首先研究规划政策制定过程政府部分、规划（咨询）机构、利益集团（开发商）、市民等四大参与主体的行为取向，并对这些行为取向进行传统政治文化分析；其次研究规划政策实施过程政府部分、规划（咨询）机构、利益集团（开发商）、市民等四大参与主体的行为取向，并对这些行为取向进行传统政治文化分析。

第四部分包括第 9 到 10 章。在本部分，主要研究内容是对策、结论和展望。

# 2  基于学科交叉研究的政治学理论

在本章中,笔者就城市规划理论研究为什么要借鉴政治学原理进行详细分析。其目的在于说明,政治学中的部分原理可以作为理解规划现象的基础理论。这也使本次规划理论研究在方法上呈现出一个特点,这就是尝试了政治学与城市规划的学科交叉研究。同时,本章涉及的部分政治学知识,是开展本次研究的重要基础理论。

基于对选题的理解,笔者认为在研究过程中主要需要借鉴政治学的两个方面研究成果。第一,政治学基本原理。笔者认为政治属性是规划过程的本质属性之一,这是本书选题的基础。因此,在本书的研究过程中会运用大量的政治学研究成果。政治学中的相关原理是理解规划现象的理论基础,也是支撑规划过程具有政治属性的重要论据。第二,政治文化学。传统政治文化是政治文化学的一部分,政治文化学是政治学的重要内容,这既是本书需要借鉴的理论成果,又是本书研究的视角。同时,结合本书研究的实际来看,我国的传统政治文化与传统文化具有较多的同一性。因此,在本章中笔者除了介绍政治文化学相关知识外,还简要介绍了论文需要涉及的我国传统文化。

## 2.1  本书需要借鉴的政治学理论

本书作为城市规划理论研究,总体上呈现出这样一个特点,那就是书中出现了大量有关政治学科的概念及由概念而产生的关联研究。对于习惯于从工程技术领域视角看待城市规划的我们来说,可能有一些陌生。但是,由政治力量产生的规划现象及后果却是那么清晰地呈现在规划过程之中。对于当前的时代来说,我们的日常生活,政治权力的泛化可能触及生活的每一个角落,几乎每一个学科都与其存在或多或少的联系,这已成为这个时代的重要特征。大到基本国策,小到我们生活的居住、户籍、收入、环境、医疗、卫生等内容,无不受到公共权力的控制(图2-1)。在这个时代,"非政治的存在领域已经变成了一种乌托邦,即'哪里也找不到的地方'"①。同样,城市规划作为发生在城市空间的一项重要的集体参与的社会活动,

---

① [日]加藤节.政治与人[M].唐士其,译.北京:北京大学出版社,2003:5.

其发生、决策、实施等阶段无不渗透着政治要素的影响。通过对城市规划实践过程的分析,笔者发现:大量的政治行为和政治现象对城市规划过程产生重要影响。既然城市规划与政治的联系如此紧密,那么政治学相关理论可以成为我们更好理解城市规划现象和行为的工具。

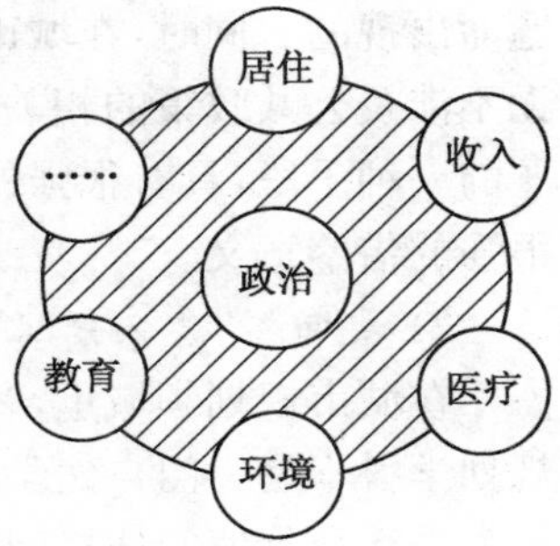

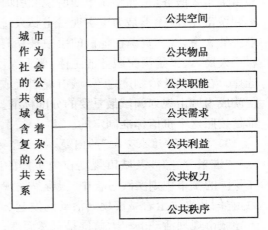

图 2-1　居民的日常生活无不受到政治的影响

## 2.1.1　为什么要借鉴政治学理论

城市规划的核心任务是利用公共权威对城市土地资源和空间资源进行分配。但是,作为一门学科的理论研究,还有很多更基本的问题困扰着我们。如:为什么要分配?怎么分配?谁来分配?凭借什么力量分配?这些问题应该成为城市规划理论研究需要探索的重要命题。在笔者看来,关于这些问题的回答,必须要涉及政治学中的部分知识。

1) 要回答"为什么要分配"的问题,必然要涉及政治学中有关公共政策的知识

公共政策与国家制度密切相关,如果在政治权力私有的社会,那么就不存在所谓的公共政策。城市是社会共有的公共领域,"具备大家共同参与的条件,并要求由公共机构(政府部门)进行规范或干预"①。要对城市空间进行分配,这是由城市规划对象的特点决定的。城市作为社会的公共领域包含了复杂的公共关系,这些公共关系包括公共空间、公共物品、公共职能、公共需求、公共利益、公共权力、公共秩序等各个方面(图 2-2)。社会在这个公共领域运行,不可避免地出现这样或那样的社会关系失调,并由此带来不同类型的社会问题。在这些社会问题中,有些可以通过法律、制度解决,而有些关系的协调却需要通过城市规划才能得到解决。实际上,现代城市规划理论的诞生,正是源于工业革命后期城市人口迅猛增长和社会矛盾日益尖锐的社会问

图 2-2　城市公共空间包含着复杂的公共关系

---

① 谢明.公共政策导论[M].第二版.北京:中国人民大学出版社,2008:7.

题而出现的。同时,在城市规划过程中,从社会问题的选择、决策过程到实施过程无不涉及公共政策的相关内容。因此,从这个意义上说,城市规划就是解决社会问题的一种手段,具有很强的公共政策意味。研究城市规划理论,公共政策理论具有很强的借鉴意义。

2）要回答"怎么分配"的问题,必然需要涉及政治学中有关价值取向的知识

在城市规划领域里,"怎么分配"即是按照什么标准分配城市公共资源。城市规划学科不是一门自然学科,其分配标准不可能是数字计算和模型模拟的结果,而是关乎社会价值的选择问题。作为一门实践性很强的学科,城市规划具有强烈的社会属性,不可能脱离意识形态的干扰而处于价值的真空状态。这些价值系统与社会的主流价值系统一致,并被涵盖在国家制度的价值系统之中。在政治学领域,"作为人类价值理念的系统表达,意识形态是政治制度的灵魂"①。从大的方面说,这关系到统治阶级为谁服务的问题,即政府的执政理念;从小的方面说,关系到城市规划职业价值的选择问题,即规划师的职业道德。如,在不同时代的国家体制中,国家的服务客体具有差异性。在奴隶和封建时代,政治权力为奴隶主和君主私有,统治阶级的服务对象是奴隶和君主本人,一切社会行为的最终目的是为奴隶主和君主本人服务,正如路易十四所说"朕即国家"。在这种情况下,大到国家发展,小到城市建设,无不是为了实现君主私人统治的需要。"怎么分配"就是君主或奴隶主的私事,社会资源在他们的手中被私有化。共和制国家主张国家的一切权力属于人民,人民是国家服务的主体,尊重人民利益需求就成为统治阶级的必然价值选择。在这种政治制度之下,城市规划就成为满足人民利益的规划,于是公平、公正就成为城市规划领域最重要的分配标准。城市规划中的相关法律、条例和标准,都是按照这个价值标准制定的。

3）要回答"谁来分配"的问题,必然需要涉及政治学中有关权力归属的知识

"谁来分配"涉及城市规划权力主体的归属问题,即谁对规划城市享有权力。在我国的城市规划实践过程中,很容易发现,政府机关在规划过程中享有主导的权力,它们几乎决定着城市规划活动的发起、开展和发展方向。对于政府来说,享有主导城市规划活动的权力仿佛是自然而然;对于社会公众而言,由政府掌控城市规划权力仿佛又是理所当然。在"一切权力属于人民"意识形态影响下的民主共和国家里,政府处理公共事务的权力具有合法基础。于是,行使规划分配权力就成为政府的责任和义务,这就是为什么政府机构在规划中享有主导权力的原因。随着经济和社会发展,我国规划领域政治权力的构成方式也悄然发生改变,利益集体、社会公众、社会组织等多元主体参与到城市规划过程中,成为影响城市规划政策制定

---

① 景跃进,张小劲. 政治学原理[M]. 北京:中国人民大学出版社,2010:193.

的重要参与因素。从政治学理论看,这实际上是对国家权力主体的一种再分配,是社会民主文明程度的标志。

4) 要回答"凭借什么力量分配"的问题,需要借助政治学中有关权力的知识

城市规划作为分配城市公共利益的一种手段,需"凭借什么力量"才使这一过程顺利进行的呢?要回答这个问题,又需要借鉴政治理论的相关知识。如果把城市规划仅仅看做是一项工程技术行为,很显然城市规划不具备这个能力,因为技术只能解决具体的、实际的问题,而完整的城市规划过程会涉及复杂的社会因素。这一点也恰好说明,城市规划的顺利实施必须要依靠政治的力量才能实现。事实上,规划过程得以顺利实施是依靠权力作为基础而实现的。权力是政府对暴力的合法垄断,在城市规划过程中,拥有权力的政府实行了一种控制力和影响力,使得人们服从和服务于这个过程。因此,在通常情况下,一个城市规划方案在得到审批通过以后就具有合法的权力,人们在权力的规范下只有服务于和服从于这个过程的所有安排。权力是分配城市公共利益的重要力量。但还有一个力量也不容忽视,这就是市场手段,市场犹如"一双看不见的手"对城市利益的调节发挥着重要作用。如:在城市规划方案评审阶段,我们常常将规划方案的实施能否带来土地资源的增值作为一项评价标准,这就是市场对城市利益调节作用的结果。再如:我们常常将区位条件好、人口流量大的区域定为商业用地,而将生态环境优越的地方定为居住用地,思考和关注这些问题都是基于"市场力量"的结果。综上可见,在城市规划过程中,"权力"和"市场力量"是分配城市公共利益的两个重要力量。

我们再也不能将城市规划过程看成是一个简单的工程技术行为,完整的城市规划过程受到政治因素的巨大影响,或者说城市规划本身就是实现政治目标的一种手段。公共资源分配、权力主体、价值系统、权力制约等政治学研究内容大量出现于城市规划过程之中。通过以上分析我们可以看出,从某种意义上说,城市规划就是一种特殊的政治现象,是表征统治阶级权力和实现政治目的一个重要手段。政治学作为一门人文社科知识,我们虽然不能在城市规划过程中直观地感受到,但是城市规划的政治属性一定会被物化在当前的城市空间中。在日常生活中,多数人将城市规划仅仅视为一项纯工程技术,这就是将规划政治属性物质化的结果。而在西方国家,城市规划隶属于公共管理领域则表现出其鲜明的政治属性。

## 2.1.2　需要借鉴哪些政治学理论

政治现象和政治行为广泛存在于规划过程之中,但是政治学科理论体系包含庞大的知识理论。虽然,政治学理论体系的很多内容都与城市规划密切联系,但如果不加以区分和甄别,很容易使城市规划学科的边界无限外延,失去学科的本质特

色。同时,如果我们不考虑政治理论对城市规划的具体影响,肯定不符合客观现实,这也会使城市规划理论陷入孤立无援的核心理论空心化境地。因此,建立政治学理论与城市规划学科之间的联系,应该是一个值得探索的方向。本书还做不到将两个学科理论之间建立系统联系,仅就本次研究需要借鉴的政治理论做一些分析。结合本次研究的主题,笔者认为需要借鉴以下几个方面的政治学理论。

1)国家制度

任何国家都是依靠一定的制度组织起来的,国家制度是国家活动的基本规则,对个人和团体组织起着制约和规范作用。城市规划现象和行为总是发生于某个国家土壤,其现象和行为的发生过程、组织方式、参与主体、决策过程、价值目标等内容都与具体国家的基本规则相适应。这也正是目前规划理论界倡导的内容,即城市规划理论要结合本国实际情况开展研究。

2)权力问题

著名政治学家海伍德说:"所有政治都是关乎权力的。政治实践经常被视为权力的运作过程,学术研究的主题本质上是权力的研究。毫无疑问,政治学的学者是研究权力的学者:他们试图知道谁拥有权力,权力是如何使用的,以及在什么基础上被行使。"[①]权力是政治学研究的核心问题。同时,权力也是城市规划要关注的核心内容,因为在城市规划过程中必须回答,谁(政府?利益集团?市民?……)在规划过程中拥有什么权力。"谁"界定了规划过程中各项权力的主体。如,政府有权力发起一个规划活动,市民有权力参与规划活动。"什么权力"界定了规划过程中各主体的义务。如,政府有组织规划活动开展的义务,有确保规划按照方案内容实施的义务;利益集团有按照规划方案内容实施建设活动的义务。

3)意识形态

意识形态是人类价值理念的系统表达,是政治制度的灵魂。意识形态回答了一个核心问题,那就是政治系统为了什么而运转,集中表达了统治阶级的政治价值理念,如西方倡导的"民主""自由""平等",我国的"人民民主专政""兼顾效率与公平"等,这些就属于意识形态的内容。可以说,意识形态赋予了政治以生命。在城市规划过程中,我们对某些词汇特别熟悉,如城市规划要关注城市的公共利益和整体利益,规划师要为弱势群体代言,城市规划要关注效率和公平,以上这些内容都是属于意识形态的范畴,这反映了当前时代城市规划的本质目的。

4)政治社会化

政治意识是规定社会成员政治行为方式的无形力量。但是,政治意识并不是

---

① Andrew Heywood. Political Theory: An Introduction [M]. 2nd ed. Basingstoke: Palgrave Macmillan, 1999: 122.

人们与生俱来的,而是在某种既有的政治意识形态以及现实政治环境的熏陶下而形成。政治社会化就是使社会成员获得政治态度、政治信仰、政治知识,从而塑造社会成员政治心理和政治意识的过程。城市规划过程是一个政治参与过程,各参与主体必然会表现出某些政治态度、政治信仰、政治情感等主观心理倾向,这些政治心理和政治意识的获取必然要经过政治社会化途径。如,在规划过程中,认为公众应该参与到规划之中为自己争取利益,这就是一种政治态度。这种政治态度的形成,就是受到公民权利政治意识形态的影响而产生。再如,为提高城市规划科学性而进行的专家论证阶段,实际上就是科学发展观意识形态下的产物。总之,规划过程中各参与主体行为中表现出的意识形态,都是政治社会化影响的结果。

5)公共政策

公共政策理论集中关注如何处理社会问题,这些理论包括社会问题产生原因分析、处理社会问题的参与主体、处理社会问题的模式、如何制定公共政策、如何实施公共决策等内容。这些公共政策理论,对城市规划理论具有重大的借鉴意义。因为,城市规划的本质也是对社会问题的处理,其过程内容与公共政策的内容有相似性。

6)政治参与

"从某种意义上说,现代国家的政府与人民的关系是以公民政治参与为中轴而建立起来并加以规范的。一部政治发展史,本质上不过是公民权利内容不断扩大与所施加于公民权利之上的诸种限制不断减少的历史"①。政治系统运转的基本动力就是社会成员参与其中,并实施一定的政治行为,其本质目的是一种旨在影响政府决策的实际活动。城市规划得以实现的任何阶段,都是社会成员参与的结果。只不过,在不同的社会政治制度背景下,参与主体的类型、数量具有差异而已。实际上,发生的一切城市规划现象就是在共同目标的作用下,不同参与主体各种行为的结果。这也正是在当前的城市规划过程中,我们大力倡导公众参与,并通过立法给予保障的真正原因。

7)政治沟通

沟通是人类社会最普遍的现象和行为,没有沟通,人类的一切活动都不会发生,政治生活也不例外。在政治运行过程中,参与主体总是具有自身的利益诉求,需要通过沟通才能传递自己的诉求信息。同时,由于参与主体不可避免的利益差异性,沟通是解决冲突、化解矛盾最重要的技巧。对于城市规划领域来说,沟通过程具有同等重要的作用。由于城市规划涉及各参与主体的利益,因此,他们需要通

---

① 俞可平. 政治学教程[M]. 北京:高等教育出版社,2010:148.

过沟通的方式传递自己的主张,从而使规划结果尽可能实现既定目标。另一方面,由于多元参与主体的存在,如果不通过沟通谈判①,不同的利益主张很容易将城市规划过程变成"战场",从而影响城市规划过程的顺利进行。通过规划过程中的彼此沟通,各参与主体通过讨价还价、利益交换、妥协折中等方式最终达成一致意见,这就是城市规划目标。因此,城市规划的目标,实际就是参与主体共同沟通的结果。

8)政策过程

现代公共政策的奠基人哈罗德·拉斯韦尔(Harold Lasswell)指出,政策过程是一系列前后相续的阶段和功能,政策过程包括了从某一起点开始到终点结束的整个过程。按照现代政策过程的二分法,我们通常将现代政策过程划分为政策决策(Policy Decision-making)过程和政策实施(Policy Implementation)过程。城市规划也存在一个类似划分过程,通过对现实规划过程的观察,笔者将城市规划过程划分为四个阶段,即提出问题阶段、规划方案编制阶段、规划方案讨论阶段、规划实施阶段。其中,前三个阶段属于政策制定过程,而第四阶段属于政策实施过程。政治理论中对政策过程的划分及其理论,可以为研究城市规划过程所借鉴。

9)政治文化

政治文化是政治体系的主观因素和心理因素,是社会文化的政治方面,它是社会共同体长期理论发展的产物,是人们在政治生活中长期沉淀而形成的一套政治取向模式。政治文化既是一种独特的政治现象,又是一种独特的文化现象。包括人们的政治态度、价值观念、信仰、情感、认识、评估等诸多因素构成的主观观念和行为模式。政治文化最主要的功能就是影响人们的政治行为,即成为人们政治行为的取向。在城市规划过程中,各参与主体行为的背后也一定存在一类特殊的文化,这些文化使各参与主体表现出自己对于规划过程的态度、价值、信仰等情感。基于对城市规划过程就是高度政治化的理解,这些文化就是政治文化。实际上,参与主体在城市规划过程中表现出来的主观心理因素,与在其他政治领域表现出来的主观因素是一致的。因此,政治学中对于政治文化的理论研究,可以作为指导城市规划中参与主体行为取向的重要理论。

上述9个方面是政治学理论的重要组成部分,也是笔者借以研究城市规划过程参与主体行为取向的重要理论基础(图2-3)。

---

① 从本质来说,谈判就是沟通的一种方式。谈判就是通过讨价还价、彼此交换、妥协折中等方式实现沟通。

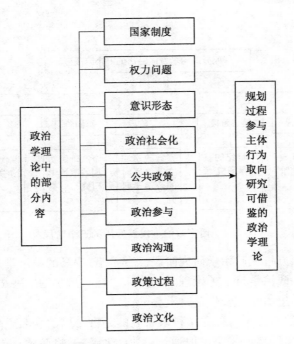

图 2-3　城市规划理论研究可借鉴的部分政治学理论

## 2.2　政治学发展历程简要回顾

目前,关于"什么是政治"的问题一直是政治学界争论的热点,"估计再过十几年也不会有大的改善"①,由此产生了对政治学理解多元并存的局面。虽然,当前对政治概念的理解有诸多不同,但从政治学的发展历程来看,都围绕着一个核心问题进行,"所有政治都是关乎权力的。政治实践经常被视为权力的运作过程,学术研究的主题本质上是权力的研究。毫无疑问,政治学的学者是研究权力的学者:他们试图知道谁拥有权力,权力是如何使用的,以及在什么基础上被行使"②。权力构成了政治事实和政治研究的核心,政治学的发展也是围绕这一主线进行的。

### 2.2.1　西方政治学发展历程

按照政治学所关注的核心问题进行划分,西方政治学的发展历程大致经历了

---

① 景跃进,张小劲.政治学原理[M].北京:中国人民大学出版社,2010:3.

② Andrew Heywood. Political Theory: An Introduction [M]. 2nd ed. Basingstoke: Palgrave Macmillan, 1999: 122.

五个阶段(图2-4)。

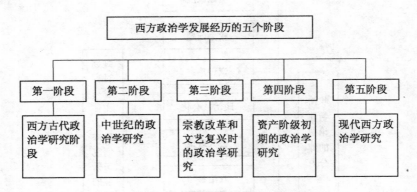

图 2-4  西方政治学发展经历的五个阶段

第一阶段,西方古代政治学研究阶段。古希腊、罗马的政治学是西方政治学的第一个发展阶段,政治学打上了伦理学的烙印。在政治学的发展早期,对于古希腊的人们来说,政治生活与社会生活是重叠的。

最早把政治学作为一门独立学科来研究的是古希腊的著名思想家亚里士多德(Aristoteles,前384—前322),"他通过《政治学》一书将政治问题与其他问题分开"①。他认为"人类不仅是天生的社会动物,也是'天生的政治动物'"。在欧洲中世纪之前,"政治学是哲学和伦理学的附庸②",政治思想具有强烈的伦理色彩。关于政治的伦理研究,应追溯到亚里士多德的老师柏拉图(Plato,前427—前347)。"柏拉图的伦理思想,在于试图回答'什么是善的生活'这个关乎人生价值的问题。他遵循苏格拉底'美德即知识'的教导,他提出了'人只有用理智宰制情欲,才能过一种身心都健全的善的生活'的理论。"③柏拉图按照道德标准把人分为智慧、勇士、贪婪三等,并认为哲学家成为国王,或国王是哲学家,这将是最好的国家和社会。只有这些有智慧的人,才具有美德,并使正义成为社会中的支配力量,以实现"善的生活"(即善业)。柏拉图的学生亚里士多德,倡导以"善业"的实现为政治目的,以"正义"作为基本的政治原则。他们开创了政治学研究的第一个时代。

第二阶段,中世纪的政治学研究。在中世纪,政治学研究中开始关注神学研究,这是当时政治学研究最显著的特征,因而这一阶段的政治学又成为"神学政治理论"。主要代表人物是圣·奥古斯丁(Anrelius Augustinus,354—430)和托马

---

① 张友渔,王啸冲,王邦佐,等. 中国大百科全书. 政治学卷[M]. 北京:中国大百科全书出版社,1992:1.

② 葛荃. 中国政治文化教程[M]. 北京:高等教育出版社,2006:2.

③ 周辅成. 西方著名伦理学家评传[M]. 上海:上海人民出版社,1987:8.

斯·阿奎那。奥古斯丁的"重要著作《上帝之国》第一次为神权政治思想提供了系统的理论论证"①。阿奎那在其代表作《神学大全》中极力宣扬上帝主宰一切和君权神授论,认为国家只不过是上帝创造的产物。

第三阶段,宗教改革和文艺复兴时期(15 至 16 世纪)的政治学研究。这一阶段标志着西方政治学从封建主义向资本主义的过渡。在那个时代,新兴资产阶级迫切需要打破封建统治,摆脱宗教束缚。在政治上,顺应这一历史需要,一些资产阶级思想家开始向神权政治和封建等级特权提出挑战,他们开始打破以伦理为核心的传统,转而开始关注"人"的需要,并在政治学研究内容中提出了"权力"这一核心要素。意大利思想家马基亚维利是第一个使政治学独立、同伦理学彻底分家的人,他在名作《君主论》中写道:国家的根本问题是统治权,政治就是权力,统治者应当以夺取权力和保卫权力为目的,为达到这一目的,统治者可以不择手段,可以不讲任何道德,可以玩弄各种权术。以权力作为政治学的主要研究内容,标志着近代资产阶级政治学的开始。

第四阶段,资产阶级初期的政治学研究。文艺复兴之后,资产阶级思想逐渐走向成熟和繁荣,这一阶段也到了西方政治学的极盛时期。其研究成果的特点表现在:一是以人性为出发点,探索有关国家及制度建设问题;二是以社会契约论作为国家学说的起源;三是强调自由的价值。这一时期,出现了大量不朽的政治学著作,如斯宾诺莎(1632—1677)的《神学政治论》,霍布斯(1588—1679)的《利维坦》,洛克(1632—1704)的《政府论》,他们以"天赋人权"作为武器向君主专制制度提出了挑战。法国大革命前夕,资产阶级启蒙学派的代表人物孟德斯鸠(1689—1755)发表了《论法的精神》,卢梭(1712—1778)发表了《社会契约论》,这些思想奠定了资产阶级革命的理论基础。

进入 19 世纪以后,政治学的研究转向了如何巩固资产阶级国家制度和政治秩序的研究。出现了三大政治学说,以孔斯坦(Benjamin Constant,1767—1830)和约翰·斯图亚特·密尔(John Stuart Mill,1806—1873)为代表的自由主义政治思想,以边沁(Jeremy Bentham,1748—1832)为代表的功利主义,以孔德(Anguste Comte,1798—1857)和斯宾塞(Herbert Spencer,1820—1903)为代表的实证主义。与此同时,在欧洲大地诞生了三大空想社会主义政治学说。圣西门(Claude Henri de Saint-Simon,1760—1825)根据法国大革命以后出现的社会矛盾,先后发表了《人类科学概论》《论实业制度》《新基督教》等一系列空想社会主义著作。傅立叶(Charles Fourier,1772—1837)通过对资本主义社会投机、欺诈的种种内幕研究,先后发表了《四种运动论》《经济的和协作的新世界》《论商业》等著作。欧文

---

① 李会欣,陈静. 政治学[M]. 上海:上海财经大学出版社,2006:15.

(Robert Owen，1771—1858)同情工人疾苦，主张进行劳动者合作社的实验，著有《致拉纳克郡报告》《新道德世界书》《人类思想和实践中的革命》等著作。圣西门、傅立叶和欧文所倡导的社会建设思想被称为空想社会主义，这为科学社会主义的建立奠定了基础。19世纪中期，建立在唯物史观基础之上的马克思主义诞生，揭开了政治学说史书上的新篇章，标志着政治学划时代的变革。

第五阶段，现代西方政治学研究。从19世纪末开始，资本主义社会各种矛盾加剧，社会政治问题日趋多元复杂。自此以后，现代西方政治学研究大致经历了三个阶段。在第二次世界大战前，以国家和政治制度为主要研究对象的传统主义政治学仍占据主导地位。"二战"后，资本主义固有的矛盾爆发，国际形势发生剧烈变化。东欧和亚洲一批民族独立国家走上社会主义道路，一大批殖民地和半殖民地国家摆脱了殖民统治，西方国家中无产阶级反对资产阶级的运动也轰轰烈烈。面对这一复杂的国家政治现象，传统政治学把这些现象的产生归因于意识形态的斗争，但这种解释显然缺乏足够的说服力。同时，政治学界也开始对传统政治学的研究对象发起诘难。1908年，英国政治学家沃拉斯（Wallas）在其著作《政治中的人性》谈到，"目前差不多所有研究政治的人都分析体制而避免分析人"[1]，他主张研究政治中的人，把人性、人的心理、人的行为和人的政治活动和规律作为政治学的研究对象，这一主张获得了学界的重视。由于上述社会背景和政治学研究对象的转变，并受西方"理想主义"的深刻影响，西方政治学界发起了"行为主义革命"。行为主义学派主张价值中立，反对传统政治学以价值为研究主体的规范研究模式，试图用现代科学方法和实证方法来研究现实的政治问题，积极主张政治研究科学化和定量化，努力使政治学成为一门所谓"精确的"科学。行为主义的先驱梅里亚姆、杜鲁门，他们将对国家机构的静态描述转向政治过程研究，试图建立一种精准而普适的理论。这一时期，亨廷顿的《变化社会中的政治秩序》和伊斯顿的《政治生活的系统分析》是用自然科学方法和实证方法研究政治问题的代表性著作。行为主义强调个人行为的研究，其着眼点是人及人的行为，并开始关注影响政治行为的心理因素和文化因素。行为主义政治学开创了新的政治理论和研究方法，克服了传统政治学研究的局限。行为主义也存在较大问题，它强调价值中立，不关心重大的社会问题和政治问题，否定政治学的政治功能，背离了政治学最基本的传统。

行为主义倡导价值中立，但在20世纪60年代的西方社会问题中，政治学家逐渐认识到，"所有的社会问题确实渗透着意识形态问题"[2]，戴维·伊斯顿在1969年当选美国政治学会会长的就职演说中指出，"行为主义革命还没有完成，后行为

---

[1]　［英］格雷厄姆·沃拉斯. 政治中的人性[M]. 朱曾汶，译. 北京：商务印书馆，1995：9.
[2]　杨光斌. 政治学导论[M]. 北京：中国人民大学出版社，2007：21.

主义革命就已发生了"①。后行为主义认为,任何社会科学研究都不可能摆脱意识形态的干扰而处于价值真空状态,政治学研究过程几乎不可能真正做到"价值中立",行为主义又开始关注政治现象和政治问题的研究。20 世纪 70—80 年代,政治研究又重新发现"制度"的价值,开始重新回归到对传统政治对象的研究,出现新制度主义政治学和新古典主义政治学。

## 2.2.2　中国政治学发展历程

"政治"一词早在 2000 多年前就出现在我国的古籍中。《晏子春秋》中有"君顺怀之,政治归之",《尚书·毕命》有"道洽政治,泽润生民"等表述。中国古代的奴隶制经济和古希腊、古罗马相似,但却没有发展到他们那样的高度,因而也缺乏类似古希腊和古罗马关于政治研究的集中论述。中国最早关于政治方面的论述,一是来源于殷代奴隶主和西周封建主政权交替变革期的革命哲学《易卦》;二是来源于西周封建秩序树立后经过演绎和修改后的《洪范》。因此,"《洪范》《易卦》便充任了封建统治阶级之初期的政治原理"②。从封建制度初期到春秋末期,当时的社会主要存在三大问题:一是等级观念制度混乱,二是宗法关系混乱,三是诸侯相互攻伐和兼并。社会总问题是"礼坏乐崩、王纲解纽",表现为"天下无道"。孔子认为,出现这样的问题的"病根"在于人们不相爱了。面对这样的局势,孔子表现出对西周社会政治制度的无限向往,如"殷因于夏礼,所损益,可知也;周因于殷礼,所损益,可知也"③,"周监于二代,郁郁乎文哉! 吾从周"④。孔子认为,要解决当时的社会问题,就是要制止诸侯、大夫、士等贵族的僭越、擅夺,只有让他们各守名分,才能复兴"天下有道"的政治。如何才能让这些贵族安守名分呢? 于是,孔子开出了以"仁"来解决当时"社会病"的药方⑤。"仁"成为孔子政治、伦理体系的核心,"'仁'更是最完美善良的精神,是决定一切的根据"⑥。怎样才能让人们做到"仁"呢? 孔子提出,要通过"正名"、"礼治"、"德主刑辅"等措施来实现"仁",这也正是儒家面对那个时代面临政治问题提出的对策。孔子在其"正名说"中提出:"名不正,则言不顺;言不顺,则事不成;事不成,则礼乐不兴;礼乐不兴,则刑罚不中;刑罚不中,则民无所措手足;故君子名之必可言也,言之必可行也,君子于其言,无所苟而已矣"⑦。

---

① [美] 格林斯坦,等. 政治学手册[M]. 纽约:艾迪生-韦斯利出版公司,1975:113-116.
② 吕振羽. 中国政治思想史[M]. 北京:人民出版社,2008:7.
③ 出自《论语》中的《为政》篇。
④ 出自《论语》中的《八佾》篇。
⑤ 易中天. 先秦诸子百家争鸣[M]. 上海:上海文艺出版社,2009:63-69.
⑥ 吕振羽. 中国政治思想史[M]. 北京:人民出版社,2008:67-68.
⑦ 出自《论语》中的《子路》篇。

孔子在其"礼治"说中提出:"克己复礼为仁。一日克己复礼,天下归仁焉"①,"非礼勿视,非礼勿听,非礼勿言,非礼勿动"②。孔子在其"德主刑辅"说中提出:"为政以德,譬如北辰,居其所,而众星拱之"③。孔子以"仁"为核心,提出了施行政治纲领的若干措施,伦理道德成为构筑儒家学术体系的基本立足点,使儒家文化明显带有道德本体论的特征。因此,伦理道德与政治的互化则是儒家文化最为显著的理论特色。以孔子为核心的儒家,经过汉武帝时期董仲舒的改造、宋代程朱理学的完善和清代的补充,成为中国传统文化的主体,其倡导的观念长期、深刻地影响着中国的政治制度、人的行为观念和道德情操。

在中国,政治作为一门独立的科学出现在清末民初。1840年鸦片战争以后,帝国主义的经济、文化大肆入侵中国,以儒家为核心的传统政治思想遭到巨大冲击。面对封建国家腐败、民族屈辱的现状,一批先进的政治家、思想家开始向西方寻求富国强兵之道。康有为、梁启超、谭嗣同、严复、章太炎等是寻求"洋为中用"的先驱。其中,严复(1854—1921年)翻译了斯宾塞的《群学肄言》、孟德斯鸠的《论法的精神》等大量西方政治学著作,介绍了西方政治学说中关于自由、平等、天赋人权等思想。梁启超(1873—1929年)撰写了大量关于政治学的著作和论文,如《论立法权》《变法通议》《亚里士多德之政治学说》等,介绍了西方近代的政治学说,倡导民主主义政治观。1899年,京师大学堂设立了仕学馆,它事实上是现在大学政治学系或行政管理系的前身。1903年,京师大学堂首次开设了"政治科",至此政治学作为一门独立学科在中国基本形成。孙中山在吸收西方民主思想的基础上,提出了"三民主义"思想,希望将中国持续几千年的君主专制改造为民主政治的政治思想。辛亥革命以后,我国的政治学研究出现了两套体系:一是在吸收引进西方政治学基础上形成的旧中国独立的政治学学科体系;二是俄国十月革命后马克思主义思想在中国的传播形成的新政治学学科体系。20世纪30年代开始,毛泽东等老一辈无产阶级革命家把马克思主义普遍真理应用于中国实际,为中国特色的社会主义政治学理论奠定了基础。新中国成立之后30年的时间里,"中国只有政治而没有政治学科,只有政治工作而没有政治研究"④。改革开放以后,邓小平在1979年理论务虚会上指出:"我并不认为政治方面已经没有问题需要研究,政治学、法学、社会学以及世界政治的研究,我们过去多年忽视了,现在也需要赶快补

① 出自《论语》中的《颜渊》篇。
② 出自《论语》中的《颜渊》篇。
③ 出自《论语》中的《为政》篇。
④ 张永桃.中国政治学二十年(1978—1998年)——纪念党的十一届三中全书召开20周年[J].江苏社会科学,1998(06):1-10.

课。"①由此政治学学科的建设和政治学研究取得了巨大进步,完成了许多重大政治课题的研究,对我国社会主义现代化建设具有重要意义。

### 2.2.3 政治学与城市规划理论的对比分析

通过分析发现,政治学的研究对象、内容等与城市规划理论存在大量的交集(图 2-5),这表征着在城市规划理论中包含了丰富的政治属性。这说明,政治学的部分研究成果可以被借鉴,为城市规划理论研究提供参考。因此,政治学及政治学中的政治文化学可以作为解剖城市规划现象的理论。或者说,政治学及政治学中的政治文化理应成为解释城市规划现象理论的一部分。

城乡规划学    人及人的行为    政治学

对现象进行价值判断

权力作为保障

**图 2-5 城市规划学与政治学共同关注的领域**

1) 人及人的行为是政治学研究和城市规划理论研究共同关注的对象

19 世纪是政治学研究历程的重要分界线。在此之前的政治学研究,主要是关注伦理、政治制度、政治组织、国家等内容,这一阶段也称为传统政治学研究。从 19 世纪末开始,随着行为主义革命的兴起,政治研究开始重点关注个人行为。行为主义强调个人行为的研究,其着眼点是人及人的行为,并开始关注影响政治行为的心理因素和文化因素。行为主义政治学开创了新的政治理论和研究方法,克服了传统政治学研究的局限。这一过程也标志着现代西方政治学研究的开始。但行为主义革命也存在较大问题,它强调价值中立,不关心重大的社会问题和政治问题,否定政治学的政治功能,背离了政治学最基本的传统。

对"人"的关注是现代西方政治学的开始,同样,对"人"的关注也催生了现代城市规划理论。让我们稍微回顾一下现代城市规划理论诞生的早期。在霍华德提出的"田园城市"之前,许多怀有社会良知的先驱们开始质疑资本主义制度的合理性,并提出要对理想的国家和城市形态进行思考和实践。在这一过程中有圣西门、欧文和傅立叶等人。显然,对人类命运的思考是他们关注的基本问题,对理想社会的

---

① 邓小平. 邓小平文选[M]. 北京:人民出版社,1993:180-181.

憧憬也催生了近代人本主义的第一位大师,他就是霍华德,也诞生了现代城市规划理论。从这时起,无论城市规划理论如何演变,"人"都成为城市规划理论服务的核心。正如张京祥所说"'城市不是居住的机器',不是各种利益集团追逐一己之名利的战场,也不是领导人、规划师等'社会精英'展示与宣扬自己宏伟蓝图的'画板',城市是陶冶人和熔炼人的场所,是人类'精神的家园'"①。芒福德早就精辟地指出"城市的主要任务就是流传文化和教育人民"。

2)政治学研究和城市规划理论研究共同的基础是对现象进行价值判断

行为主义革命最大的问题就是价值中立,尝试用最理性的态度和精确的方法去分析社会问题,这遭到了后行为主义的批判。实际上,任何社会科学研究都不可能摆脱意识形态的干扰(包括城市规划理论)而处于价值真空状态。对价值的正面拥抱,促使政治学的研究者将目光投向社会现实,致力于解决社会问题。价值是人的主观愿望、需求和意识的产物,价值判断是要以价值为准绳对现象和问题进行判断,对行动进行选择。城市规划的理论研究和社会实践当然无法将价值判断排除于过程之外,如关注公平公正问题、弱势群体、利益均衡问题无不体现了对价值的选择和判断。实际上,提出这些城市规划问题已经意味着对城市规划做出了价值判断。选择城市规划问题和实践城市规划活动都是属于城市规划现象,而要研究这些现象为何发生就要涉及价值判断的内容。也就是说,价值是支撑城市规划现象发生、发展的基础,城市规划现象必然会融入参与主体的某种价值判断。因此,进行价值判断是城市规划理论和政治学研究的共同交集。

3)权力既是贯穿政治过程的一条红线,又是城市规划过程顺利发生的保障基础

综观政治学的起源和发展,权力可以说是政治学的核心,是贯穿政治过程的一条红线。权力通过政治制度、政治组织、政治机构、政治利益等方面进行表现,并且不同的国家在这些方面也表现出一定的差异。政治学家发现,即使右相同政治制度的国家,人们的政治行为也是不一样的。他们把这些支配政治主体主观价值和心理活动等取向的研究叫做政治文化。如果说政治制度、改治组织、政治机构、政治利益等内容是构成政治系统运转的"硬件",那么政治认知、政治态度、政治价值、政治信仰等内容就是构成政治系统运转的"软件"。正是在"硬件"和"软件"的相互作用下,政治系统才得以正常运转。

对于城市规划过程来说,对土地使用和空间资源的分配构成了城市规划过程的核心内容。这既是城市规划过程要面临的核心工作,又是城市规划需要规范和解决的社会问题。要实现城市规划过程的顺利运转,这需要一个最基本的前提,那

---

① 张京祥.西方城市规划思想史纲[M].南京:东南大学出版社,2005:243.

就是分配土地和空间资源的主体必须具备某种权力。而权力来源与人们对政治制度、政治组织、政治体制的选择,是人们在政治活动过程中各种行为活动的实践,而支撑这些政治行为的是人们的主观价值和心理状态(即政治文化)。权力是城市规划过程发生的基础,因此城市规划过程也不可避免地具有强烈的政治属性。也可以这样说,城市规划过程一定表征着某些政治属性,因此城市规划的政治属性应该是城市规划本体论需要关注的内容。同时,这种权力的生成原则和表现形式也势必受到政治文化的影响。因此,从这个意义上看,如果要从政治层面去理解城市规划过程,政治文化必然要成为城市规划理论研究的重要组成内容。综上可见,权力既是贯穿政治过程的一条红线,又是城市规划过程发生的保障基础。

## 2.3 政治文化学发展历程简要回顾

政治理论的产生是政治实践的结果,是对政治实践过程的高度概括和理论化抽取。其产生的具体过程复杂而漫长,因此政治理论体系构成十分丰富。所有的政治现象都是政治参与主体行为的结果,而这些行为的产生无一不是受到了政治文化的驱动。政治文化是参与主体的行为取向,是推动政治行为发生的第一动力。政治文化是对传统政治文化的继承和创新,传统政治文化是政治文化的构成内容和创新基础。这些经过千百年积淀而形成的人类知识和思想,经过继承和发展,至今仍然对人的意识形态产生重要影响,从而影响政治理论的生成。正如马克思所说:"人们自己创造自己的历史,但是他们并不能随心所欲地创造,并不是在他们自己选定的条件下创造,而是在直接碰到的、既定的、从过去继承下来的条件下创造。一切已死的先辈们的传统,像梦魇一样纠缠着活人的头脑。"①马克思的观点强调了这样一个事实,传统思想文化一定会影响着当前人们的行为习惯。每一个自然个体,从出生以后便经受各种社会环境的熏陶,从而形成自己相对稳定的政治心态、观念,这些行为取向驱动人们在政治现象中表现出各种行为,形成了各种丰富的政治现象,政治理论诞生于这些政治现象之间。

### 2.3.1 政治文化学的研究进展

1) 政治文化学的起源与概念认识

"政治文化这一概念孕育植根于近现代二百多年的社会科学的发展过程中"②,社会学、社会心理学、人类心理学及技术方法的创新是催生政治文化发展的

---

① 马克思恩格斯选集(第1卷)[M]. 北京:人民出版社,1995:585.
② 王乐里. 政治文化导论[M]. 北京:中国人民大学出版社,2002:1.

学术背景。当代政治文化学理论的奠基人是美国政治学家 G. A. 阿尔蒙德,他在 20 世纪 80 年代中后期对近现代政治文化的发展过程进行了研究。学者王乐里将这一过程划分为以下几个阶段。(1) 17 世纪至 18 世纪的启蒙思想与政治发展的自由主义,实质上是政治社会化与政治文化理论;(2) 19 世纪欧洲社会学发展使得人们普遍认识到主观变量在解释社会和政治现象方面的重要作用;(3) 社会心理学的出现并用以理解和解释个人的态度和行为对其他个人和社会群体的存在和接触时,所受限制和所受影响的方式和原因;(4) 政治学家借鉴人类心理学家弗洛伊德及其弟子的精神分析方法,采用儿童的社会化模式、潜意识动机和心理机制等概念来解释政治文化的特征;(5) 调查研究方法的更新成为政治文化研究和概念化工作出现的催化剂①。

政治文化(Political Culture)成为当代政治科学领域的重要分支,开始于 20 世纪 50 年代。但从其研究的历史来看,从古希腊就开始了,"几乎与欧洲文明的发展是同步的"②。在那个时代,当时的思想家、政治家就对公民精神、公民美德、社会习俗、政治观念等内容进行了大量研究。柏拉图在《理想国》中指出"政府会随着人的习性的变化而变化",他说:"当人们的分布变化时,政府构成就会变化,一种变化是这样,那么另一种变化也是这样……国家不会超出生活于其中的人性范围。"③亚里士多德在《政治学》一书中,详细论述了政治与文化关系的各项要素及其变化。法国启蒙思想家孟德斯鸠在《论法的精神》中,考察了生活环境、习俗、举止和传统等方面对影响社会运动和政治结构的主客观因素。其后,从卢梭到托克维尔(Alexis de Tocqueville)等许多思想家都谈到了文化习俗、习惯和传统对政治的影响作用。18 世纪德国思想家赫尔德(Johann Gottfried Herder)首先阐述了政治文化的概念④。但现在人们通常认为关于政治文化的系统研究是 20 世纪 50 年代由美国学者 G. A. 阿尔蒙德提出来的。他 1956 年 8 月在美国《政治学杂志》上发表了《比较政治体系》一文,提出了"政治文化"这一概念。G. A. 阿尔蒙德在研究中发现,在宏观政治现象和人的政治行为背后,还存在着不为人知的内在文化因素,他认为这是一种特殊的文化,具有独立的学术视角,而且具有鲜明的民族性。在《比较政治体系》一文中,G. A. 阿尔蒙德用"政治文化"代替了传统的"民族性格"、"民

---

① 王乐里. 政治文化导论[M].北京:中国人民大学出版社,2002:2-7.

② 根据[英] M. 勃林特《政治文化的谱系》对政治文化研究源头的分析,可以追溯到柏拉图和亚里士多德。

③ [古希腊] 柏拉图. 理想国[M]. 郭斌和、张竹明,译. 北京:商务印书馆,1986:245.

④ 详见 F M Barnard. Herder on Social and Political Culture[M]. Cambridge: Cambridge University Press, 1969: 25; Culture and Political Development: Herder's Suggestive Insight[J]. American Political Science Review,1969,63(2): 379-397.

族精神"、"政治意识"、"政治态度"等概念,用以描述政治体系中支配人们政治行为的诸种主观因素,这一概念一经提出,便很快在政治学界被广泛使用。1963 年,G. A. 阿尔蒙德与西德里・惟巴(Sidney Verba)合著《公民文化》一书,作者写道:"一个稳定的和有效率的民主政府,不光是依靠政府结构和政治结构,它依靠人民所具有的对政治过程的取向——政治文化。除非政治文化能够支持民主系统,否则,这种系统获得成功的机会将是渺茫的。"①"我们仅仅是使用文化概念许多含义中的一种,即对社会对象的心理取向。当我们说到一个社会的政治文化时,我们所指的是:作为被内化于该体系成员的认知、情感和评价之中的政治体系。"②他提出,正是政治文化中的理性认知、情感、评价这三方面构成了人们的政治行为取向。以上是 G. A. 阿尔蒙德对政治文化概念的认识过程,但缺乏对政治文化的清晰定义。1978 年,他在《比较政治学》中,将政治文化解释成政治系统成员的行为取向和心理因素,并给出了政治文化的明确定义:"政治文化是一个民族在特定时期流行的一套政治态度、信仰和感情。"③

随后,派伊(Lucian W. Pye)和罗森邦(Walter A. Rosenbaum)等美国政治学家分别从自己的研究视点出发,对政治文化的概念进行了界定。尽管当前对政治文化的定义尚未统一,但这些关于文化的定义几乎都没有超出阿尔蒙德的范畴,即对政治文化内涵围绕着政治体系的主观因素和心理因素进行界定,包括人们的政治态度、价值观念、信仰、情感、认识、评估等诸多因素构成的主观观念和行为模式。

自 20 世纪 80 年代后,政治文化概念进入中国,我国的政治学者也开始了对政治文化的各项研究,并形成了对政治文化概念的三种理解。第一种是倾向于从大文化的视角理解政治文化,认为政治文化不仅包括政治心理、政治思想,还包括政治制度,从而赋予了政治文化极为宽泛的含义。如朱日耀认为传统政治文化有两个层次:"(1)支配和规范人的政治行为的政治思想,这是政治文化的主要内容,也是精华部分。(2)在社会政治运行过程中起着潜在作用的社会政治心理。(3)传统政治制度和政治行为模式。"④第二种观点认为政治文化只包含政治思想和政治心理两个层次的内容。如刘泽华、葛荃认为政治文化是包括政治思想、政治信仰、

① [美]加布里埃尔・A.阿尔蒙德,西德尼・惟巴.公民文化:五国的政治态度和民主[M].马殿军,阎华江,郑孝华,等,译.杭州:浙江人民出版社,1989:443.

② [美]加布里埃尔・A.阿尔蒙德,西德尼・惟巴.公民文化:五国的政治态度和民主[M].马殿军,阎华江,郑孝华,等,译.杭州:浙江人民出版社,1989:16.

③ [美]加布里埃尔・A.阿尔蒙德,小 G.宾厄姆・鲍威尔.比较政治学:体系、过程和政策[M].曹沛霖,郑世平,公婷,等,译.北京:东方出版社,2007:14.

④ 朱日耀.中国传统政治文化的结构及其特点[J].政治学研究,1987(06):43-49.

政治观念、政治价值标准、政治意识与政治心理的总和①。第三种观点狭义地认为政治文化应只研究政治体系的心理层面。如孙克西教授就倾向于采用国外的思想来定义政治文化，认为政治文化一般不包括行为模式和政治思想，而是侧重于心理层面，即以往西方讲的民族性格、性情、精神、气质和神话、政治意识、民族政治心理以及基本的政治价值等标题，用阿尔蒙德的术语，就是政治体系的心理方面②。

综合以上对政治文化理解的各方观点，俞可平认为政治文化指的是社会文化的政治方面，它是特定政治共同体长期历史发展的产物，是人们在政治生活中长期积淀而成的一整套政治取向模式。具体而言，构成这套模式的包括政治认知取向、政治态度取向、政治情感取向、政治信仰取向和政治价值取向等取向，在人们长期的政治交往过程中组合为特定的这些传统和政治价值观念，塑造着人民的政治行为，影响着政治体系的合法性。

2）政治文化的特性

政治文化作为社会文化的组成部分，具有社会文化所共有的特性。但政治文化又是一种独特的文化现象，其发展和演变都有着自身的规律。

（1）政治文化具有强烈的民族性

民族是在共同地域内经济、社会生活、政治的共同体，并形成特定的文化模式，表现出文化上稳定的共同心理素质。这种共同的心理特征和价值取向影响下的政治取向，塑造了各民族的政治体系和政治行为模式。

（2）政治文化具有历史继承性

政治文化是系统成员在长期政治实践活动中积淀的产物，一旦形成，便不会轻易改变，成为政治发展过程中人们"直接碰到的、既定的、从过去承继下来的环境条件"。政治文化正是在这一相对稳定的心理取向过程中传承，而绵延不断。

（3）政治文化具有相对稳定性

政治文化是一种观念形态，往往不与政治制度同步变化。政治文化是经人们长期的社会实践而形成的政治态度、政治心理和价值观念，形成以后就成为一蒙德，西德尼·惟巴、种心理定式，不会轻易改变。即使社会生产能力变更，其赖以生存的经济基础解体，原来所形成的"政治环境条件"也不会突然消亡，这些环境条件还会在较长时间里影响着人们的政治过程中的行为和心理。

（4）政治文化具有结构性

在一个社会中，由于人们出身背景、社会地位、受教育程度、职业等方面的差异，人们往往从自身的特定角度去认识政治体系各层面的认知、评估和政治态度，

---

① 刘泽华,葛荃. 论中国传统政治文化[M]. 长春:吉林大学出版社,1987:26.
② 王运生. 中国转型时期政治文化对政治稳定的二重作用[J]. 政治学研究,1998(02):49-54.

从而导致了"政治文化的非同质性"①。有些政治文化对全社会具有控制力,被称为主体文化;有些是次级组织或个人在自身的形成和发展过程中形成的政治文化,被称为亚文化。

3)政治文化的类型

政治文化表现出来的面貌在不同的国家和民族中千差万别,因此不同的学者对政治文化类型的划分标准也不尽相同。在《公民文化》一书中,阿尔蒙德和维巴根据国家人民对政治系统和自身的态度,将公民文化划分为三种类型②。

(1)地域型政治文化

一般而言,地域性政治文化存在于一个社会较为原始的阶段。在这样的社会环境里,专门的政治角色尚未形成,政治领袖与宗教首领、经济指挥的角色合而为一,社会成员对这些角色的取向也同时兼有保护政治、宗教、经济的内容。他们统治下的人民,对政治制度以及它可能经历的变革没有任何期望,没有形成调节他们与政治体系关系的规范和标准。比较典型的如非洲的部落社会。

(2)依附型政治文化

依附型政治文化是指被访者对政治制度和政治输出的取向明确,但是对政治输入和政治参与者的自我缺乏认识。也就是说,依附性政治文化强调的是政治成员对政治体系是一种被动的服从关系,表现为人们对政治体系的臣属关系。在这样的政治文化环境中,人们"习惯于服从政府提出的命令要求,并遵守政府所制定的法律,但并不试图参与政治系统或改变政治输出"③。

(3)参与型政治文化

在参与型政治体系中,公民对参政的愿望、能力和要求具有普遍的热情。也就是说,社会成员对整体制度、对政治的输入部分和输出部分均表现出明确的、积极的取向。同时,个人在整体中扮演积极的角色,并对这种角色表现出积极的认知、情感和价值取向。因此,在这样一个公民积极而活跃的状态下,他们不是被动地适应和接受政治系统的命令和要求,而是表现出强烈的公共精神和自知意识。

4)政治文化研究的主要内容

政治文化是人们主观心理世界所反映的政治取向模式,包括了政治一系列政治观念、态度、兴趣、信仰、价值等形式,这些形式既有感性的也有理性的,既有显性的也有隐性的。综合相关学者的研究成果来看,以下三个部分构成了政治文化内

---

① 杨光斌. 政治学导论[M]. 北京:中国人民大学出版社,2007:65.

② [美]加布里埃尔·A. 阿尔蒙德,西德尼·惟巴. 公民文化:五国的政治态度和民主[M]. 马殿军,阎华江,郑孝华,等,译. 杭州:浙江人民出版社,1989:16.

③ 任剑涛. 政治学:基本理论与中国视角[M]. 北京:中国人民大学出版社,2009:78.

容的主体：

（1）政治认知成分

俞可平认为政治认知是政治主体对政治现象的认识和理解，对于政治共同体、政治人物、政治事件及其规律的感知和认识。政治主体的感知和认识是人们通过长期的政治社会过程中获取的，还有一部分来自于政治实践过程经验的积累。人们对于政治现象的感知和认识有可能是正确的，也有可能是不正确的，这构成了政治认知的差异性，而差异性的认知本身就是政治主体的政治取向。杨斌认为政治文化中的认知性成分构成了人们对政治体系进行判断以及选择行为目标和行为方式的基础。

（2）政治情感成分

政治情感成分就人们对于政治体系、政治人物、政治事件的内心体验和判断。表现为人们对事物的爱憎、好恶、美丑、信疑、亲疏等各种感受，人们对于政治体系的忠诚、对政治人物的好恶、对政治事务的热衷与否等都可以构成政治情感。如果说认知偏重个别感知和认识，那么情感则偏重于整体性的感受和理解。杨光斌认为政治情感形成的基础是日积月累的知识经验的积淀，带有极大的主观成分，主要反映个人或集体的选择偏好。

（3）政治评价成分

政治评价是人们对于政治事务及其重要性的认识、权衡和评判过程，这是建立在人们自我认为正确、合理的评价准则之上的价值判断。人们的评价准则可能来源于社会成员的政治观念，也可能来源于他们的宗教和哲学思想，在一定程度上反映了社会人员的政治理性。杨光斌认为政治评价准则的变化往往表明政治体系对发展目标的选择发生了变化。政治文化中的这一部分内容决定着社会成员对其政治行为的取舍。

5）政治文化的功能

杨光斌认为政治文化作为支持社会成员政治行为的心理因素，几乎作用于政治体系的方方面面，构成了政治系统的文化基础，从某种意义上说，政治文化决定着政治系统的运转，对实际的政治生活产生巨大影响。综合各学者的观点，其功能作用主要表现在以下三个方面：

（1）政治文化塑造并影响着人们的政治行为

人们的政治行为通过政治现象表现出来，而这些政治行为正是人们主观价值判断和心理的内心的外在反映。构成政治文化的态度、情感、价值和信仰等内容，几乎无时无刻不影响着人们的政治行为，或促进某些政治行为发生，或阻止某些行为出现。俞可平认为，政治文化通过熏陶、规约、凝聚、评价、强化等功能，规范着人们的政治行为取向。

（2）政治文化维系着政治体系的运转

国家的历史传统、人们的生活习惯、主流的价值观念等内容，成为一个国家对于制度选择的重要基础。因此，文化也被誉为体制之母。并且，政治文化总是在一定程度上影响着政治体系的运转。相同的政治制度在不同的文化环境下的命运有时也是截然不同的。同时，政治文化对于维系政治系统运转具有重要意义。葛荃认为，"对于一个政治共同体来说，相对稳定的政治价值观念以及信仰、情感等无疑会给政治系统和政治的运行提供相对稳定的文化保障，维持各种政治关系之间的相对和谐与稳固，从而起到维护政治秩序的作用"。

（3）政治文化的变革将影响政治体系的变迁和发展

在通常状态下，政治文化较为稳定，但这种稳定并不是静止不动。政治文化必须对来自内部和外部的压力做出适度的回应，否则政治体系将会面临生存的危机。综观世界历史进程，几乎每一次改朝换代、政权更迭即政治变革，都伴随着文化的变革。而且，政治价值、政治信仰、政治情感等政治文化的变革往往是政治革命的前奏。虽然，影响政治体系变迁与发展的因素十分复杂，但政治主体的政治价值、政治信仰、政治情感等政治文化方面内容的变革对此有重要影响作用。

## 2.3.2　中国政治文化研究成果

政治理论的产生是政治实践的结果，是对政治实践过程的高度概括和理论化抽取。其产生的具体过程复杂而漫长，受到多种因素的共同作用。其中，最重要的影响因素可能就是传统政治文化。在人类历史发展的浩瀚时空长河中，"真正绵延至今而且事实影响着今天的生活的，至少有两种东西：一是几千年不断积累的知识和技术……使后人把前人的终点当成起点，正是在这里，历史不断向前延续；一是几千年来反复思索的问题以及由此形成的观念（思想）……正是在这里，历史不断地重叠着历史。如果说前者属于技术史，那么后者就属于思想史"①。这些经过千百年积淀而形成的人类知识和思想，经过继承和发展，至今仍然对人的意识形态产生重要影响，从而影响政治理论的生成。这些传统思想文化一定会影响着当前人们的行为习惯。每一个自然个体，从出生以后便经受各种社会环境的熏陶，从而形成自己相对稳定的政治心态、观念，这些行为取向驱动人们在政治现象中表现出各种行为，形成了各种丰富的政治现象，政治理论诞生于这些政治现象之间。

从大的方面说，城市规划也是人类政治现象的一部分。因为，无论从城市规划的各组成要素来看，还是以城市规划过程与政策过程相似度进行分析，都可以认

---

① 葛兆光. 思想史的写法：中国思想史导论［M］. 上海：复旦大学出版社，2004；张京祥. 西方城市规划思想史纲［M］. 南京：东南大学出版社，2005；1.

为,"城市规划是一项高度政治化的活动"①。因此,规划过程中参与主体所表现出来的行为取向,必然受到传统政治文化的深刻影响。换句话说,正是由于千百年沉淀的传统政治文化,才塑造了当前城市规划参与主体的各种行为。

1) 传统政治文化是传统文化内容的一部分

中国传统文化具有强烈的政治道德与政治规范功能,传统政治文化就是传统文化内容的一部分。中国文化诞生于半封闭的北温带块状大陆,其物质生产方式的主体是农业自然经济,社会组织形式以宗法—家族制和专制政体为基本形态,四周为后进民族。这种特定环境,使中国文化成为世界少有的原生性文化,也使得中国传统文化延绵坚韧,虽饱经沧桑、历经苦难而屹立不倒,成为世界唯一没有中断的文化。博大精深、源远流长的中国文化,在漫长的历史演进过程中,创造了辉煌灿烂的文明,出现了如诸子思想、秦汉经学、宋明理学、清代朴学等宝贵的财富,这些构成了中华文化的元典,铸造成中华文明的根基。

我国关于"文化"含义最早的说明和理解,来源于《易·贲卦·象传》,书中写到"观乎人文,以化成天下",按照孔颖达所著《正义》和刘向著《说苑·指武》的解释,"文化的意义在于体现伦理政治秩序的诗书礼乐教化世人"②。在浩如烟海、汗牛充栋的中国传统文化中,其基本特点是,"伦理与政治道德与政治规范联系紧密、相互作用而合为一体"③。特别是在秦汉以后,儒家文化作为华夏文明的主流,其影响力辐射到中国人的思想、精神、信仰、观念、心理、制度、习俗以及思维方式和生活方式的各个层面,对包括城市规划在内的当代中国政治、经济、社会总体发展产生着深刻的影响。在长达数千年长期延绵的君主政治的统治下,政治权力和政治权威的影响极为广泛,表现出强烈的政治弥散性,渗入到传统文化的各个层面,使得中国文化呈现出明显的总体政治价值取向。"那些看似远离政治的文化层面,诸如宗教、家庭伦理、学校教育以及物质文化和民间习俗,全然无一例外地带有明显的政治印痕,呈现出某种政治性的价值特征。"④因此,关乎中国传统文化的研究,大多都与中国政治文化紧密相关。

在本书的研究中,对传统政治文化实行"拿来主义",主要借助于当前已有的研究成果。主要著作有:葛荃著《中国政治文化教程》、吴小如编《中国文化史纲要》、冯天瑜等编著《中国文化史》、冯达文等编《新编中国哲学史》、葛兆光著《中国思想史》、吴存浩等著《中国文化史略》、吕振羽著《中国政治思想史》、易中天著《先秦诸

---

① [美]约翰·M.利维.现代城市规划[M].第五版.张景秋,等,译.北京:中国人民大学出版社,2003:8.

② 吴小如.中国文化史纲要[M].北京:北京大学出版社,2007:1.

③ 葛荃.中国政治文化教程[M].北京:高等教育出版社,2006:15.

④ 葛荃.中国政治文化教程[M].北京:高等教育出版社,2006:18.

子百家争鸣》和《闲话中国人》、文崇一等主编的《中国人：观念与行为》、王亚南著《中国官僚政治研究》、江荣海编《传统的拷问：中国传统政治文化的现代化研究》、成臻铭著《中国古代政治文化传统研究》、柏维春著《政治文化传统：中国和西方对比分析》、仁剑涛著《伦理王国的构造：现代视野中的儒家伦理政治》、金太军和王庆五著《中国传统政治文化新论》。

2）中国传统政治文化研究

20世纪80年代中后期，国内兴起了传统政治文化研究热潮。1987年，"第一届中国传统政治文化研讨会"在吉林大学召开，会上就政治文化的概念和基本研究方法进行了讨论。1993年，在南开大学召开了"中国政治文化学术研究会"，在会上就中国传统政治文化与现代化的关系进行了讨论。几年后，各种关乎传统文化的研究层出不穷，表现出我国传统政治文化研究的繁荣。

（1）对中国政治文化研究的简要介绍

国内学者在吸收国外政治文化研究的同时，对政治文化的概念进行了讨论，其结果大概有以下几类：第一类学者认为，政治文化包括政治制度、政治思想与政治心理层面，如朱日耀把"政治思想和政治心理称作观念性政治文化，把制度称为实体性政治文化"[1]；第二类学者主张政治文化只包含政治思想和政治心理两个层次内容，认为"政治文化是一个政治取向模式，包括政治认知取向、政治情感取向、政治价值取向等"[2]。

我国的政治文化研究借鉴了国外的相关研究方法，主要采用了抽样调查法、访谈法、资料与历史文献法等方法。在抽样调查法中，具有代表性的有闵琦著《中国政治文化——民主政治难产的社会心理因素》，沙莲香著《中国民族性》、张明澍著《中国"政治人"——公民政治素质调查报告》等。

一般来说，大部分政治学原理或教材中都有关于对政治文化的介绍。王乐理在2000年出版了《政治文化导论》，对政治文化的起源、概念、研究对象、研究内容、研究模型等方面进行了较为系统的介绍，其中部分内容涉及中国传统政治文化。2006年，葛荃著《中国政治文化教程》，这本书是目前对我国传统政治文化较为系统的研究成果。

（2）本书研究主要借鉴的成果

主要借鉴了已有的大量传统政治文化研究成果。作者在充分吸收国内外政治文化研究内容、方法的基础上，对我国传统政治价值、政治观念、政治心态、政治人格、政治道德、政治社会化以及政治思维进行了分析和总结。具体来说，这些研究

---

① 朱日耀.中国传统政治文化的结构及其特点[J].政治学研究,1987(06):43-49.

② 俞可平.政治文化论要[J].人文杂志,1989(02):53-57.

成果中主要包括以下内容：中国传统政治文化的价值结构；中国政治文化关于人本质的自我认识；士人的生存样态、政治出路、政治心态以及从传统士人向现代知识分子的转型路径；臣民观与公民观；公私观念与"以公民为本"问题；君臣政治道德与贤人政治；忠孝道德与传统义务观；政治制衡观念与政治运作；传统中国的政治社会化问题；中国政治文化的思维定式与思维特点等①。笔者认为，这些研究成果揭示了中国传统文化的重要特质，能使我们对传统政治文化有深刻的了解。这有助于我们运用这个视角，来解构当前我国城市规划过程中参与主体的行为及规划现象。

---

① 葛荃.中国政治文化教程[M].北京:高等教育出版社,2006.

# 3 规划过程的政治属性分析

在城市规划理论研究中引入政治学相关知识后,笔者发现:从田园城市开始到近代的城市规划理论的所有成果中,几乎每一个城市规划理论成果都与政治要素有直接或间接的联系。同时笔者发现,在城市规划活动开展过程中,存在大量的政治活动。这充分说明,城市规划具有浓郁的政治属性。城市规划具有政治属性,这正是本书研究得以开展的基础。在本章中,笔者主要对中西方现代城市规划理论研究中关于规划政治属性的研究成果进行梳理。

## 3.1 国外城市规划政治属性的相关研究

从19世纪西方工业革命到现在的一百多年的历史里,城市规划理论研究取得了巨大进步,"田园城市"被誉为现代城市规划理论的开端。认真分析这些理论的背后,在指导思想、研究内容、处理方法、价值体系等方面都与政治学有密切的联系,这使城市规划表现出强烈的政治属性。

20世纪60年代是城市规划思想发生重大转折的年代,这也成为划分城市规划思想重要的分界线。在此之前,城市规划理论主要是关注城市物质空间,即功能秩序问题;在此之后,城市规划理论主要是关注过程公平透明,即程序理性问题。为了讨论方便,笔者根据城市规划理论流变过程,以20世纪60年代为界将现代城市规划理论发展历程分为两个部分:一部分是20世纪60年代以前,一部分是20世纪60年代以后,并分别就两个部分城市规划理论思想中包含的政治属性进行分析。

### 3.1.1 20世纪60年代以前城市规划理论的政治属性研究

1)城市规划理论深刻受到理性主义哲学思想的影响,这与同一时段的政治学研究情景十分类似

20世纪60年代以前,物质空间决定论是城市规划理论思想的主体。张庭伟认为,这一阶段的城市规划理论主要关注"规划成果的完美合理"[①],城市规划的作

---

① 张庭伟.20世纪规划理论指导下的21世纪城市建设——关于"第三代城市规划理论"的讨论[J].城市规划学刊,2011(03):1-7.

用在于建立城市的理性功能秩序。这种规划思想的产生,受到了西方 17 世纪和 18 世纪西方自然科学哲学的深刻影响。正如钱广华所说:"如果说古希腊的理性是关于心灵与宇宙的思辨,中世纪的理性是神学和宗教信仰的助手,那么近代的理性则是渲染一种新的时代精神——自然科学的精神。"①牛顿力学是西方早期自然科学的经典之作,以机械论图式来理解宇宙和世界。他将世界想象成一架巨大的机器,世间万物是有形而无灵魂的零件,这些零件按照既定的规律运行。另外一位重要人物笛卡儿则提出了认识世界的基本方法,为推动自然科学的进步提供有效的认识武器。笛卡儿强调认知事物的基本方法是"把每一个考察的难题分解为细小的部分,直到可以适当地、圆满地解决的程度为止。然后,按照顺序,从最简单、最容易认识的对象开始,一点一点地上升到对复杂对象的认识"。总之,西方启蒙运动时期的"自然科学的哲学精神"为现代城市规划理论的"理性功能秩序"奠定了哲学思想基础。同时,理性主义也为政治学中的行为主义革命提供了哲学指导。城市规划和政治学中的"理性精神",希望剥离价值的外衣,以中立、精确地科学态度去研究社会现象和社会问题。从这个层面来说,城市规划理论和政治学在研究的指导思想上具有相似性。

2) 以社会改良为初衷的现代城市规划理论,表明了城市规划理论自诞生之初便先天带有政治基因

19 世纪,西方国家建立了资本主义制度并进入了机器化大生产时代。在政治学研究领域,资产阶级思想逐渐走向成熟和繁荣,在"社会契约论"、"民主观念"、"人权思想"等思想的指导下确立了公民社会。1845 年,恩格斯(F. Engels)发表了著名的《英国工人阶级的生活状况》(*The Condition of Working Class in England*)一书。在这本书里,恩格斯对当时曼彻斯特工人触目惊心的生活状况进行了详细描述和深刻分析,直接推动了社会主义思潮的迅猛发展。吴志强说:"这些思潮后来成为'田园城市'等一系列城市社会改革方案的背景。对于城市规划来说更重要的是,这部文献直接导致了规划应该去做什么的基本核心理论问题。"②霍华德在 1898 年 10 月出版了《明日:一条通向真正改革的和平之路》(*Tomorrow:A Peaceful Path to Real Reform*),这本书在第二版时被迫改名为《明日的田园城市》(*Garden Cities of Tomorrow*)。从第一版的书名我们便能感到,这本书包含了作者对社会现实改良的强烈呼吁。在第二版中,"他被迫删除了标题中'改革'、'和平'等容易引发社会争论的字眼,内容中也删除了'无贫民窟无烟尘的城市'、'地主地租的消亡'等涉及社会敏感的图解与相关引语内容,试图弱

---

① 钱广华.西方哲学发展史[M].合肥:安徽人民出版社,1988.
② 吴志强.《百年西方城市规划理论史纲》导论[J].城市规划汇刊,2000(02):9-20.

化'田园城市'思想中关于社会改革的痕迹"①,删除这些内容,实际上完全违背了作者呼吁进行社会改革的初衷。社会改革意味着对社会政治体系等内容进行调整和变革,这表明了城市规划理论自诞生之日起便具有鲜明的政治属性。

现代城市规划理论以社会改良为基本出发点,表明了城市规划理论开始关注人的需要。在此之后,盖迪斯与芒福德两位大师也以关注"人"的需要为核心构建了自己的理论体系,奠定了规划理论中"人本主义"思想基础。因此,霍华德、盖迪斯与芒福德(图 3-1)被誉为西方近现代三大"人本主义"规划思想家大师。张京祥说:"毫无疑问,他们是近现代人类规划史中三颗最璀璨耀眼的巨星,在人文主义规划思想方面达到了后人难以企及的高峰。"②三位人本主义大师,面对工业社会和机器化大生产对人性的摧残,提出了把城市规划与社会改革结合的主张,这比仅仅把城市规划作为工程技术来对待的思想要进步很多。城市规划思想以社会改良为主张,开始关注城市中生活的"人"。

霍华德　　　　　　　盖迪斯　　　　　　芒福德

**图 3-1　现代城市规划理论中的三大"人本主义"大师**

有趣的是,在这个阶段,资产阶级思想逐渐走向成熟和繁荣,西方政治学研究也达到了极盛时期。斯宾诺莎的《神学政治论》、霍布斯的《利维坦》、洛克的《政府论》等提出的"天赋人权"思想,向君主专制制度提出了挑战,卢梭的《社会契约论》奠定了资产阶级革命的理论基础,在资产阶级革命后,西方国家建立了"公民社会"。"社会契约论"、"民主观念"、"人权思想"是公民社会的三大支柱。以人性为出发点,探索有关国家及制度建设问题是这个阶段政治学研究的重要特点。其实,城市规划领域提出社会改良,以关注城市中生活的"人"的主张,与政治学研究中以人性为基础探索制度建设的思想是一脉相承的。换句话说,政治学中以人性为基础探索制度建设的思想,其中的一部分内容表现在最初的现代城市规划理论中。

① ［美］E. 霍华德. 明日的田园城市［M］. 金经元,译. 北京:商务印书馆,2002.
② 张京祥. 西方城市规划思想史纲［M］. 南京:东南大学出版社,2005:89.

3）缓解或消除社会问题是现代规划理论产生最原始的动机，因此城市规划俨然具有公共政策的特征

20世纪初，工业革命时期产生的人口过分拥挤、卫生问题、防灾问题等成为当时主要的社会问题（图3-2）。面对这一社会问题，城市规划理论工作者和政府开始寻求解决这些社会问题的办法。盖迪斯（Patrick Geddes）在1904年发表了著作《城市发展，公园、花园和文化机构的研究》（*City Development，A Study of Parks，Gardens and Culture-Institutes*）提出采用绿为手段解决上述社会问题，并更进一步提到从文化角度来观察研究城市发展。1909年，被称为第一份城市总体规划的"芝加哥规划"由伯恩海姆（D. Burnham）组织完成，推动了城市美化运动（City Beautiful Movement）的开始。城市美化运动大概盛行了40年，并在"二战"后逐渐消退。城市美化运动的兴起，旨在针对当时欧美许多城市日益加速的郊区化趋势，为恢复市中心城市良好环境和吸引力而进行景观改造活动。然而，从实际

**图3-2　英国工业革命时期城市空间交织的各类社会问题**

上左：工业革命产生的城市环境污染
　　　资料来源：http://image.baidu.com/i? ct＝504
上右：工业革命时期产业工人的居住环境
　　　资料来源：http://image.baidu.com/i? ct＝50480&z＝&t
下左：工业革命时期产业工人的劳动环境
　　　资料来源：http://image.baidu.com/i? ct＝503316480&
下右：工业革命时期产业工人为改善自身生活状况而举行的罢工
　　　资料来源：http://image.baidu.com/i?

效果看,E.沙里宁认为这是"特权阶层为自己在真空中做出的规划。这项工作对解决城市要害问题帮助很小,装饰性的规划大都是为了满足城市的虚荣心,而很少从居民的福利出发,考虑在根本上改善布局的性质。它并未给城市整体以良好的居住和工作环境"。无论是城市美化运动,还是盖迪斯的研究,其研究的出发点都是基于对当时城市社会问题的关注,从这个意义上看,城市规划俨然表现出公共政策属性。

4)"理性功能主义"规划思想只是解决社会问题的一种方法,城市规划的本质还是以社会问题为导向

柯布西耶于1922年发表了《明日城市》(*The City of Tomorrow*),又于1923年出版了论文集《走向新建筑》,明确提出了"功能主义城市"和"集中主义城市"的理论体系,他提出的城市规划思想在整个西方世界产生了持续而深远的影响,可谓是"现代城市规划的《圣经》"[①]。在1933年的国际建协会议(CIAM)上,柯布西耶倡导和亲自起草了《雅典宪章》,《雅典宪章》依据理性主义的思想方法,提出了功能主义的城市规划思想,他们把城市中的诸多活动划分为居住、工作、游憩和交通四大基本类型(图3-3),并在思想上认识到城市中广大人民的利益是城市规划的基础,《雅典宪章》成为"现代城市规划的大纲"。《雅典宪章》所倡导的"理性",与同时段政治学中的行为主义革命所倡导的"精确化"有异曲同工之处,都是在理性主义的指导下对本学科的研究。"理性思想"成为那个时代最为鲜明的口号,成为当时指导各学科研究的思想,表明了社会学科希望解决社会问题的基本态度。城市规划和政治学都用"理性思想"解决社会问题,使两者之间必然建立着某种联系。在这之后,出现了大量的城市规划理论。莱特在1935年发表了《广亩城市:一个新的

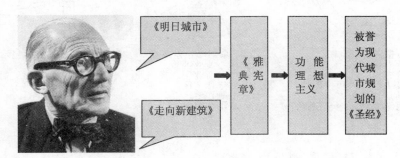

**图3-3 柯布西耶及他对城市规划理论作出的巨大贡献**

① B Leonardo. The Origins of Modern Town Planning[M]. Cambridge: M. I. T., 1967;[美] P Hall. 城市与区域规划[M].邹德慈,等,译.北京:中国建筑工业出版社,1985.

社区规划》(Broadacre City：A New Community Plan)，提出了"广亩城市"的思想。沙里宁在 1943 年出版了《城市：它的发展、衰败与未来》(The City：Its Growth，Its Decay，Its Future)，提出了有机疏散(Organic Decentration)思想。以上这些思想不过是"理性功能"城市规划理论的继续和深化,以解决社会问题为导向的规划理论发展的主题,表现出公共政策的属性。

5）城市规划融入了社会学内容和人本精神,城市规划活动承担了更多的社会责任

20 世纪初,新技术和新生产形态的大量问世,对城市的规划和建设起到了巨大的推动作用,"众多规划师认为仅仅通过物质环境的改造就能达到改造社会的目标,因此在规划实践中往往是在营建着他们心目中充满理想的理性城市"①。一批以社会学家为主体的学者们开始关注复杂的社会文化对城市发展、规划的影响。伯吉斯(W. Burgess)在 1925 年发表论文《城市发展：一个研究项目的介绍》(The Growth of the City：An Introduction to Research Project),分析了社会空间发展和城市物质空间发展的关系,提出了著名的同心圆模式。崔功豪等认为这是"社会生态学研究的开始"②。帕克(R. E. Park)、沃斯(L. Wirth)等将自然生态学的基本理论系统运用到对人类社区的研究中,为现代城市学的建立做出了重要的贡献,他们开创的学术体系被称为"芝加哥学派"(图 3-4)。在同心圆模型之后,霍伊特(H. Hoyt)在 1939 年提出了扇形模式,哈里斯(C. Harris)与厄尔曼(E. Urman)在

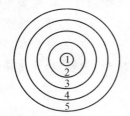
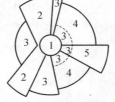
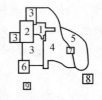

图1　同心带学说示意图
1—中心商业区
2—过渡地带
3—自食其力的工人居住地带
4—较好的居住地带
5—使用月票者居住地带(通勤带)

图2　扇形学说示意图
1—中心商业区
2—批发商业区、轻工业区
3—低级住宅区
4—中等住宅区
5—高级住宅区

图3　多核心学说示意图
1—中心商业区
2—批发商业区、轻工业区
3—低级住宅区
4—中等住宅区
5—高级住宅区
6—重工业区
7—外围商业区
8—近郊住宅区
9—近郊工业区

伯吉斯的同心圆模式　　　　霍伊特的扇形模式　　　　哈里斯与厄尔曼的多核心模式

**图 3-4　芝加哥学派对城市规划理论的贡献**

① ［美］P Hall. 城市与区域规划［M］. 邹德慈,等,译. 北京:中国建筑工业出版社,1985:163.
② 崔功豪,王本炎,等. 城市地理学［M］. 南京:江苏教育出版社,1992:27.

1945年提出了多核心模式。1938年，"芝加哥学派"的沃斯(L. Wirth)发表了《作为生活方式的城市化》(*Urbanism as a Way of Life*)一文，对由人与人的相互作用的不同而形成的城市生活方式进行了全面的分析和论述，并提出未来城市生活方式的一些特征，这些内容几乎都被20世纪60年代后西方的城市问题所验证①。张京祥认为沃斯的这篇文章奠定了城市社会学在城市规划理论中的里程碑地位。

从文化的角度去认识城市的还有一位大师——芒福德。他于1938年出版了名著《城市文化》(*The Culture of City*)一书，在书中他坚持认为城市中人的精神价值最为重要，而城市的物质形态和经济活动居于次位。在20世纪初到60年代还有一些重要的城市规划理论和研究成果，这些是：佩里(C. Perry)在1929年提出的"邻里单位"(Neighbourhood Unit)的概念，斯泰恩与莱特于1933年创立了"雷德朋"(Radburn)体系，夏普(T. Sharp)于二战结束后发表的《为重建而规划》(*Exert Phoenix：A Planning for Rebuilding*)宣告了战后新阶段的开始，而保罗·古德曼(Paul Goodman)和普西沃·古德曼(Percival Goodman)兄弟俩《社区：生活圈的意义与生活的方式》(*Communitas：Means of Livelihood and Ways of Life*)一书则揭开了战后规划理论的活跃期②。总的来说，无论是城市社会文化学研究，还是战后重建理论，无不是对当时社会问题的正面回应。"而社会问题的客观存在及其主观认定被普遍认为是政治过程的起点"③，从这个意义上说，这一时段的城市规划理论包含了政治属性。

## 3.1.2 小结一

通过以上综述内容可见，从20世纪初到60年代之间，现代城市规划理论不断发展、日益完善。但总的来说，从现代城市规划理论诞生那天起就具有强烈的政治属性。在这个过程中，城市规划理论中政治属性研究方面大致有以下几个特点：

(1) 政治属性隐性地表现在规划理论中

从城市规划理论政治属性的表现方式看，当时的各种城市规划理论中并没有出现类似"政治"这样表征政治属性的词汇。但是，通过分析可以发现，上述城市规划理论成果的背后都存在有"政治"的影子，而且这个时段的城市规划理论阶段与政治学理论发展阶段基本吻合，并且紧密关联。可以这样说，在这个时段，政治属性是以隐性的方式存在于城市规划理论中。

---

① N Northam. Urban Geography[M]. Hoboken New Jersey：John Wiley & Sons，1978.
② 吴志强.《百年西方城市规划理论史纲》导论[J]. 城市规划汇刊，2000(02)：9-20.
③ 谢明. 公共政策导论[M]. 第二版. 北京：中国人民大学出版社，2008：61.

（2）规划和政治学都统领于相同的哲学中

从城市规划理论和政治学所受的指导哲学思想看，理性主义哲学深刻地影响着政治学行为主义和城市规划理论发展，两者是同一哲学理论体系指导下的两个学科。在理性主义哲学思想的指导下，城市规划诞生了其理性功能秩序代表之作——《雅典宪章》，成为西方 20 世纪 60 年代以前城市规划的基本手册，甚至现在依然被奉为指导我国城市规划理论的金科玉律。两者以中立、精确的科学态度去研究社会现象和社会问题。从这个层面来说，城市规划理论和政治学在指导思想上是同一的。

（3）人是规划和政治学研究的共同起点

从城市规划和政治学的研究起点看，无论是当时的行为主义政治学，还是刚刚诞生的现代城市规划理论，都是以"人"作为出发点，以解决社会问题和关注社会现象、社会问题为目的，具有公共政策的基本属性。"城市美化运动"、"城市人文生态学研究"、"战后重建理论"等城市规划理论无不鲜明地体现这个特点。因此，可以这样说，自现代城市规划理论诞生那一刻开始便一刻也没有离开政治，具有鲜明的政治属性。

### 3.1.2 20 世纪 60 年代以后城市规划理论的政治属性研究

在上世纪 60 年代以后，面对快速的经济社会发展及出现的各种社会问题，西方城市规划理论进行了认真的反思和批判，城市规划理论研究在各个方面都表现出了与前期不相同的地方，主要表现在从过去的"物质空间规划"转向了对经济社会的"综合规划"。在这一时期，城市规划过程对政治的关注，非常直观地表现了出来，正面打出了"政治旗号"。

1）在对城市规划理论思想的反思和批判中，城市规划对社会学问题的关注超越了过去任何一个时期

城市规划理论思想的转变开始于对过去理论的反思和批判。"到了 1960 年代，西方工业文明的发展已经达到了顶峰"①，越来越多的人口进入城市，人际关系冷漠、人们生活方式越来越都市化，各种消极性的社会问题出现在城市空间，而城市规划却没有能够提供一个温暖、自然、人文的环境。1961 年，曾被规划师们称为那个"原版的穿着网球鞋的小老太"（Original Little Old Lady in Tennis Shoes）的简·雅各布（J. Jacob）发表了《美国大城市的生与死》（*The Death and Life of Great American Cities*）一书，对规划界一直奉行的最高原则进行了无情的批判。张京祥认为她在书中要求城市规划者重新思考现代主义城市规划制度化的合理

---

① 陈敏豪. 生态文化与文明前景[M]. 武汉：武汉出版社，1995：63.

性,这是战后城市规划开始由工程技术向关注社会问题转型的重要标志,引发了一场美国城市规划界的"大地震"①。自此,城市规划思想经历了重大变革,从以前对物质规划的关注开始转向社会政治问题等综合方面的关注。正如霍尔(P. Hall)指出的那样:"1960 年代前的规划师绝大多数关心的是编制蓝图,或者说,是陈述他们设想的城市将来的最终状态……"②城市规划理论开始了对多元社会现实的尊重,相关研究内容开始关注城市规划领域的政治现象。吴志强教授在总结这个时段的城市规划思想的时候认为,"整个 1960—1970 年代的城市规划理论界对社会学问题的关系超越了过去任何一个时期"。

2) 城市规划理论研究规划实施机制、公众参与、公共利益等内容,已经将城市规划视为一项公共政策

规划机制决定了参与主体的类型和数量,也是规划理论实践的保障,这说明城市规划理论已经明白无误地表明了其丰富的政治属性。

大卫杜夫(P. Davidoff)与赖纳(T. Reiner)在 1962 年发表了《规划选择理论》(*A Choice Theory of Planning*)。1965 年,克里斯托弗·亚历山大(C. A lexander)提出城市生活的"半网状结构"(Semi-lattice),以系统的观念来研究城市复杂性。大卫杜夫在 1965 年发表的《规划中的倡导与多元主义》(*Advocacy and Pluralism in Planning*)中,对规划政策制定过程和文化模式进行了理论探讨,强调通过规划过程机制来保证不同社会集团尤其是弱势团体的利益。在大卫杜夫《规划中的倡导与多元主义》一书中,"……规划过程机制……"的论述出现在这本书里,而"机制"常常是政治学领域研究的"专利",政府是制度、实施某项"机制"的当然主体,"机制"一词已经明白无误地表现出了城市规划领域的政治属性。

1967 年,在罗宾诺维茨(F. Robinovitz)的《政治、个性与规划》(*Politics, Personality and Planning*)一文中,"政治"一词赫然出现在论文的标题中,以最直接的方式传递出城市规划理论的政治属性。甘斯(H. J. Gans)在 1968 年发表《人民与规划》(*People and Planning*);1969 年,他发表了《公共决策行为:规划文化》(*Community Design Behavior:The Culture of Planning*)。1969 年,斯凯芬顿(A. Skeffington)了发表了《人民与规划(公共参与委员会的报告)》(*People and Planning Report of the Community on Public Participation in Planning*)。同年,帕尔(R. E. Pahl)发表了《谁的城市?城市社会的深入论述》(*Whose City? And Future Essays on Urban Society*),丹尼斯(N. Dennis)发表《人民与规划:桑德

① P Hall. Cities of Tomorrow:An Intellectual History of Urban Planning and Design in the Twentieth Century[M]. London:Blackwell Publishers, 1988.

② [美] P Hall. 城市与区域规划[M]. 邹德慈,等,译. 北京:中国建筑工业出版社,1985.

兰的房屋社会学》(*People and Planning：The Sociology of Housing in Sunderland*)①。英国政府规划咨询小组(PAG)于1965年,首次提出"公众应该参与规划过程"的思想。1968年,英国的《城乡规划法》将规划体系划定为战略规划、地方规划两个层次,并在法律中规定,地方规划机构在编制其地方规划时,必须提供地方以评议或质疑的机会,这一规定被视为审批规划的必要前提。1969年,阿恩斯坦(S. Arnstein)提出了"市民参与阶梯"(A Ladder of Citizen Participation)理论。1972年,罗尔斯(J. Rawls)发表了《公正的理论》(*Theory of Justice*),这是续大卫杜夫多元主义之后第一次在城市规划领域提出了公正的思想。半年后,大卫·哈维(David Harvey)的《社会公正与城市》(*Social Justice and the City*)则把这个时代的城市规划社会学理论推向了高潮,成为以后城市规划师的必读书目。1977年,《马丘比丘宪章》高度肯定了城市规划过程中公众参与的思想。同年,新马克思主义者卡斯特(M. Castells)发表了《城市问题的马克思主义探索》(*The Urban Question：A Marxist Approach*);1978年,他又发表了《城市、阶级与权利》(*City, Class and Power*),"正面打出了新马克思主义旗号"②。

综观这一时段的城市规划理论,重点聚焦在城市规划的价值基础(如多元主义、公平公正)、城市规划参与主体、公共参与等几个核心问题,无论上述哪个观点,其实质都是把对现行规划过程机制的关注作为研究的重点。规划机制本身就是国家政治体制的一部分,政治体制也是规划机制实施的保障。因此,无论怎么说,这时的城市规划理论与政治属性已经密切地连接在一起了。

3)在对理性主义批判后出现的多元城市规划理论中,城市规划理论的政治属性主要表现在从城市空间现象的背后去寻找制度性关联

吴志强教授认为在20世纪60~70年代的规划理论中,"理性"是针对规划过程的(Procedural Planning Theory)。但这种理性的思想并没持续多长时间,就受到了学者的发难。1977年,斯格特(A. J. Scott)和罗维斯(S. T. Roweis)在*Environment and Planning A*杂志上发表了《理论与实践中的城市规划》(*Urban Planning in the Theory and Practice：A Reappraisal*)一文,针对城市规划中利用计算机辅助的数理模型支持的理性模式进行了批判。1979年,卡黑斯(M. Camhis)发表的《规划理论与哲学》(*Planning Theory and Philosophy*)、托马斯(M. J. Thomas)发表的《法露迪的城市规划程序理论》(*The Procedural Planning Theory of A. Faludi*),这些论文都对理性系统的规划理论和方法提出了公开批判。

---

① 吴志强.《百年西方城市规划理论史纲》导论[J].城市规划汇刊,2000(02):9-20.
② 吴志强.《百年西方城市规划理论史纲》导论[J].城市规划汇刊,2000(02):20.

　　从 20 世纪 70 年代开始到 20 世纪 80 年代中后期(西方后现代主义衰落期)的城市规划理论出现了多元的倾向。在这一时段,与城市规划理论政治属性密切相关的论文、著作较多。主要表现在部分学者从城市空间现象的背后去寻找制度性关联。特别是新马克思主义认为城市的本质更加接近于政治而不是技术或科学,城市规划被视为以实现特定价值观为目标的政治活动。因此,"对城市规划的评估也不再被认为是单纯的技术问题,而与价值判断密切相关"①。在这一时期,相关的代表论著较多。1981 年,哈维发表了 *The Urban Process under Capitalism*：*A Framework for Analysis* 一文,在空间和生产方式之间的关系上建立一个总的理论框架。同年,林奇(K. Lynch)在分析美国城市中起主要作用的因素时说:"除了那些能够决定大型基础设施开发的联邦部门和跨区域部门之外,……而地方规划规划机构只是力量较弱的行动者。"在对城市空间现象背后制度性思考的研究中有以下代表性成果,分别是 1985 年戈特迪纳(M. Gottdiener)发表的《城市空间的社会生产》(*The Social Production of Urban Space*),格雷戈瑞(D. Gregory)与厄里(J. Urry)合著的《社会关系与空间结构》(*Social Relations and Spatial Structure*),和 1986 年史密斯(N. Smith)发表的《绅士化:城市空间结构的前沿与重构》(*Gentrification*：*The Frontier and the Restructuring of Urban Space*),菲什曼(Robert Fishman)于 1987 年发表的《中产阶级的乌托邦:郊区的兴衰》(*Bourgeois Utopias*：*The Rise and Fall of Suburbia*)等论著。

　　4) 城市规划理论开始密切关注意识形态,其选择的主流价值理念与政治学的核心意识形态具有一致性

　　20 世纪 70 年代以后,城市规划理论的学者们开始积极关注城市规划理论中的意识形态研究,这些思想主要体现在"社会公平公正"、"城市规划的职业精神"、"女权主义"、"城市生态问题"、"可持续发展"等研究成果中。

　　1972 年,罗尔斯(J. Rawls)发表了《公正的理论》(*The Theory of Justice*),哈维(David Harvey)发表了《社会公正与城市》(Social Justice and the City),两书都谈到了城市规划应该注重公正。所谓的公正,在城市规划领域的本质就是追求城市的整体利益和公共利益。对城市整体利益和公共利益的关注,体现了城市规划理论的一种价值选择,因而具有"政治道德"②的意义。正因为如此,张兵认为"实现城市的整体利益和公共利益是城市规划职业自治的一项根本性的道德标准"③。在 20 世纪 60 年代以后,"女权主义"发起了女权运动,呼吁与男性拥有同等的所有

---

① S Campbell，S S Fainstein. Reading in Planning Theory[M]. London：Blackwell Publishers，1996.
② 杨帆. 城市规划政治学[M]. 南京：东南大学出版社,2008：92.
③ 张兵. 城市规划实效论[M]. 北京：中国人民大学出版社,1998：179.

社会权利,特别是政治、教育、就业等方面的均等机会,谋求在法律上、经济上真正的独立地位。女权主义的发展使得城市规划在建设与规划时开始重视女性的地位和女性的行为与心理需求。其实,城市规划领域关注女权主义诉求本身就是对社会公正的正面回应,包含了城市规划对社会价值的选择,因而是一种社会主流意识形态的关注。1971年,罗马俱乐部发表了《增长的极限》,报告列出了人口爆炸、资源枯竭、能源消耗等生态和可持续问题。1992年,联合国环境与发展大会发表的《全球21世纪议程》,标志着可持续发展开始成为人类的共同行动纲领。1992年,贝瑟尼(M. Bretheny)编著了《可持续发展与城市形态》(Sustainable Development and Urban Form)。1994年,瓦克约格尔(M. Wackernagec)和莱斯(W. Rees)提出了"生态足迹"(Ecological Footprint)的概念,主张人们应当有节制地开发有限的空间资源。1993年布洛尔斯(A. Blowers)编著了《为了可持续发展的环境而规划》(Planning for Sustainable Development)。1996年,白金汉(S. Buckingham)和埃文斯(B. Evans)的《环境规划与可持续性》(Enviromental Planning and Sustainability),同年詹克斯(M. Jenks)等合写的《集约型城市:一种可持续的都市形式?》(The Compact City:A Sustainable Urban Form?)。新时代城市规划理论研究选择可持续思想作为指导思想,体现了城市规划在面对全球问题的时候的积极态度,同时也说明了城市规划作为安排人类生活的主要手段在面对全球问题时的重要作用。以可持续思想作为指导思想的选择,其实质就是一种价值理念的选择。

综上所述,这一阶段城市规划理论重点关注"社会公平公正"、"城市规划的职业精神"、"女权主义"、"世界生态问题"、"可持续发展"等社会现象,表现出一种强烈的价值选择。对于政治学研究来说,这些意识形态的价值理念一直是其研究的核心内容。在这里,可以说城市规划理论也体现出了政治学共同的核心价值理念,两者在价值理念的追求上表现出一致性。从这个意义上说,城市规划理论的政治属性在这里表现得是那么的清晰。

5)政府在面对全球化等新形势下做出的改革,推动了新规划思想的产生

20世纪90年代以来,国际环境、人们的生产方式和生活方式发生深刻变革,这导致城市问题更加复杂。张京祥认为已经没有一种理论、方法能够被运用来整体地认识城市、改造城市,城市规划理论走向了多元,"城市规划的理论与实践探索已经走向了一个更为广阔的背景之中"①。在这一过程中,全球化、政府重塑运动、管治思想等成为城市规划关注的主题。

---

① R Freestone. Urban Planning in a Changing World:The Twentieth Century Experience[M]. New York:Brunner Routledge, 2000.

经济全球化对全球文化、意识形态、制度体系、社会生活方式等产生了深刻的影响。部分学者开始关注全球化给城市带来的影响。正如霍尔(Hall)感叹:"我们如今确实生活在一个全球时代。"①城市规划领域出现了关于城市发展新趋势的讨论:1986 年,弗里德曼(Friedman)发表了《世界城的假想》(*The World City Hypothesis*)。1990 年,范斯坦(S. S. Fainstain)发表了《世界经济的变化与城市重构》(*The Changing World Economy and Urban Restructuring*)。1991 年,萨森(Sassen)发表了著作《全球城》(*The Global City*),提出了"世界城市体系"②的假说。

在日益激烈的全球化竞争中,西方国家在 20 世纪 90 年代后出现了财政危机和国民对政府的信心危机。面对这些社会危机,"需要政府通过改革来提高效率并进而提升城市的竞争力,通过扩展非政府组织(NGO)在城市生活中的影响与管理作用来促进社会的协调等方面的要求空前高涨起来"③。这些社会危机促进了政府进行改革,并导致了"政府重塑运动"和"管治思潮"的出现。这些社会改革催生了对公共政策分析、城市政体理论等研究的兴起。这其中最著名的是布坎南(J. M. Buchanan)提出的公共选择理论,他将"理性经济人"的概念引入公共政治领域,并认为政治家和官僚们也是以追求自身利益最大化为目标。布坎南的公共选择理论是当代西方新制度经济学中独树一帜的学说。在当时的社会中,各种正式、非正式的力量在成长,人们崇尚最佳的管理方式不是集中的,而是多元、分散、网络型及多样的,这就是"管治"的理念。受"管治"理念的影响,人们在寻找一种计划与市场相结合、集权与分权相结合、正式组织与非正式组织相结合的社会管理模式。受管治思想影响,城市规划的性质已发生了改变,正如沃林(H. Wohlin)所预料,现在的城市规划已更多具有咨询和协商的特征(林秋华,1987)。

综上所述,这一个阶段的城市规划思想改革的源头来自于政治的改革。"政府重塑运动"导致了城市规划思想出现"企业化"的特征;"管治思潮"导致了在城市规划领域要求一种新兴的管理模式。

## 3.1.4 小结二

通过以上综述内容可见,20 世纪 60 年代之后,现代城市规划理论不断发展、日益完善。总的来说,在这个过程中,城市规划理论研究与政治结合日益密切,其

① M Castells , P Hall. Technopoles of the World: The Making of 21st Century Industrial Complexes [M]. London: Routledge, 1994.

② S Sassen. The Global City: New York, London, Tokyo[M]. Princeton: Princeton University Press, 1991.

③ 章士嵘. 西方思想史[M]. 上海:东方出版中心,2002:26.

至有学者直接提出城市规划就是一项政治活动。在这个过程中,城市规划理论中政治属性研究方面大致有以下几个特点:

(1) 城市规划的政治属性日益受到关注

对城市规划理论的批判和反思,促使人们的城市规划思想产生了重大变革,即从以前对物质规划的关注开始转向对社会政治问题等综合方面的关注。在城市规划理论思想的变革中,城市规划理论开始对多元社会现实的尊重,相关研究内容开始关注城市规划领域的政治现象。城市规划活动蕴含的政治属性,正式走向了规划理论研究的舞台。

(2) 将城市规划作为一项公共政策活动

在这一过程中,众多学者提出将城市规划作为一项公共政策,并将规划实施机制、公众参与、公共利益等内容作为城市规划理论研究的核心内容。至此,城市规划理论研究已经实现了从单一的工程技术学科到公共政策学科的转变。这时的城市规划理论与政治属性已经密切地连接在一起了。

(3) 城市规划活动成为实现某些政治意识形态的工具

在这一时段,城市规划作为一项公共政策已经成为共识,如何发挥好城市规划的公共政策职能成为规划理论研究的重点。随着社会经济的发展,公民权利意识、环保意识、公平意识等意识观念成为这个时代政治研究的热点,与之相对应的是,"社会公平公正""城市规划的职业精神""女权主义""城市生态问题""可持续发展"等意识形态也成为规划理论研究的重点。在这种情况下,城市规划俨然已经成为实现政治意图的重要工具。

## 3.2 国内城市规划政治属性的相关研究

### 3.2.1 相关研究成果介绍

任何城市规划制度(或体系)都是与一定国家的社会经济状况相关。改革开放前后,我国的政治、经济文化等社会环境发生了深刻变革,城市规划理论在这两个时段也表现出明显的差异。改革开放前,我国的城市规划受理论受到计划经济体制和前苏联模式的深刻影响,理论研究发展缓慢,相关成果不多。改革开放后,经济快速发展、全球化进程加速、城市化等社会变迁对城市规划理论的创新产生了强大的促进作用,推动了我国城市规划研究的快速发展。笔者对改革开放后我国城市规划理论成果进行了分析,认为规划的政治属性主要表现在七个方面:解决社会问题是城市规划存在的基础、国家政治经济制度是规划开展和实施的基础环境、政治学是规划理论组成的重要内容、城市规划理论具有公共价值判断、城市规划是一项公共政策、公众参与是规划的重要阶段、城市规划要实现"以人为本"的价值准则。当然,这个划分的标准可能并非准确,甚至存在部分交叉,不过笔者认为,这种划分能较好反映规划的政治属性主题。

1) 应对城市社会问题是城市规划存在的重要基础,消除或缓解社会问题需要通过"权力"才能实现

部分学者认为,正是由于社会改良者寄希望通过物质空间的规划来缓解或者消除西方工业革命之后的社会问题,才推动了现代城市规划理论的诞生。以城市规划为消除社会问题的工具,这需要城市规划理论考虑经济、制度、文化等多种社会基础,并借助权力等手段才能实现。这充分表明了规划理论的政治属性。

1998年,唐子来、吴志强发表了《若干发达国家和地区的城市规划体系评述》,他们认为在西方工业革命以后,"城市问题日益突出,特别是城市物质环境(如公共卫生和住房问题)"①的社会背景,是现代城市规划理论产生的源头。1999年,陈秉钊发表了《世纪之交对中国城市规划学科及规划教育的回顾和展望》,他认为现代城市规划的起源是"由于阶级矛盾日益尖锐,工人居住区公共卫生、社会治安等问题日益突出,引发了严重的社会问题和城市的危机并引起了全社会的关注。在空想社会主义思想的影响下,一些学者企图以城市规划为手段来解决这些城市社会、经济问题"②。吴良镛在2000年发表了《城市世纪、城市问题、城市规划与市长的作用》认为,"城市可能是主要问题之源,但也可能是解决世界上某些最复杂、最紧迫的问题的关键","我们要明确城市问题的解决对促进国民经济和社会发展的作用"③。2001年,吴良镛又在《怎样规划》中指出,"城市问题要被极大地重视,城市是文化的孵化器,有巨大的生产力,但问题也特别集中"④。他认为重视城市问题是城市规划的关键。2006年,谭少华、赵万民发表了《论城市规划学科体系》一文,他们认为"以城市问题为导向的研究成为国际政界和科学界共同关注的焦点","城市问题理论研究为物质形体规划设计方法提供坚实的理论基础与平台"。"现代城市规划是研究城市及其空间发展变化规律的学科,其本质与核心是控制与引导城市空间发展,根治城市社会弊病,促进城市健康持续发展"⑤。

2) 经济和政治制度是城市规划过程发生的基础环境,法律是城市规划过程实施的制度保障

城市规划总是建立在一定的社会经济水平和国家政治制度基础之上的,法律

① 唐子来,吴志强. 若干发达国家和地区的城市规划体系评述[J]. 规划师,1998,14(03):95-100.
② 陈秉钊. 世纪之交对中国城市规划学科及规划教育的回顾和展望[J]. 城市规划汇刊,1999(01):1-5.
③ 吴良镛. 城市世纪、城市问题、城市规划与市长的作用[J]. 城市规划,2000,24(04):17-23.
④ 吴良镛. 怎样规划未来的城市[J]. 城市开发,2001(12):8-10.
⑤ 谭少华,赵万民. 论城市规划学科体系[J]. 城市规划学刊,2006(05):58-61.

体系是城市规划政策的制度保障。因此,经济基础、国家政治制度、法律与城市规划过程紧密相关。

经济是城市规划发展最重要的基础环境要素。很多学者在城市规划理论研究或实际项目中常常开宗明义地写道:"随着经济社会的发展……"这种描写"范式"已经充分证明了经济在城市规划中的基础地位。如,2009 年周干峙在缅怀钱学森院士的时候的特稿《城市及其区域——一个典型的开放的复杂巨系统》写道:"近半个多世纪以来,随着社会经济和科学技术的迅速发展,随着城市化现象的迅速推进,这门学科大大地向广度和深度发展了。"①1999 年,孙施文发表了《中国城市规划的发展》,他认为"任何规划制度都是与一定国家的社会经济状况相关"②。2000年,吴良镛在《城市世纪、城市问题、城市规划与市长的作用》一文中关于当前中国城市发展中的几个问题中指出:"城市化是一个复杂的历史现象。经济发展促进了城市化,正确引导城市化有利于扩大投资与消费,拉动经济增长,对经济社会的发展以及关系国计民生的生活水平的提高都是一个推进。"2000 年,吴志强在谈到进入 21 世纪我国城市规划体系面临的挑战时认为,"中国城市规划体系进入 21 世纪时,外部核心问题是整个中国进入了快速城市化进程,以及经济全球化带来的大城市全球化和全球体系的重构"③,他把经济全球化带来的变化作为中国城市规划体系面临的重要挑战。崔功豪认为"在全球化时代,城市等级系统取决于各城市参与全球经济社会活动的地位与程度以及占有、处理和支配资本和信息的能力,城市职能结构应以各城市在经济活动组织中的地位分工为依据"④。吴良镛在《城市地区理论与中国沿海城市密集地区发展》中提出了关于沿海城市参与全球竞争的建议,他指出要"从全球的高度,审视沿海市密集地区在国家发展及国际竞争中的战略地位"⑤。他在这里说的竞争,主要是以经济为主要实力的综合竞争。2010 年,邹德慈发表了《发展中的城市规划》,针对我国城市规划理论发展现状,他指出,"由于我国和西方国家在政治制度和经济体制上的不同,我国的城市规划工作没有办法完全照搬西方的理论","城市规划一定要与国家的经济发展水平相一致,并要符合国家的政治制度"⑥,这强调了经济对城市规划的基础性作用。

有的学者从政治体制及法律建设的角度研究城市规划理论。1998 年,唐子来、吴志强在《若干发达国家和地区的城市规划体系评述》中认为,"依法行政是现

① 周干峙. 城市及其区域——一个典型的开放的复杂巨系统[J]. 城市轨道交通研究,2009(12):1-3.
② 孙施文. 中国城市规划的发展[J]. 城市规划汇刊,1999(05):1-9.
③ 吴志强. 论进入 21 世纪时中国城市规划体系的建设[J]. 城市规划汇刊,2000(1):1-6.
④ 崔功豪. 当前城市与区域规划问题的几点思考[J]. 城市规划,2002,26(2):40-42.
⑤ 吴良镛. 城市地区理论与中国沿海城市密集地区发展[J]. 城市规划,2003,27(02):12-16.
⑥ 邹德慈. 发展中的城市规划[J]. 城市规划,2010(01):24-28.

代行政管理的根本特征,因而规划法规是城市规划体系的核心"①。2000 年,吴志强指出"我国未来规划运作系统的建立和完善必须与法治系统的建设完善相衔接。运作机制系统的所有阶段都必须随时将成熟的机制、法律固定下来"②。在文中,他对"规划法制系统"进行了具体建议,首先从法理的层面提出了公共模式、效益模式和发展模式相结合的城市规划法制体系模式,其次从横向、纵向两方面讨论了法治系统,最后讨论了立法程序③。2005 年,张兵发表了《城市规划理论发展的规范化问题——对规划发展现状的思考》,他认为,"目前城市规划的'机遇'和'挑战'并存,当前城市规划的'机遇'就是'党的十六大以来,整个国家的公共政策开始强调'科学发展观'、'五个统筹'以及建设和谐社会,整个政策的价值取向与城市规划工作'传统的'准则非常美妙地耦合在一起"④。

2000 年,吴良镛在谈到规划法治的时候指出:"建立国家法—地方法—条例—办法—细则等法规系列,并在实施过程中加以整合。"⑤2002 年,吴良镛认为"要加紧城市规划法修订并尽快通过,相应地修订相关的法律,形成体系,同时各地方制定、完善技术规范与技术导则,与国家法规相辅相成"⑥。部分学者认为,公共利益只有通过法制保障才能实现。2009 年,赵民发表了《"公共政策"导向下"城市规划教育"的若干思考》,他认为"从诞生之日起,现代城市规划就是基于对公共价值认识,并凭借法制保障而对'城市—区域'的发展加以控制"⑦。2010 年,赵民、刘婧《城市规划中"公众参与"的社会诉求与制度保障——厦门市"PX 项目"事件引发的讨论》认为"以市场经济为导向的改革和制度转型奠定了'公众参与'的社会经济基础,'公众参与'已从抽象的'理念目标'转变为现实的社会诉求,相应的制度建设已是势在必行"⑧。

3) 政治是城市规划学科构成和规划系统的重要组成内容,城市规划具有深刻的政治烙印

部分学者从城市规划学科和城市规划系统构成的视角分析,认为政治学、政治系统是城市规划理论的重要组成部分。

---

① 唐子来,吴志强. 若干发达国家和地区的城市规划体系评述[J]. 规划师,1998,14(03):95-100.
② 吴志强. 论进入 21 世纪时中国城市规划体系的建设[J]. 城市规划汇刊,2000(01):1-6.
③ 吴志强. 论进入 21 世纪时中国城市规划体系的建设[J]. 城市规划汇刊,2000(01):1-6.
④ 张兵. 城市规划理论发展的规范化问题——对规划发展现状的思考[J]. 城市规划学刊,2005,21(02):5-7.
⑤ 吴良镛. 城市世纪、城市问题、城市规划与市长的作用[J]. 城市规划,2000,24(04):17-23.
⑥ 吴良镛. 面对城市规划"第三个春天"的冷静思考[J]. 城市规划,2002,26(2):9-13.
⑦ 赵民. "公共政策"导向下"城市规划教育"的若干思考[J]. 规划师,2009,25(01):17-18.
⑧ 赵民,刘婧. 城市规划中"公众参与"的社会诉求与制度保障——厦门市"PX 项目"事件引发的讨论[J]. 城市规划学刊,2010(03):81-86.

　　1994 年,同济大学孙施文博士撰写了《城市规划哲学》毕业论文,并于 1997 年由中国建筑工业出版社出版。他认为,"现代城市规划是在现代城市发展的背景下,由社会改造运动、政府行为和工程技术三方面的相互渗透、共同作用而形成的综合体"①。他把社会制度看作是城市规划理论生长的社会背景,并把政治子系统作为城市复杂巨系统的重要组成部分。1998 年,张兵出版了《城市规划实效论》,他认为"城市规划在政治学的领域中则被理解成为一种社会控制或建立城市秩序的途径"。"为了服务政策目标,规划的编制除在技术方面存在'有限理性'的特征外,还具有'政策实施工具'的理性特征,即体现政治的偏好与过程"②。1999 年,陈秉钊发表了《世纪之交对中国城市规划学科及规划教育的回顾和展望》,他认为"城市是'开放的复杂的巨系统'(钱学森)它涉及……政治……"③。2000 年,吴良镛在《城市世纪、城市问题、城市规划与市长的作用》一文中谈到,"我们的城市规划建设有两个'最高境界',一是政治上的、战略上的最高境界"④,他把政治作为城市规划治理的最高境界之一。2003 年,由陈秉钊教授主编,中国建筑工业出版社出版了《当代城市规划理论与实践丛书》,丛书认为"城市规划学科是一个综合体,也是一个多面体,力求从更多视角来观察、分析城市和城市规划,从技术层面转向政策层面,以政府的作为为主要内容",⑤并认为丛书是献给新世纪城市规划的第三个春天。2004 年,梁鹤年在《西方规划思路与体制对修改中国规划法的参考》一文中提到"规划思想的第四个源头是政治学"⑥。段进于 2005 年发表了《中国城市规划的理论与实践问题思考》,他认为"现代城市规划发展的内涵,本质上是想通过……政治权力……进行空间资源配置和利用并规范空间行为"⑦。2005 年,顾朝林在《科学发展观与城市科学学科体系建设》中认为,"处于发展转型期的中国城市空间结构增长,受到了……政治等多种因素的约束而表现出复杂的过程与特征"⑧。2008 年,吴志强发表了《新时期我国城市与区域规划研究展望》谈到中国城市规划体系面临许多重大挑战有两大类,其中一类就是"中国城乡规划体制的改革问题,其中最核心的任务就是在社会主义市场经济体制下,与国家民主法制建设为核心的政治体制改革相匹配"⑨。邹德慈根据在"2009 中国城市规划年会"做的

---

①　孙施文. 城市规划哲学[M]. 北京:中国建筑工业出版社,1997:27.

②　张兵. 城市规划实效论[M]. 北京:中国人民大学出版社,1998:2.

③　陈秉钊. 世纪之交对中国城市规划学科及规划教育的回顾和展望[J]. 城市规划汇刊,1999(01):1-5.

④　吴良镛. 城市世纪、城市问题、城市规划与市长的作用[J]. 城市规划,2000,24(04):17-23.

⑤　陈秉钊. 当代城市规划导论[M]. 北京:中国建筑工业出版社,2003.

⑥　梁鹤年. 西方规划思路与体制对修改中国规划法的参考[J]. 城市规划,2004(07):37-43.

⑦　段进. 中国城市规划的理论与实践问题思考[J]. 城市规划学刊,2005(01):24-27.

⑧　顾朝林. 科学发展观与城市科学学科体系建设[J]. 规划师,2005,21(2):5-7.

⑨　吴志强,王伟. 新时期我国城市与区域规划研究展望[J]. 城市规划学刊,2008(01):23-29.

主题报告,整理发表了《发展中的城市规划》一文,他认为"城市规划活动的第一影响者应该是政治"①。

4) 城市规划具有浓郁的价值判断,意识形态是指导城市规划的重要价值基础

城市规划的理论和实践是一个充满价值判断的过程,服务整体利益和公众利益取向是其基本价值准则,这体现了城市规划的基本社会责任,和作为一门学科存在必要性的前提。这些价值判断主要体现在:学科本质、维护公共利益、社会责任(如可持续发展、生态等,弱势群体利益)、规划师职业道德等方面。

部分学者从学科本质的角度论述了价值判断是城市规划理论(学科)的重要组成部分。1999 年,孙施文在《规划的本质意义及其困境》中指出"规划作为一项人类有意识有目的的活动。它不仅是事实的或实证的,而且更是伦理的或规范的。……它更多的是带有价值判断"②。2003 年,王富海、杨保军发表了《直面现实的变革之途——探讨近期建设规划的理论与实践意义》,他们认为"城市规划发展往往不是按照我们主观设计的理想方案实施的,而是取决于不同个人和利益主体之间交互作用所形成的合力,是多方博弈的折中结果"③。梁鹤年认为"规划是一个信念、是一套意识形态——它是科学的,相信行动与结果之间存在着因果逻辑;它是乐观的,相信明天可以比今天好;它是积极的,相信在若干程度上未来是可以创造的"④。2005 年,张兵指出"中国城市规划要摆脱周期性的政治压力,需要从规划界内部做起,……根本上要努力重建中国城市规划内在的独立的价值体系"⑤。张京祥在《西方城市规划思想史纲》中指出"人文精神作为保障城市健康、持续发展的一种重要力量的平衡力量,作为城市规划基本价值准绳的体现,在今天'功能至上'、'技术至上'、'利益至上'的时代显得尤为重要"⑥。杨帆对价值判断是城市规划理论重要组成内容的观点更加直观,他在《城市规划政治学》一书中指出,"城市规划过程就是一个选择价值、维护价值、分配价值的政治过程"⑦。

部分学者认为,城市规划应该响应时代需求、承担社会责任,肩负人类社会发展的历史使命,如尊重社会公平和公共利益、遵守可持续发展原则等社会基本价值准则。张兵在《城市规划实效论》中指出"满足城市的整体利益和公共利益,这是职

---

① 邹德慈. 发展中的城市规划[J]. 城市规划,2010(01):24-28.
② 孙施文. 规划的本质意义及其困境[J]. 城市规划汇刊,1999(02):6-11.
③ 杨保军. 直面现实的变革之途——探讨近期建设规划的理论与实践意义[J]. 城市规划,2003,27(03):5-9.
④ 梁鹤年. 西方规划思路与体制对修改中国规划法的参考[J]. 城市规划,2004(07):37-43.
⑤ 张兵. 城市规划理论发展的规范化问题——对规划发展现状的思考[J]. 城市规划学刊,2005,21(02):5-7.
⑥ 张京祥. 西方城市规划思想史纲[M]. 南京:东南大学出版社,2005:243.
⑦ 杨帆. 城市规划政治学[M]. 南京:东南大学出版社,2008:290.

业自治中一项根本性的道德标准"①。2004 年,石楠发表了《试论城市规划中的公共利益》一文,他认为"所有的城市规划工作实际上就是围绕着利益问题进行的,城市规划是协调社会不同利益的一种工具,城市规划的目标就在于实现公共利益的最大化,公共利益应该始终是城市规划师的基本价值观的核心内容","市场是以效益为首要目标的,而公共政策则是以公共利益为主要原则,也就是说公平是公共政策的基石"②。2010 年,刘贵利出版了《城市规划决策学》一书,他认为"以公共利益为准则追求社会公正应该是规划政策制定的价值取向"③。1999 年,吴良镛在国际建协《北京宪章》(稿)中指出"人类逐步认识到'只有一个地球',1989 年 5 月明确提出'可持续发展'的思想。如今这一思想正逐渐成为人类社会的共同追求"。

部分学者从规划师的职业价值的角度,分析了职业道德精神对城市规划的重要影响。1997 年,孙施文在《城市规划哲学》中指出"城市规划师无论处在怎样的团体和组织中,他都难以保持完全中立的态度。……他需要运用自身的价值判断"。1999 年,他在发表的《规划的本质意义及其困境》中指出"规划者所承载的价值观念……都将通过他在规划过程中的行动(有时甚至是一念之差)而影响了事件发展的历程"。2000 年,吴志强在《论进入 21 世纪时中国城市规划体系的建设》论文中指出"在市场经济条件下,规划师的职业道德教育是城市规划教育不可缺少的重要内容"④。2002 年,吴良镛在《面对城市规划"第三个春天"的冷静思考》中谈到,"加强专业伦理、职业道德的教育,要有高尚的情操,有所为有所不为"⑤。2005 年,石楠在《试论城市规划社会功能的影响因素——兼析城市规划的社会地》中指出"与规划师有关的另一个核心问题是价值观的问题"⑥。2005 年,张兵指出"绝大多数的规划师供职于公共部门。身处公共部门,规划师就具了特定的社会义务,而且这种为社会、为公众服务的义务逐步渗透到了规划职业的操守之中,成为历史的、内在的、主流的特征,根本无法剥离"⑦。

5)城市规划作为一项公共政策,制约和影响着城市规划行为过程

城市规划活动涉及广大人民的基本利益,任何城市规划都要考虑决策、实施、评估等规划阶段,而这些内容构成了城市规划公共政策的具体阶段。决策是城市

① 张兵. 城市规划实效论[M].北京:中国人民大学出版社,1998:179.
② 石楠. 试论城市规划中的公共利益[J]. 城市规划,2004,28(06):20-31.
③ 刘贵利. 城市规划决策学[M]. 南京:东南大学出版社,2010:2.
④ 吴志强. 论进入 21 世纪时中国城市规划体系的建设[J]. 城市规划汇刊,2000(01):1-6.
⑤ 吴良镛. 面对城市规划"第三个春天"的冷静思考[J]. 城市规划,2002,26(2):9-13.
⑥ 石楠. 试论城市规划社会功能的影响因素——兼析城市规划的社会地位[J]. 城市规划,2005(08):9-18.
⑦ 张兵. 城市规划理论发展的规范化问题——对规划发展现状的思考[J]. 城市规划学刊,2005,21(02):5-7.

规划过程的重要阶段。孙施文在 1997 出版的《城市规划哲学》中指出"规划政策制定始终是一种政治过程"①，张兵在《城市规划实效论》中指出"作为一个决策过程的规划，是通过一系列选择来决定适当的未来行动的过程"②。1999 年，孙施文在《中国城市规划的发展》中认为，"城市规划既作为一项政治行为，那么，也就应当成为政府决策和行为的依据和背景"③。2004 年，梁鹤年发表了《政策分析》一文，他认为城市规划作为政策，"是通过一系列的决定和行动去实现一理想，它包括三个部分：目标、手段和（预期实际）结果"④。2005 年，张兵发表了《城市规划理论发展的规范化问题——对规划发展现状的思考》认为"规划是政府行为"⑤。张庭伟认为，"从根本上来说，城市规划是一种政府行为，其影响到经济社会，当然也有物质"⑥。城市规划是一项政府行为，说明了城市规划是政府的一项重要职能，政府是规划公共政策的重要参与主体。2005 年，石楠发表了《试论城市规划社会功能的影响因素——兼析城市规划的社会地》一文，他引用汪光焘的话说："我们认为城市规划是一种决策（汪光焘，2004），它自然具有公共政策的基本功能"，"城市规划是政府在城市发展建设和管理领域的公共政策"⑦。2007 年，赵民、雷诚发表了《论城市规划的公共政策导向与依法行政》，他们列举了部分学者对城市规划与公共政策之间关系的观点，"城市规划应该是城市政府部门的公共政策之一部分"，"城市规划基本的内容应当是城市其他各项政策的起点和最终归结（孙施文、王富海，2000）"；"城市规划的本质就是制定与空间发展及空间资源使用相联系的公共政策，并凭借公共权力加以施行（赵民，2004）"；"城市规划只有具备公共政策性质才能发挥宏观调控作用"，"城市规划不仅具有技术性、区域性、艺术性、综合性等特点，更重要的是它最基本的属性在于它的政策性（石楠，2005）"。最后，他认为"城市规划作为公共政策似乎已经成为了一种政治和制度引导下的共同认识"⑧。2010 年，刘贵利出版了《城市规划决策学》一书，他认为"城市规划是政府调整利益分配的权威性的方式之一"⑨。2010 年，由吴晓、魏羽力编著了《城市规划社会学》

①　孙施文. 城市规划哲学[M]. 北京：中国建筑工业出版社，1997：156.

②　张兵. 城市规划实效论[M]. 北京：中国人民大学出版社，1998：24—25.

③　孙施文. 中国城市规划的发展[J]. 城市规划汇刊，1999(05)：1-9.

④　梁鹤年. 政策分析[J]. 城市规划，2004(11)：7-11.

⑤　张兵. 城市规划理论发展的规范化问题——对规划发展现状的思考[J]. 城市规划学刊，2005，21(02)：5-7.

⑥　张庭伟. 怎样规划未来的城市[J]. 城市开发，2001(12)：8-10.

⑦　石楠. 试论城市规划社会功能的影响因素——兼析城市规划的社会地位[J]. 城市规划，2005(8)：9-18.

⑧　赵民，雷诚. 论城市规划的公共政策导向与依法行政[J]. 城市规划学刊，2007(06)：21-27.

⑨　刘贵利. 城市规划决策学[M]. 南京：东南大学出版社，2010：2.

一书,该书"以社会学来审视城市,以城市规划来延伸社会学",认为城市空间并非中性,城市空间是社会的产物,并认为城市规划本身是一项具有公共政策特点的政治行为和社会活动,是一个寻求和实现社会价值分配的过程①。

6)公众参与是城市规划过程的重要阶段,公众成为公共政策制定的参与重要主体

城市规划需要公众参与,这说明了城市规划的服务的主体是公众,而且公众也应该是规划过程参与的重要主体。1998年,唐子来、吴志强发表了《若干发达国家和地区的城市规划体系评述》,他们认为"公众参与是确保城市规划民主性的重要阶段"②。1999年,梁鹤年发表了《公众(市民)参与:北美的经验与教训》一文,他认为公共参与有三个功能,"一是满足市民自治的要求,进而促进民主的理想;二是在不改变现体制的原则下,鼓励市民去支持政府,以保社会安定;三是通过参与,使市民更能接受政府的决定"③。张庭伟认为"城市规划更是一种公众行为,公众自始至终都是被服务的主体"④。吴志强认为"与国家政治体制改革中民主与法治建设同步,公众参与必须导入到规划编制与实施的各个阶段,并且成为重要的法定机制"⑤。2001年,罗小龙、张京祥发表了《管治理念与中国城市规划的公众参与》,他们认为"在某种意义上可以说城市管治思潮的涌动是公众参与城市公共事务热情高涨的结果,城市规划理所当然地成为公众参与城市公共事务的主要焦点和领域"⑥。有的学者从公众参与的制度层面进行讨论。张庭伟认为"公众参与城市规划是社会经济发展到一定阶段的必然结果"⑦。2004年,毛其智发表了《对城市规划公众参与及规划教育的几点认识》,他认为"必须加大力度完善城市规划公众参与的制度与法规,严格执法,保证公众对城市规划的参与"⑧。2004年,孙施文、殷悦发表了《西方城市规划中公众参与的理论基础及其发展》,论文对国外在近20年左右时间有关公众参与城市规划的理论及思想基础的发展进行总结,"从思想基础、政治基础和方法论基础三个方面揭示了公众参与作为一项社会活动,在社会、经济、政治和社会思潮的变化过程中所具有的互动作用"⑨。2005年,赵万民、王

① 吴晓,魏羽力. 城市规划社会学[M]. 南京:东南大学出版社,2010:1.

② 唐子来,吴志强. 若干发达国家和地区的城市规划体系评述[J]. 规划师,1998,14(03):95-100.

③ 梁鹤年. 公众(市民)参与:北美的经验与教训[J]. 城市规划,1999(05):49-53.

④ 张庭伟. 怎样规划未来的城市[J]. 城市开发,2001(12):8-10.

⑤ 吴志强. 论进入21世纪时中国城市规划体系的建设[J]. 城市规划汇刊,2000(01):1-6.

⑥ 罗小龙,张京祥. 管治理念与中国城市规划的公众参与[J]. 城市规划汇刊,2001(02):59-63.

⑦ 张庭伟. 怎样规划未来的城市[J]. 城市开发,2001(12):8-10.

⑧ 毛其智. 对城市规划公众参与及规划教育的几点认识[J]. 第三次城市规划教育学术研讨会,2006

⑨ 孙施文,殷悦. 西方城市规划中公众参与的理论基础及其发展[J]. 国外城市规划,2004,19(01):15-21.

纪武发表了《中国城市规划学科重点发展领域的若干思考》,他们认为"公众参与并不是一个复杂的概念,但却是一个复杂的过程,推广和实施这一行为需要与各个地区的社会文化背景结合,公众参与城市规划是社会经济发展到一定阶段的必然结果"①。2010 年,刘贵利在《城市规划决策学》一书中提到:"公众参与贯穿于规划政策制定的始终,公众参与的多元化与渠道多样化,就是为了更好地听取市民的意见,促使规划能够更好地满足市民的需要。"②

7)城市规划要以人为主体,实现"人文关怀"精神是城市规划的最高价值准则

城市规划需要具备人文情怀,把创造美好的人类生活作为城市规划的核心目标,这种价值判断体现了城市规划过程"以人为本"的最高道德准则。这些思想体现在:城市规划的目的是服务人,规划过程要考虑人,规划法则要平等对待人。

吴良镛创立了"人居环境科学",他把人居环境内容分为人、自然、居住、社会和其他支撑系统等五个大系统(图 3-5),并把人作为这五个系统的核心。周干峙在《我所理解的吴良镛先生和人居环境科学》中指出"吴良镛学术思想的基本特征是

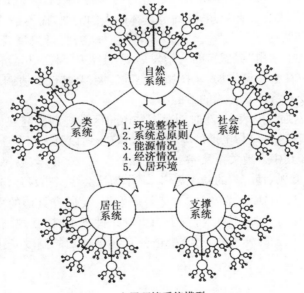

人居环境系统模型

**图 3-5 吴良镛先生提出城市由五大系统构成**

(资料来源:《人居环境科学导论》第 40 页)

---

① 赵万民,王纪武. 中国城市规划学科重点发展领域的若干思考[J]. 城市规划学刊,2005(05):35-37.
② 刘贵利. 城市规划决策学[M]. 南京:东南大学出版社,2010:65.

科学和人相结合"①,充分体现了吴良镛的人文思想。1999年,吴良镛在执笔的《北京宪章》中提出了大会的目标,"未来由现在开始缔造,现在从历史中走来,我们总结昨天的经验与教训,剖析今天的问题,以期21世纪里能够更为自觉地把我们的星球——人类的家园营建得更加美好、宜人"②,他强调了建造和规划的功能是了创造美好的人类生活,是为人服务。2000年,吴良镛在论文中指出"城市归根结底为了人,在封建社会中,城市建设是为封建统治阶级服务的,现代城市则应当以人为本,尊重人、关心人、关心社区的发展,讲求公平"③。2003年,他在《人居环境科学的人文思考》中指出"创造良好的人居环境既是社会理想,也是人们生活的基本需要,人居环境科学应该作为全社会的科学,各方面都参与它的发展与创造,以此推进决策的科学化、民主化,这就不仅需要积极推进科学技术的发展,还寄期望于人文精神的弘扬"④。

段进在《中国城市规划的理论与实践问题思考》中指出"空间规划与建设不是生产一个简单的产品,而是直接为人生产、生活使用的空间"⑤。2004年,赵民在《在市场经济下进一步推进我国城市规划学科的发展》中指出"城市规划学科更要突出'以人为本'的人文关怀思想,要研究具体的人的需要,而不是从僵化的'规范'和'指标'出发,只见物不见人"⑥。2005年,顾朝林在《科学发展观与城市科学学科体系建设》一文中指出"提倡新的科学发展观,主要强调在以经济建设为中心的前提下,坚持经济社会协调发展、坚持城乡协调发展、坚持区域协调发展、坚持以人为本,以达到转变经济增长方式的目的"⑦。

2008年,吴志强等发表了《新时期我国城市与区域规划研究展望》,他认为"城镇化最根本的表现是人口与土地的非农化,人口、土地以及人口与土地的关系构成其最根本的内涵.其中人地关系又是三者之核心"⑧。2009年,赵民发表了《"公共政策"导向下"城市规划教育"的若干思考》,"作为社会主义市场经济体制下的高等城市规划专业,要突出'以人为本'的人文关怀思想,要研究具体的需要,而不是从自我的'形式'出发,只见物不见人;竞争的市场条件下,要树立规划的正确价值导向,寻求公共资源配置的公平性方式,推进公众参与规划的制度安排,关注社会弱

---

① 周干峙. 我所理解的吴良镛先生和人居环境科学[J]. 城市规划,2002,26(07):6-7.
② 吴良镛. 北京宪章. 1999.
③ 吴良镛. 城市世纪、城市问题、城市规划与市长的作用[J]. 城市规划,2000,24(04):17-23.
④ 吴良镛. 人居环境科学的人文思考[J]. 城市发展研究,2003,10(05):4-7.
⑤ 段进. 中国城市规划的理论与实践问题思考[J]. 城市规划学刊,2005(01),:24-27.
⑥ 赵民. 在市场经济下进一步推进我国城市规划学科的发展[J]. 城市规划汇刊,2004(05):29-31.
⑦ 顾朝林. 科学发展观与城市科学学科体系建设[J]. 规划师,2005,21(02):5-7.
⑧ 吴志强,王伟. 新时期我国城市与区域规划研究展望[J]. 城市规划学刊,2008(01):23-29.

势群体的需要和福利"①。2004年,梁鹤年在《西方规划思路与体制对修改中国规划法的参考》中指出,"最终是规划方案面前,人人平等"②。

### 3.2.2 小结三

通过以上综述内容可见,改革开放以来,随着经济和社会的发展,在不断向西方借鉴城市规划思想的同时,我国城市规划理论研究取得了较大进步。城市规划也从单一地重视物质空间功能,转换到对城市社会、政治、经济、文化等综合功能的关注。特别是对城市规划作为"公共政策"属性的认识更加深刻和全面,并有力地推进了城市规划领域的进程。

1) 经济社会发展是城市规划理论发展重要的环境基础,因此所运用的城市规划理论一定要符合国家的经济社会发展阶段

当前,西方国家20世纪60年代前的城市规划理论仍指导着我们的规划实际,这显然不符合当前我国城市发展的现状,难以对中国城市规划实际做出有益的指导。因此,规划理论研究需要考虑当前"中国的具体实际",而关于什么是城市规划面临的"中国的具体实际"的相关研究还较少。

2) 政治制度环境是城市规划理论发展的重要基础,因此城市规划理论的发展一定要考虑到不同政治环境下城市规划现象的差异性

当前,我们仍然全盘照抄西方城市规划理论,试图用这些城市规划理论或模型解决我国的城市规划问题,这忽略了由国家政治体制差异而形成的制度环境。因此,城市规划理论研究应关注本国的具体政治制度环境。可以这样说,中国的政治制度环境就是城市规划"中国的实际"的重要组成内容。研究中国的城市规划理论,一定需要关注中国的具体政治制度环境。但在目前的城市规划理论研究中,相关的成果还不多。

3) 意识形态深刻地影响着社会的各个层面,并成为民族行为方式的重要驱动力

在城市规划过程中,这些民族意识形态影响着城市规划目标确定、决策过程、规划政策等方面。然而,在当前的城市规划理论研究中,意识形态要素常常被"剥离",忽略民族意识形态的规划理论研究很难说符合中国实情。行为取向与我国城市规划过程密切相关,指导和制约着人们的政治行为,也为我们研究城市规划过程提供了一个新的视角。然而,在当前中国的城市规划理论研究中,这类研究成果还不多。

---

① 赵民."公共政策"导向下"城市规划教育"的若干思考[J].规划师,2009,25(01):17-18.
② 梁鹤年.西方规划思路与体制对修改中国规划法的参考[J].城市规划,2004(07):37-43.

4）意识形态深刻地影响着城市规划过程参与主体的各种行为，是规划过程参与主体行为的取向

民族的主流价值观需要通过长时间的沉淀和积累才能形成。因此研究城市规划过程参与主体行为取向，需要把当下与传统结合起来。城市规划作为一项公共政策，参与主体的政治态度、政治情感、政治价值观等意识形态深刻影响着参与行为。政治态度、政治情感、政治价值观等意识形态则属于政治文化研究范畴。综上可见，研究城市规划过程参与主体行为取向，必然要关注传统政治文化理论。而在当前的城市规划理论研究中，这类成果还不多。

# 4 规划过程与参与主体

对于一次完整的城市规划活动而言,城市规划的政治属性是通过怎样的方式被组织起来的呢?笔者认为,城市规划的政治属性是通过规划过程联系起来的。也就是说,规划过程既是具体规划活动开展的过程,也是规划政治属性展示的过程。同时,以规划过程的开展过程进行研究,这也是本书研究的逻辑主线。

是什么力量推动了规划过程的开展呢?很显然,规划过程的顺利开展离不开以组织或个人状态存在的人,即参与主体。没有参与主体的推动,不可能开展任何规划活动。规划过程是一个复杂的过程,在不同的阶段需要解决不同的问题。因此,在规划过程的不同阶段,参与主体的数量和类型都是不一样的。这就需要以规划过程为主线,对各个阶段参与主体的类型和数量进行分析。

## 4.1 规划过程分析

在日常的规划活动中,一谈到城市规划,在我们的脑海里常常不由自主地与规划方案编制联系起来。这常常给人一种假象,仿佛规划方案的编制就是城市规划。如果我们沿着这个线索继续思考就会有不同的发现,如,为什么要编制规划方案?规划方案编制后怎么办?显然,城市规划方案的编制有一个直接的原因,这是城市规划方案编制的基础,也是城市规划活动的开始。在规划方案编制之后,还需要将规划方案转化为实际效果,这就是规划的实施。因此,一次完整的城市规划是沿着时间维度和因果逻辑这条主线进行的一系列规划活动的总和,城市规划是一个动态过程。城市规划的过程性表明,城市规划活动是一个动态的过程,这是城市规划的一个重要特性。

### 4.1.1 规划过程需要解决的主题

为什么城市规划活动具有过程性呢?这是因为,在城市规划的每个阶段,都会直接面对一个主题。也就是说,城市规划过程是以解决各个阶段的主题而延续的。因此,要分析规划过程由哪些阶段组成,需要从规划活动需要解决哪些主题入手。

1）为什么要规划

"为什么要规划？"这是任何一个城市规划活动开展之前都需要回答的基本问题。"为什么要规划"是规划活动开展最原始的动机，是确定规划目标的依据，是评定规划成果的标准，是检验规划实施效果的准则。在我国，通常情况下是由（政府部门）提出。分析大量的规划案例我们可以发现，对"为什么要规划"问题的提出，一般来说是由政府部门根据自己对执政理念、国家战略、区域经济条件、社会发展状况、社会需求、社会公平、整体利益等现实情况的理解而提出。我们常常看到，几乎在每一本城市规划文本里都能看到这样的描述，"为……，特制定……"这就是对"为什么要规划"的回答。图 4-1 是武汉市城市总体规划的总则，在总则里就开宗明义地写道："为落实党中央提出的以人为本，全面、协调、可持续的科学发展观，实施中部地区崛起战略，……，特制定……"《武汉市城市总体规划》回答"为什么要规划"问题的答案，就由执政理念（科学发展观）、国家战略（中部崛起）、社会需求（"两型"社会建设）、社会公正（又好又快）组成。

---

**案例一：武汉市城市总体规划（2010—2020年）**

总则

一、编制背景

1.《武汉市城市总体规划（1996—2020年）》自1999年经国务院批准实施以来，对武汉城市建设和社会经济发展发挥了重要的指导作用，规划确定的2010年主要发展目标已基本实现。为落实党中央提出的以人为本，全面、协调、可持续的科学发展观，实施中部地区崛起战略，全面建设小康社会，促进资源节约型和环境友好型社会（即"两型"社会）建设，引导经济又好又快发展，特制定《武汉市城市总体规划（2010—2020年）》（以下简称"总体规划"）。

---

图 4-1 武汉市总规首页开宗明义地回答了"为什么要规划"

（资料来源：武汉市国土资源与规划局网站）

2）规划什么

回答"规划什么"的问题，其本质的目的在于解决"在什么地方，规划什么"的核心问题。这主要包含两层意思，一是以什么为规划对象，二是规划范围。在明确了"为什么要规划"的问题后，我们会根据"因为什么要规划"的指导思想，选择规划对象。如：因为要加快某城市的经济和社会的全面发展，所以对城市进行总体规划；因为要提升城市的总体环境，所以对某区域或重点地段进行城市设计；因为要改善旧城区的生活环境，所以对"老城区"进行区域规划；因为要改善某些局部区域或环境，所以制定某些专项规划；等等。其实，在我们选定规划对象的时候，规划范围也基本确定下来了。如武汉市为了改善东湖路沿线的环境，编制了《东湖路沿线景观综合整治规划及城市设计》。在规划文本的开篇绪论中,就对本次规划活动的规划对象进行说明,规划对象地点的选取是东湖路沿线,内容的选取是景观和城市设计,范围是东湖路沿线(图 4-2)。

**案例二:东湖路沿线景观综合整治规划及城市设计**

第一章 绪论

一、研究背景

东湖路沿线自然景观资源丰富,文化建筑汇聚,历史内涵深厚。伴随武汉市二环线的实施建设,为整合东湖路沿线整体空间形态提供了契机,结合道路拓宽的改造建设,塑造具有吸引力、竞争力的空间形象,展现林水相依的景观特色,拟开展沿线景观综合整治规划及城市设计。

二、规划范围

东湖路沿线从梨园广场至双湖桥,由城市道路所围合或权属所组成的区域,总长度约3100 m,总用地面积约320 hm²。

项目用地区位示意　　　　　　　　　　　　规划范围

图 4-2 《东湖路沿线景观综合整治规划及城市设计》在绪论中就
"规划什么"的问题进行了专题说明

(资料来源:武汉市国土资源与规划局网站)

3)谁来规划

"谁来规划"是指,由谁用技术手段来解决待规划区域面临的问题。在政府部门对规划对象选取的意见达成一致后,规划主管部门就把规划内容通过一定的方式委托给规划(咨询)机构编制方案。在这个过程中,规划(咨询)机构成为规划方案编制的主体。选定规划(咨询)机构后,政府部门(规划主管部门)通常与规划(咨询)机构签订合同,在合同里面详细规定双方的责任和义务。其中,在合同内容中以"规划设计要求"或"设计任务书"的形式对规划要解决的问题和要达成的目标进行说明。"规划设计要求"或"设计任务书"直接反映了政府部门的设计意图,即表明了我要把它规划设计成什么的构思。这是规划(咨询)机构设计的重要准则之一,也是规划成果验收的主要标准。

4)怎么规划

规划(咨询)机构在接到规划设计任务以后,根据自己的经验和设计规范要求开展规划设计工作。并形成几套规划方案,向政府部门作多次沟通要求,并不断征求政府部门的意见,以确保规划方案不会偏离政府部门的意图。因此,在规划方案设计过程中,有三个重要因素深刻地影响着规划设计成果。首先,规划对象的客观条件影响规划成果。不仅包括地形、地貌、水文等基础要素,还包括经济、社会、文化等人文要素。其次,规划(咨询)机构的自身经验水平影响规划成果。最后,"规划设计要求"对规划成果将会产生重要影响。在当前我国的规划实践中,是否忠实履行了政府部门的意图,这是规划方案能否得到认可的关键。

5)可实施吗

规划方案编制以后,政府部门就会组织各种形式的论证会,对规划成果进行讨论。其中,可实施性是检验规划成果能否通过最重要的判断标准之一。在这里谈到的"可实施"有复杂的内涵:一是规划成果编制是否忠实履行了政府的设计要求;二是规划成果是否尊重客观事实,较好地解决了要应对的各类问题;三是规划成果本身是否具有"技术理性",各项规划内容之间的逻辑关系是否清晰;四是能否取得合法性,也就是规划成果能否通过相关法定程序。

6)如何实施

规划方案的实施是指通过组织各种资源要素,将规划方案蓝图转化为客观实际的过程。规划方案实施的资源要素包括,实施主体、资金、时间等客观条件。我们通常看到的各种城市建设融资、工程项目招标等就是规划实施生产要素的组织。规划实施是连接规划方案和现实实际的桥梁,是规划过程最重要的阶段之一。

7)效果如何

应该说,规划效益不仅仅是某一方单方面获取的效益,而是一项综合效益。因此,规划方案实施会产生什么样的效果,这是大家都十分关心的问题。对政府部门来说,就是是否解决了问题,达到了预期目的。对于广大市民来说,就是是否使自己的"幸福福利"得到进一步的提升。对于投资利益集团(开发商)来说,就是是否产生了应有的经济效益。对于规划(咨询)机构来说,就是是否成为了一项成功的规划案例。2010年,武汉市为改善东湖和沙湖水质、改善片区环境实施了"东沙湖连通工程",通过招商引资,大连万达集团成为项目的投资方,在修建连通工程的同时,拆迁了武重宿舍,建设了楚河汉街文化街,把该区域建设成为武昌又一中央文化区,获得了广泛的社会好评,取得了巨大的综合效益(图4-3)。

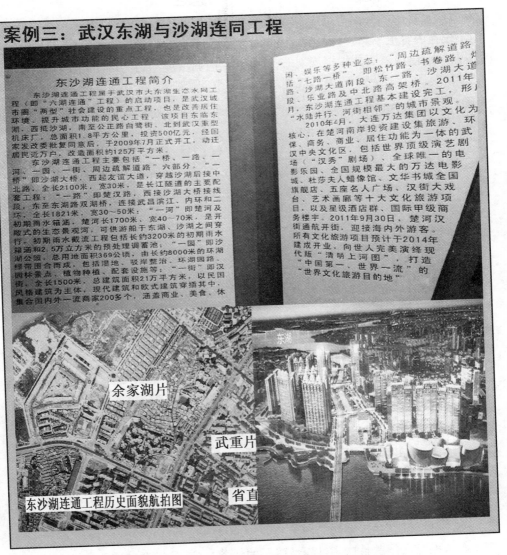

**案例三：武汉东湖与沙湖连同工程**

**东沙湖连通工程简介**

东沙湖连通工程属于武汉市大东湖生态水网工程（即"六湖连通"工程）的启动项目，是武汉城市圈"两型"社会建设的重点工程，也是改善居住环境、提升城市功能的民心工程。该项目东临东湖，西抵沙湖，南至公正路白鹭街，北到武汉重型机床厂，总面积1.8平方公里，投资500亿元，经国家发改委批复同意后，于2009年7月正式开工，动迁居民近万户，改造面积约125万平方米。

东沙湖连通工程主要包括"一桥、一路、一河、一园、一街、周边疏解道路"六部分。"一桥"即东沙湖大桥，西起友谊大道，穿越沙湖后接中北路，全长2100米，宽30米，是长江隧道的主要配套工程；"一路"即楚汉路，西接沙湖接线段，东至东湖路双跨桥，连接武昌滨江、内环和二环，全长1821米，宽30～50米；"一河"即楚河及初期雨水箱涵，楚河长1700米，宽40～70米，是一段开敞式的生态景观河，可供游船于东湖、沙湖之间穿行，初期雨水截流工程包括长约3200米的初期雨水箱涵和2.5万立方米的预处理调蓄池；"一园"即沙湖公园，总用地面积369公顷，由长约8000米的环湖绿带围合而成，包括湿地、驳岸整治、植物种植、配套设施等；"一街"即汉街，全长1500米，总建筑面积21万平方米，以民国风格建筑为主体，现代建筑和欧式建筑穿插其中，集合国内外一流商家200多个，涵盖商业、美食、休闲、娱乐等多种业态。周边疏解道路，即松竹路、书卷路、炮路、七路一桥，沙湖大道路、乐业路及中北路高架桥。2011年，乐业路连通工程基本建设完工，形成"水陆并行、河街相邻"的城市景观。

2010年4月，大连万达集团以文化为核心，在楚河南岸投资建设集旅游、环保、商务、娱乐及居住功能为一体的武汉中央文化区，包括世界顶级演艺剧场"汉秀"剧场，全球唯一的电影乐园、全国规模最大的万达电影城、杜莎夫人蜡像馆、文华书城全国旗舰店、五座名人广场、汉街大戏台、艺术画廊等十大文化旅游项目，以及星级酒店群、国际甲级商务楼宇。2011年9月30日，楚汉街通航开街，迎接海内外游客。所有文化旅游项目预计于2014年建成开业，向世人完美演绎现代版"清明上河图"，打造"中国第一、世界一流"的"世界文化旅游目的地"。

余家湖片

武重片

省直

东沙湖连通工程历史面貌航拍图

东湖

**图4-3 武汉市东沙连通工程取得了较好的经济和社会效益**

（资料来源：作者自拍于"东沙工程"展览馆）

## 4.1.2 规划过程的组成阶段

在上述内容中，笔者对规划过程需要涉及的主题进行了分析，一个完整的城市规划活动需要处理多项内容，而且这些主题总存在先后的时间关系和因果逻辑关系。因此，规划活动并不是一个简单过程，而是一个主题内容复杂的过程。其中任意一项内容的变动,都会对规划结果造成影响。仔细分析规划过程的每个主题,它们不仅在内容上不一样,而且发生的时间维度也不同,对规划过程发挥的作用也不一样。因此,这就需要根据规划的主题内容、时间维度和功能对规划过程进行阶段划分。笔者认为,一个完整的规划过程大致由四个阶段组成(图4-4)。

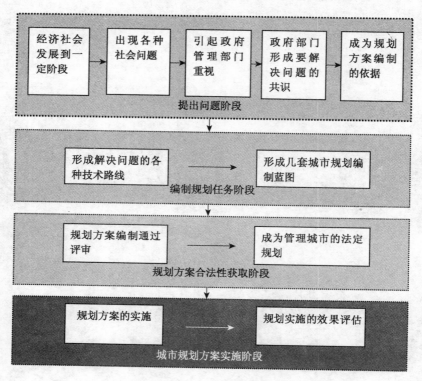

**图4-4 城市规划过程四阶段构成示意图**

1)提出问题阶段

存在社会问题是规划活动产生的前提,也是规划过程产生的开端。认识规划需要解决的社会问题是这一过程最核心的任务,这首先需要政府职能部门在内部达成一致意见,形成对规划问题的共识。当然,这一过程并非是一个简单认识问题的过程,还包括价值观选择、利益博弈、讨价还价等复杂过程。

2)规划编制阶段

政府部门达成共识的规划意见,形成了规划编制的依据。并以设计任务书的形式委托给规划(咨询)机构用以编制规划方案。规划(咨询)机构利用自己的技术特长,围绕要解决的社会问题,按照设计任务书的要求进行规划方案设计,一般来说要准备几套规划方案供选择。

　　3）规划方案合法性获取阶段

经过选定后的规划方案,必须要经历合法性过程,才能成为指导城市发展的蓝图。在这个过程中,政府组织相关专家、市民代表等相关人士进行方案选择。然后通过征集意见、公示、审批或人代会审议等程序,使规划方案具有合法性和权威性,这样才能使规划方案成为城市建设和管理的蓝本。

　　4）规划方案实施阶段

这一过程包括规划方案的实施、监督和评价。政府根据城市规划方案设定的目标和内容,通过组织资金、人力、发动宣传等过程进行实施。在实施过程中,还要对规划方案的实施效果进行监督,以确保规划方案按照要求进行。

当然,以上的规划过程仅仅是一般意义上对规划发生过程的描述,而实际上的规划过程也许要复杂得多。因为,规划并不是一个由原因就能到结果的循序过程,实践环境中经济、社会、文化等任意要素的变化,都会对规划过程产生重要影响。同时,由于规划结果具有不可预测性特征,实施也不意味着规划过程的终结。因为规划的目标始终会根据经济、社会、文化要素的变化而不断修改,当前实施的结果仅仅是通往未来某个目标的过程而已。

以上关于对规划过程阶段的划分,是为方便我们进行规划过程研究而进行的简化处理。在实际的过程中,规划过程的开展可能并不一定是按照这样的逻辑顺序进行,也不必然包含上述完整的四个阶段。

## 4.1.3　规划过程特征分析

对规划过程进行分析后我们发现,完整的规划过程通常表现出三个方面的特征。

　　1）公共政策属性

美籍加拿大学者戴维·伊斯顿(David Easten)对公共政策有这样一个定义:"公共政策是对全社会的价值作权威性分配。"①城市规划过程的发展围绕着一个中心进行,就是对城市的土地和空间资源进行分配。根据我国的《宪法》规定,从权力归属来说,这些资源是属于广大人民所有。也就是说,这些资源的分配涉及广大人民的整体利益和公共利益。对比戴维·伊斯顿(David Easten)关于公共政策的定义,城市规划过程作用的对象是市民的整体利益和公共利益,其目的在于对这些利益进行分配,而且这一分配具有法定效应。从两者对比的结果来看,城市规划过程完全符合公共政策的定义。因此,从本质说,城市规划就是一项事关城市土地和空间资源分配的公共政策。

---

① ［美］托马斯·戴伊.理解公共政策［M］.罗清俊,陈志玮,译.台北:韦伯文化事业出版社,1999:2.

2）政治属性

通过前面对城市规划要解决主题问题的分析我们发现,城市规划过程涉及大量的政治问题。第一,城市规划过程开始于某些社会问题,即在规划过程的开始总存在一个"为什么要规划"的问题。如为了实现执政理念、为了推动国家战略、为了提升市民环境质量、为了改善区域交通构成等等。导致城市规划过程开展的这些问题,从本质上来说就是一项政治活动。第二,政府部门是城市规划过程的重要参与主体,主导着规划过程的开展和实施。这是规划过程具有权威性的重要基础。第三,城市规划方案的合法性获取需要通过一定的程序,如人大审批、公开听证、公示等。规划方案合法性的获取过程实际上是一项政治活动。第四,规划方案的顺利实施,需要制度和权力等政治要素作为保障。从上面四点来看,整个规划过程都与公众利益、政治制度、政权组织和权力等政治要素紧密相关。因此,可以说城市规划过程充满了政治属性。

3）政治参与性

城市规划作为一项公共政策,涉及广大市民的整体利益和公共利益,在其制定和实施过程中有大量参与主体参与其中。规划过程的顺利开展离不开参与主体的推动,参与主体参与规划过程的核心目的在于,以自己的行动去影响城市土地和空间资源的分配,最终达到实现或维护自身利益的目的。规划过程的参与性主要体现在两个方面:一方面参与主体参与规划过程是推动了规划过程的顺利开展的保障;另一方面,参与主体参与到规划过程的目的在于用行动实现或维护自身利益。在《当代世界政治适用百科全书》中对政治参与的定义是"指社会成员按照一定的法律程序参与政治生活的政治行为"[①]。城市规划作为一项公共政策,参与主体参与规划过程的行为,实际上就是一种政治参与活动。

### 4.1.4 规划过程的"两段式"划分

城市规划过程"是一个多阶段、多主体的行事过程,它也像所有事件一样具有发生、发展和结束等不同阶段"[②]。大致来说,城市规划过程主要由提出问题、规划编制、规划方案合法性获取和规划方案实施等四个阶段组成。然而,仔细分析这个过程可以发现,在规划方案实施的前三个阶段中,主要是开展调查、研讨、分析和部署工作,具有"预想"的意味。但是,在规划过程的第四个阶段,却是把这些预想转变为现实的过程。因此,规划过程的前三个阶段和第四个阶段具有明显的差异。在

---

① 中国社会科学院世界经济与政治研究所.当代世界政治实用百科全书[M].北京:中国社会出版社,1993:173.
② 杨帆.城市规划政治学[M].南京:东南大学出版社,2008.

公共政策学中,常常将公共政策运转过程划分为公共政策制定和公共政策实施两个阶段。城市规划是一项公共政策,具有与公共政策运转相似的特性。在本书中,为了研究的需要也将城市规划过程进行了"两段式"划分,即将规划过程划分为规划政策制定过程和规划实施过程。规划政策制定过程是"通过一系列选择来决定适当的未来行动的过程"①;实施过程是为实现既定目标而采取的一系列具体行动。

### 4.1.5 规划现象是构成规划过程最基层的细胞

在日常规划过程中,我们是如何感受到规划过程的存在呢?这仿佛是一个不值得讨论的话题,但作为规划过程的分解这又是一个不能回避的问题。很显然,规划过程的四个阶段不是组成规划过程的最小单元。在规划过程的四个阶段中,还存在大量的、具体的规划活动。我们把这些具体的、直观的、现实的规划活动称之为规划现象。如:某个区域的城市环境问题引起政府重视,政府决定对该区域进行环境改造;某地交通拥堵问题严重,需要通过扩建道路以改善交通通行问题;规划机构对某地进行修建性详细规划设计;政府部门对某个规划方案进行公示、听证;某旧城区正在进行城市更新建设;等等。这些具体的、直观的、现实的规划活动,都是规划现象。参照规划过程的四个阶段我们发现,这些规划现象对应着相应的阶段。在规划的每个规划阶段,都存在大量的规划现象。也就是说,规划现象构成了规划阶段。

根据上述分析,我们对规划现象、规划阶段和规划过程之间可以梳理出这样一个逻辑关系。规划现象构成规划阶段,规划阶段组成规划过程,这就是三者之间的逻辑关系。因此也可以说,大量的规划现象构成了整个规划过程,规划现象是规划过程最基层的细胞。那么这些规划现象是如何发生的呢?这是下一章节要回答的问题。

## 4.2 规划过程的参与主体

规划过程参与主体是指在规划过程中以组织或个人状态存在的人。这个概念包含了两层含义:首先,规划过程界定了参与主体的活动边界。这个边界是指在规划过程中,而不是在其他领域。其次,以组织或个人状态存在的人,说明了人在规划过程中有两种存在状态,可能是组织的,也可能是个人的。看来,人与城市规划过程的开展具有密不可分的关系。正是因为人(即参与主体)在规划过程中实施了某项行为,才产生了规划现象,而大量规划现象组成了整个规划过程。人(即参与

---

① P Davidoff, T A Reiner. A Choice Theory of Planning (1962)[J] // A Faludi. A Reader in Planning Theory[M]. Oxford: Pergamon Press, 1973.

主体)为什么要参与规划过程呢？这是由人与城市规划的关系决定的。

## 4.2.1 人与城市规划

《马丘比丘宪章》指出"人与人之间的相互作用是城市存在的基本根据"，城市是一个由人与人相互作用而形成的复杂社会。城市并不是自然的存在，而是人类社会的创造物，"是人类为了实现自身的目的而创造的遵循客观规律的人工自然，是第二自然"（李铁映，1986）。正是由于人的主观性创造活动，才推动了城市的产生和发展，进而创造了文明。城市规划是一项重要的人类活动，大到城市空间形态、小到城市的各专项细节，无不受到人类活动的深刻影响和制约。生活在城市中的人，无论以何种状态存在，其行为必然在有意或无意之间参与到城市规划建设活动之中，他们的作用都会在城市空间留下印痕。

《马丘比丘宪章》指出"一般地讲，规划过程……必须对人类的各种需求做出解释和反应"。在城市社会中，人们从事着各种各样的生产、创造性活动，无论是经济的、社会的、物质的、非物质的，其基本的起点和最终的归结则是人本身的需要，这是产生人类发展需要的基本的要求。无论城市发展的途径如何，其发展的根本动力都是出自人类的需要，而城市发展的最终归宿也是能满足这些需要。因此，可以说，城市的发展过程就是人类不断满足旧的需求，同时又不断提出新需求的过程。人类满足自身需要的动机，促进了城市的产生，也推动了城市向着符合人类新的需求的方向发展。总的来说，人与城市规划的关系主要体现在两个方面（图4-5）。一是人作为城市规划的参与主体，二是人作为城市规划的服务对象。

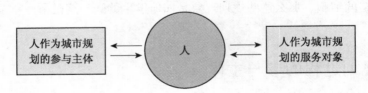

图4-5 人与城市规划的关系

1）人作为城市规划的参与主体

"城市规划是以城市层次为主导对象的空间规划，是人类为了在城市的发展中维持生活和发展的空间秩序而作的未来空间安排的意志。这种对未来空间发展的安排意图，在更大的范围内，可以扩大到区域规划和国土规划，而在更小的空间范围内，可以延伸到建筑群体之间的空间设计"①。在城市规划的定义中，城市规划

---

① 李德华.城市规划原理[M].北京:中国建筑工业出版社,2004:6.

是实现人类对城市空间秩序意志安排的重要手段,强调了在城市规划活动中人类作为参与主体的特殊地位和作用。人类作为城市规划的参与主体,在城市规划活动过程中的主体地位主要表现在以下几个方面:

(1)城市规划的产生源起于人类对城市空间秩序的构想

按照传统的划分方法,世界由物质和意识两大部分构成。城市规划的发起,总是源于人们的意识世界。当人们认为城市空间出现了问题,或者说某个区域需要用城市规划活动以规范空间秩序的时候,城市规划的念头便在人们的头脑里产生。从城市规划活动发起的源头来看,没有人的参与,便没有城市规划的开始。人们对城市空间秩序的构想,促使人们在城市空间实施具体行为。没有人类在城市空间的具体行为,根本就不可能有城市的出现。因此,人作为城市规划活动的主体参与地位,在规划活动具体开展之前便被牢牢地固定下来了。

(2)关注人类价值始终贯穿于城市规划的全部过程

城市规划活动并不是某些专业城市规划者认为的那样,完全凭规划自身技术的科学性就能够发挥作用和确立地位,城市规划作为人类一项有意识、有目的的活动,必然要关注价值。可以说,城市规划的理论和实践就是一个充满价值判断的过程。整体利益和公众利益取向是其基本价值准则,这也体现了城市规划的基本社会责任,和作为一门学科存在必要性的前提。规划活动并不能超越于人类活动之外,它是建立在人类自身价值基础上的再分配活动,离开了作为文明象征的人,规划也不可能存在。

(3)城市规划过程的顺利实现必须以人类的实践参与为前提

城市规划活动不再是我们进行思辨时的抽象概念,而是指一种具体的、用于指导参与和实施行为的社会活动。正如金经元所说:"城市规划不仅是地点规划或工作规划,如想取得成功,必须是人的规划。"[①]在城市规划活动的各个阶段,不同的主体将参与到城市规划的具体实践活动之中。政府部门是城市的主导者、管理者、控制者,在城市规划活动中常常扮演着规范方和责任方的身份。研究机构(学术机构)通常是为了完善城市规划理论,针对某些城市问题进行研究,他们的研究成果将成为解决城市规划实践问题的依据和技术基础。利益集团(开发商)是城市投资力量的主体,他们通过其行为推动了城市的发展。市民是城市规划和建设的直接参与者,通过自身的行为对城市的发展产生影响。这些参与主体的实践活动,不断推动着城市的建设和发展。他们的具体实践行为是城市规划过程开展的前提条件,离开了这些实践行为,城市规划过程根本就不可能发生。

---

① 金经元.近现代西方人本主义城市规划思想家——霍华德、格迪斯、芒福德[M].北京:中国城市出版社,1998:86.

2) 人作为城市规划的服务对象

城市发展的最终目的是为了满足人类自身的需要,人类的需要也会推动城市向前发展。人类的需要不是一成不变的,而是在不同的社会关系中不断得到强化或调整。在城市空间中,人们总是通过相互交往和相互作用,建构起了社会、经济、政治等一系列关系。这些关系形成了人类特有的城市生活方式,并开始产生现实需要,对城市空间提出具体要求,这就需要通过规划的手段对这些需求作出回应。于是,人与人之间的相互活动,及人与人在社会中建构的各类关系,成为制约和影响城市发展的重要因素。通过对人类活动和社会关系的认识,可以预测城市空间中人类的发展规律。发现和掌握这些规律,人类就能够通过自身的主观意识对城市的发展进行引导和控制,并促使城市向更加符合人类自身发展规律和需求愿望的方向发展。同时,在人与人的交往过程中,"乡村中根深蒂固的循规蹈矩渐渐地不再具有强制性,祖传的生活目标渐渐地不再是唯一的生存需求满足"①,人类对城市的需求在彼此的交往中变得更加多元和综合。在人类对城市新的需求愿望之下,城市又面临着新的发展动力。可以说,正是因为人类不断推陈出新的需求,推动了城市的发展。反过来说,发展的城市正是不断满足着人类新的需求。既然城市规划活动过程要以满足人的需要作为其核心目标,那么城市规划理所当然要考虑到服务主体——人的具体属性。人的具体属性会对城市规划方案编制产生重要影响(图4-6)。如人口的数量构成会对城市人口规模、用地指标、空间形态等内容产生重要影响,人口的年龄

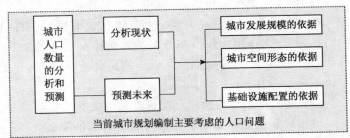

当前城市规划编制主要考虑的人口问题

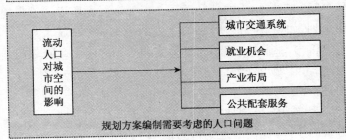

规划方案编制需要考虑的人口问题

**图4-6 城市的人口数量属性及对城市规划方案编制产生的影响**

结构对城市的公共基础设施配置、城市特色等方面产生重要影响,人口的素质构成

---

① [美]刘易斯·芒福德. 城市文化[M]. 宋俊岭,李翔宁,周鸣浩,译. 北京:中国建筑工业出版社,2009:3.

会对城市的活力、城市特色、产业布局等方面产生重要影响。

（1）城市人口数量的分析和预测

分析主要是指针对现有人口数量情况的研究，预测是指对未来城市人口数量可能发生变化趋势的判断。城市中人口的数量特征，是城市发展规模、城市空间形态、基础设施配置的基本依据。也只有对城市人口的数量特征进行充分的分析和论证，才能制定出科学的城市规划方案。在当前的规划编制过程中，我们通常对这方面的人口数量变化考虑比较多。但是，在我国快速城市化背景下，人口数量的变化出现了新的特征，这主要体现在区域内和跨区域的人口流动变化加大。流动人口对城市的交通、居住、服务等基础配套设施提出了新的要求，这需要在城市规划过程中予以充分考虑。然而，在当前的城市规划实际中，对流动人口变化所产生问题的关注还不够深入。

（2）研究城市人口年龄结构

城市人口年龄结构是城市规划过程需要考虑的重要因素，因为不同年龄结构的人群，对城市空间环境的要求具有差异。例如：以中青年为主的城市人群，需要更多的文化、体育、娱乐教育等公共设施，需要更多的就业、创业机会；以中老年为主的城市人群，需要更多绿地、医院等公共场地，并且这些公共设施的分布和使用应该考虑老年人群使用的方便。当前，我国已逐步进入老龄化社会，老龄人口将在城市人口中占据较大比重。因此，在城市规划活动中，应该对他们的特殊需求予以必要的重视。同时，一个城市的人口年龄构成，也反映了城市的发展状态。通常情况下，处于快速发展中的城市，人口的年龄结构较为年轻；处于较为稳定发展阶段的城市，人口年龄结构趋向于老龄化。

（3）研究城市人口素质构成情况

城市人口素质的构成情况会对城市发展产生重要影响。人口素质情况，通常用受教育程度作为衡量指标。对于一个城市来说，受教育程度较高人口所占比重越大，城市更具有发展动力和创新活力。在这样的城市中，他们不仅会关注城市物质空间，而且还会关注精神创造，对城市活动空间的质量将会提出更多要求，会以各种方式关注和参与到城市规划之中，并对城市的发展产生实质性影响。如现在各地的高新技术开发区，在这样的城市空间，由于具有较高素质群体占据主导地位，城市呈现出创新的活力。城市景观特征总是表现出积极上进的风貌特征，市民也积极地通过网络、微博等现代技术参与到规划谈论之中，小汽车是他们的主要交通工具，等等。如果一个城市人口的受教育程度较高人口所占比重小，城市的发展就较为迟缓和活力不够。如以工矿业产业为主的城市，工人在城市人口中占据了较大比例，他们对城市空间、基础设施的关注和对城市精神文化的追求都与其他城市空间不一样。

　　总之,人既是城市空间的创造者,又是城市规划服务的对象。"城市规划是人与空间的作用中介,城市规划应该为人的自由、全面和充分的发展创造条件"①。

## 4.2.2　人在参与规划过程中的存在状态

　　人是以怎样的状态参与到城市规划过程之中的呢?在城市规划过程的各个阶段,需要解决不同的主题,因此在规划过程的各个阶段参与人群的类型不尽相同。不同类型的参与主体,表明了人在规划过程中存在不同的状态。在计划经济时代,我国城市规划大量借鉴苏联模式,从规划的观念到体系都带有浓烈的计划经济色彩。政府作为城市规划建设的唯一主体,规划活动在政府的组织之下开展,参与人员都被政府"组织化"。近年来,随着社会主义市场经济体系的建立,城市规划所面临的社会环境发生了较大变化,主要体现在:"社会阶层日趋分化,市民权利意识日益增强,新闻媒体为社会参与公共事务管理提供了越来越便利的条件"②,利益集团(开发商)成为城市建设投资的重要主体,非政府组织逐渐壮大等。城市社会环境发生变革,导致规划过程参与主体的数量和类型也发生着变化。与计划经济时代相比,当前规划过程参与主体的最大特征就是多元化。多元化的参与主体,必然会影响到规划过程参与主体的状态。人以各种形式的状态存在于上述主体之中,在城市规划过程中发挥至关重要的作用,不断地改变着城市的空间环境。

　　人与人之间在互相交换和作用之中,形成一定的群体。人作为社会动物,几乎从一出生就开始了其社会化历程,个体总是通过与社会的积极互动,学会参与社会或群体的方法,掌握社会经验和规范,并在学习过程中取得社会成员资格。每个个体都以群体的基本形式存在于社会,人群成为构成社会最基本的单元。在社会群体之中,一部分人群以实现共同的目标和自身的利益为条件,形成了组织。组织最基本的要素就是具有共同目标,"没有目标,组织就失去了存在的价值和依据"③。目标,就是人类群体对价值的共同选择。而组织,则是人类参与各类社会事务最基本的状态。对于城市规划过程来说,有较多的组织参与到规划的各个阶段,个人通过参与组织,对城市空间产生至关重要的影响。笔者通过对规划过程参与主体的分析,将人的存在形式分为三类,即被代言的人、集体的人、个人的人。当然,每个人并不是必然以上述某一个状态存在于社会,而可能是以多个状态存在于城市规划过程之中。比如,对于一个主管城市规划的官员来说,他通常以政府组织的状态存在与规划过程之中,但是下班以后他通常以一个普通市民的状态存在于城市

---

　①　李阎魁. 城市规划与人的主体论[D]:博士学位论文. 上海:同济大学,2005.
　②　刘贵利. 城市规划决策学[M]. 南京:东南大学出版社,2010:67.
　③　竺乾威. 公共行政学[M]. 上海:复旦大学出版社,2011:32.

之中。

1）被代言的人

城市规划涉及全体市民的整体利益和公共利益，这是全体市民共同参与规划过程的根本原因。在实际的规划过程中，不可能所有的市民都参与到城市规划活动之中。但是，他们的个人利益诉求又不能被忽略，这就需要一些组织、机构代理他们行使权利，以实现他们对自身利益的追求。在这种情况下，市民的权利通常由一些组织代言。通常情况下，政府部门、规划学术机构、规划师等常常扮演公共利益代言人的角色。随着时代的发展，非政府组织、新闻媒体等组织逐渐成为市民利益的代言人。在这种表达权利的方式中，市民常常以间接的方式参与到规划过程中。

（1）政府部门

政府部门是市民利益的重要代言人，这是由政府具有权威合法性的特点决定的。按照国家形成的契约说理论，在国家产生之前，人们处于一个原始的自然状态。霍布斯认为，人类为了摆脱在自然状态中人们互相厮杀的状态，签订一种文件，每个人都自愿放弃自己的部分自然权利，并把它交给君主，由此形成国家。卢梭认为，"是人们赋予了国家权力，人们协议建立国家的目的是为了谋求共同的福利"。从契约论学说中我们可以看到，国家代替人民行使公共利益，借以规范和管理整个人类社会。因此，经过公众共同认可的政府，就成为全社会公共利益的代言人，代替人民行使权利。城市规划是一项社会各主体共同参与的集体活动，其成果要获得社会的广泛认可并能得到顺利实施，必须具备一个前提，那就是城市规划必须拥有合法性。城市规划的合法性直接关系到社会的效率和公平，而城市规划合法性最根本的来源还是在于政权的合法性。政府行使国家行政权力，是国家权力机器的核心。在实际的城市规划活动过程之中，城市规划对象的选取、规划方案的决策、规划方案的实施等，这些主要的规划活动都发生在政府的政治职能框架之内。城市规划在很大程度上仍然是由政府来主导的一项政治活动，对城市空间规划和建设起着决定性作用。在这一过程，市民的权力、利益通常被政府机构所代言。政府部门也成为公众利益最重要的代言人。

（2）规划（咨询）机构

对于规划学术研究机构和规划师而言，为大众代言是他们最重要的职业道德之一。为谁规划，这是规划师职业需要考虑的首要价值准则。保罗·大卫杜夫提出规划师应该为公众利益代言[1]。他认为，"规划师不应当代表一般公众的利益，

① Paul Davidoff. Advocacy and Pluralism in Planning[J]. Journal of the American Institute of Planners，1965,31(04):331-338.

而应当代表一个客户的利益,很有些辩护律师的角色"①。张兵认为,城市规划以其专业知识来分析解决与土地使用相关的城市问题,满足城市的整体利益和公共利益,这是职业自治中一项根本性的道德标准。关注社会大多数人的利益,成为规划师的重要职业道德要求。实际上,规划师在进行方案设计的时候,就已经把自己对社会公共利益的价值判断融入规划的方案之中。规划师的个人价值,部分来自于规划师受到的职业技术培训认知,部分来自规划师作为市民对城市体验的经验总结。规划学术研究机构也是重要的代言组织,他们存在的价值是为了推动学术的发展,使城市规划更好地服务于人们的实践生活。因此,他们的活动内容通常成为新规划理论出现的宣言,代言了城市的整体利益和公共利益。如在 2012 年 10月,中国城市规划学会在南京大学召开了一次主题为"规划,让城市更安全"的会议,会议针对化工园区布局、城市应急避难、城市灾害风险评估、灾后临时住区安全管理、城市防灾规划等城市安全问题,介绍了解决上述问题的最新成果,提高规划过程对城市安全的认识。这次会议的主题,就是为居住在城市的公众对安全的担忧进行了代言,有效推动了城市规划学科理论的发展,使城市规划理论成果更好地服务我国的城市规划实践(图 4-7)。

---

**案例四:规划学术研究机构为大众的"安全"代言所召开的会议**

**"规划,让城市更安全"专题研讨会在南京大学召开**

由中国城市规划学会和中国灾害防御协会风险分析专业委员会联合举办的"规划,让城市更安全"专题研讨会于 2012 年 10 月 28 日在南京大学成功召开。本次研讨会安排了 10 个报告,分别介绍了化工园区布局、城市应急避难、城市灾害风险评估、灾后临时住区安全管理、城市防灾规划等领域各自的最新研究成果,30 多位专家参加了热烈而深入的交流和讨论。与会者一致认为,参加专题研讨会收获很大,学会间的合作与交流对于城市规划学科的理论和实践水平的提高具有积极的推动作用,建议多举行类似的活动。

中国城市规划学会工程规划专业委员会副主任委员、中国城市规划学会城市防灾规划学术委员会副秘书长、中国城市规划设计研究院城镇水务与工程研究院副院长谢映霞教授,和中国灾害防御协会风险分析专业委员会副秘书长、国际风险分析学会中国分部秘书长、南京大学建筑与城市规划学院副院长翟国方教授共同组织了会议,王家卓、汤永净、陈志芬和乔鹏等专家主持了会议。中国城市规划学会副理事长兼秘书长石楠教授发来贺电,中国灾害防御协会风险分析专业委员会理事长、国际风险分析学会中国分部主席、北京师范大学黄崇福教授出席了会议。

图 4-7 中国城市规划学会为居民的安全忧虑代言

资料来源:中国城市规划学会网站(www.planning.org.cn)

---

① [美]约翰·M.利维.现代城市规划[M].张景秋,等,译.北京:中国人民大学出版社,2003:339.

（3）非政府组织

随着社会的发展,部分非政府组织成为市民利益新的代言人。进入 20 世纪 90 年代,由于各种信息、科技的发展,以及社会中各种正式、非正式力量的活跃,西方城市规划理论提出了,"人们所崇尚与追求的最佳管理方式往往不是集中的,而是多元、分散、网络型以及多样的——即'管治'(Governance)的理念"[①],"管治思想"的提出,使非政府组织(NGO)也成为重要的代言利益的组织群体。当前,部分非政府组织(NGO)对资本、土地、信息、知识等生产要素的控制、分配、流通起着十分关键的作用。他们常常通过资金控制、态度表达、舆论传播、捍卫价值等方式参与到城市规划活动中,这实际上代表了部分人群的利益和价值观念,对城市规划活动产生了实质性的影响。如世界银行组织,他们在对发展中国家的贷款中,常常以支持城市某项专项建设为目的。由于他们拥有资金,因此对项目的推进具有决定性意义。在签订贷款协议的时候,他们常常要附加一个要求,就是要在项目实施过程中进行全程监督,以确保项目按照事先约定的方向发展。这种监督作用,实际上也是一种代言行为,代替市民实施监督的权力(图 4-8)。因此,在当前我国规划过程的参与主体中,非政府组织的力量快速成长,成为规划过程不得不予以考虑的重要因素。

---

**案例五:世界银行贷款项目的特点及经验**

世行贷款项目实施的整个过程都必须接受世行的监督和审批,除了前面所述的贷款协议签订前世行要求必须完成的工作,在贷款协议签订后,借款人进入招标的实质性阶段,此时,标书的编制、评标报告、与承包人签订的合同等等,均要得到世行的不反对意见后方可进行下一步程序,而报送世行之前必须先经过国际咨询专家的审查。其中,尤其以标书的审批时间长、往返次数多最为明显,使项目的进展远远滞后于项目的实施计划。在 SQDWWTP 标书的编制过程中,得到世行不反对意见较快的是一个概算 3 500 万元人民币的 NCB(国内招标)管网标(C1 包),标书上报世行 3 次,历时两个月,一个 ICB 包(国际招标)(C5 包)的土建资格预审文件得到世行的不反对意见经历了 3 个月的时间,而比较复杂的全厂的电气、自控包(M1)由于当初分包的不合理,使得标书的编制十分复杂,此包标书的编制花费了 8 个月的时间,标书的审批过程(包括国审办的审批时间)需要 5 个月的时间。所以,实施世行贷款项目一定要对项目的实施期有充足的计划。而且在设计院和咨询专家的选择上,一定要选择有世行项目经验的单位,在标书的编写过程中,要严格按照世行标书范本和世行招标的有关规定实施。

**图 4-8 世界银行通过为项目贷款对部分利益进行了代言**

资料来源:《中国建设报》2002 年 10 月 28 日

---

① 张京祥. 西方城市规划思想史纲[M]. 南京:东南大学出版社,2005:223.

（4）新闻媒体

在现代社会，新闻媒体成为新的代言力量。"新闻媒体无疑是一种不可忽视的重要力量"①，有第四种权力之称。尽管每个国家的新闻制度有较大差异，媒体在社会中的地位和作用也千差万别，但有一点不能忽略，随着现代科技的发展、网络时代的到来，各种信息载体把世界联系在一起，其触角已经伸向社会的各个角落。新闻媒体具有覆盖率高、信息传播量大、影响面广、冲击力强等特点。新闻媒体主要通过传播信息、制造舆论、沟通思想、传播知识等方式参与到社会事务的管理过程中。新闻媒体代表了部分人的利益、价值观念，对城市规划政策制定过程有重要的影响。在当前我国的城市化进程中，媒体越来越成为影响城市规划过程的重要力量，也成为人们参与城市讨论的重要渠道。有什么城市问题，就找新闻媒体报道；有什么城市诉求，就找新闻媒体征集；等等：这也成为常态。有的时候，媒体直接代替市民对某些规划行为进行反思。如 2012 年 4 月 30 日，《中国新闻周刊》刊登了《青岛植树：领导左右城市规划？》一文（图 4-9），文章针对当时青岛出现的史上耗资最大的"植树增绿"事件，引发了"城市究竟是谁的城市，是市民的城市，还是市长的城市？"的讨论。在这一事件的背后，媒体之间搭建了交流的平台，为公众、规划理论研究者的观点进行了代言。

2）"被组织化"的人

在社会的各类人群中，有部分人群进入政府、研究机构、利益集团（开发商）、非政府组织（NGO）等组织，形成各类组织群体，成为规划过程的重要参与主体。个人进入这些组织行使参与权力的过程，就是个人被组织化的过程。利益集团的出现和发展是现代社会的再生产过程和劳动分工的结果。在社会中，个人总是与他人发生关系，并作为某一利益群体的成员存在于社会之中。特别是在现代社会化大生产背景下，个别利益主体建立自己的社会联系，是通过与从事相同劳动的生产者之间自然结成的利益群体来实现的。个人正是通过这个利益群体，以获得对自身利益的认知，从而保证自身利益的持久和稳定。处在一定社会利益关系结构中的个人，利益群体是实现个人利益的重要保证。只有作为一定的利益群体的成员才能维持自己的经济地位，也只有通过这个利益群体才能实现自己的利益。因此，利益群体又是个人利益得以发展的中介条件和物质平台。从这个意义上讲，利益群体表现了个体利益的社会本质，利益群体的发展过程就是个人利益的社会本质形成过程。因此，通过集体化过程，个人参与到了利益集团之中，其成员共同享有共同利益或共同态度，利益集团成为"自立于政府或政党之外……并试图影响公共

---

① 杨光斌. 政治学导论［M］. 北京：中国人民大学出版社，2007：218.

政策的组织"①,发挥着特殊的"政策参与者"②的作用。

---

### 案例六:青岛植树:领导左右城市规划?

提要:因为种树、换树、砍树等事件引发的公众质疑屡屡见诸报端。事实上,"上任挖沟下任填,上任栽树现任砍"的现象并不少见,甚至出现领导换届"规划也换届",甚至"房屋颜色也换届"等问题。

4月23日,备受争议的青岛史上耗资最大的"植树增绿"事件有了新进展,青岛市城市园林局对媒体表示,该工程已进入"实质性"整改阶段。

此前4月19日,这项被质疑花费40亿元打造"国家森林城市"的"运动式造林"终于得到了官方回应:青岛市副市长王建祥在与网民的在线交流中就工作不足进行道歉,并承诺对存在的问题进行调整。

"换届就换树":因为"植树增绿"事件,青岛市代市长张新起遭到了青岛网民的叫板,并被封为"种树市长"。网友 tonnado 在天涯论坛上表示,曾任职莱州市市委书记和潍坊市市委书记的张新起,在青岛大力推广种树的思路是在沿袭此前的"张氏路线"。

国家行政学院教授汪玉凯告诉《中国新闻周刊》,"很多领导希望通过园林景观方面的改造来树立政绩,而且在改造难度上,比拆掉一栋高楼大厦要容易得多。这充分暴露了领导思路的急功近利"。

"长官意志"左右城市规划:许多业内人士看来,在城市规划领域内,长官意志、领导干预以及不正当的幕后交易始终是规划实施的重大障碍。许多资深业内人士都将此视为中国城市规划以及管理中的深层次积弊,并不断提出各种批评声音。2011年度国家最高科学技术奖获得者、城市规划及建筑学家吴良镛曾直言批评一些地方政府:"决策者按捺不住'寂寞'去赶时髦,中心开花,大拆大改,建大高楼、大广场、大草地。"他认为出现城市建设的危机,实际上是地方意志、部门意志、长官意志在作祟,是文化灵魂失落的表现。

**图 4-9 《中国新闻周刊》为市民代言质问规划应该为谁服务**

资料来源:《中国新闻周刊》2012年4月30日

---

在城市规划活动过程中,个人在选择组织的时候被集体化,个人通过集体(利益集团)对城市发展产生至关重要的影响。从公共利益和政党利益的角度看,政府是最大的利益集团。政府作为全体社会成员的合法选择,主导着城市发展的动向和发展模式。规划学术研究机构作为一类重要的参与主体,是由科研人员和学术机构形成的重要组织。他们主要是针对城市问题进行研究,其研究成果成为解决城市规划问题的依据和技术基础,影响着城市规划的发展方向。利益集团(开发

---

① G Wilson. Interest Groups[M]. London:Blackwell,1990:2.

② W A Maloney, G Jordan, A M McLaughlin. Interest Groups and Public Policy:The Insider/Outsider Model Revisited[J]. Journal of Public Policy,1994,14(01):17-38.

商)是城市建设市场重要的投资主体,集纳了市场力量的组织。利益集团(开发商)以城市建设市场作为投资领域,并以追逐最大利润为目的,其行为在很大程度上推动了城市建设的发展,但也给城市建设和规划带来了一些问题。非政府组织是以倡导和实现某个组织目标而成立的组织,只要认可这些组织目标的个体,符合加入组织的相应条件,都可以成为组织成员,为维护和实现组织目标而工作。在当前的社会中,非政府组织对城市规划过程有较大影响。

社会个人"被组织化"以后,进入上述几个群体,并在规划过程中发挥作用,从而成为城市规划活动的重要参与主体。

3)作为个体的人

城市作为公众生活和活动的空间,规划过程关系到每个市民的切身利益。因此,从社会公正的角度看,个体有权利和义务参与到城市规划活动之中。个人参与规划过程主要有两种方式:一是通过自己在城市空间的生产生活活动,直接参与到城市的规划、建设过程之中,这虽然是一种直接的参与行为,但对规划过程的影响较弱。二是市民通过各种方式,影响规划过程的运行过程,这会对城市规划过程产生较大影响。在我国,市民影响规划过程运行的主要方式有五种:

(1)投票

平等的投票权是平等的公民权的体现之一。这种参与方式主要是公众通过投票来表达自己支持或反对某些规划政策制定。近年来,随着城市规划领域公共参与的兴起和制度保障的日益完善,公众投票已经成为公民个体参与城市规划政策制定过程的一种方式。

(2)选举

在这种参与方式中,公众通过选举出自己信赖的人大代表、政协委员作为自身利益的代表以实现自己的利益主张。公众个体通过这种方式影响城市规划过程比较间接,但这种方式作为当前我国的一种国家制度,还具有较大的潜能没有发挥出来。

(3)请愿

请愿是公民向国家或政治组织表达自己对有关规划事项的意见和愿望的行动。集会是通过一定的规模效应来显示自己的力量和决心,从而唤起社会的广泛关注。公众还可以运用舆论来影响城市规划政策的实施。

(4)接触

这种方式是指公民为解决特定的问题与政府官员发生交往和沟通行为。公民出于个人实际利益而有意识地拜访政府官员,通过直接的对话交流,表达自己的观点、态度和要求。在我国,最常见的方式就是信访。通过接触活动,个人可能对规划产生影响,从而实现公民自身利益。另外一种方式,就是官员在调研过程中,公民反映自己的利益诉求,这也会对规划过程产生一定的影响。

（5）结社

为影响政府决策，具有共同利益的公民自愿结合形成的团体组织的交往行动。公民只要加入了某个组织，组织对政府影响的结果，也将成为组织成员的个体利益。如，环保爱好者通过加入环保组织，并通过组织的力量对城市的某项规划政策制定实施影响，这是当前结社影响规划过程的一种重要方式。因此，在城市规划活动中，结社也成为公民维护自身利益，实现自己价值主张的重要形式。

### 4.2.3　规划过程参与主体的类型

规划过程是一个复杂的过程，在不同的阶段需要解决不同的问题，不可能所有的参与主体同时、均值地参与到规划的某个阶段。因此，在规划过程的不同阶段，参与主体的数量和类型都不相同。

1）社会环境是决定规划过程参与主体类型的主要因素

在规划过程中，是什么因素决定了由哪些主体参与到规划之中呢？从规划的本质特征来看，城市规划过程实质上是对城市土地资源和空间资源进行分配的过程，这必然关系到城市空间所有人的利益。维护个人利益或群体利益的需求是参与规划的基本动机。也就是说，规划过程中的参与主体是为了维护自身利益需要，而参与到规划过程之中。什么是规划参与主体的自身利益呢？这与经济社会发展、技术理念、文化历史具有密切关系，正是由这些因素共同决定了参与主体的利益需求。当前，随着经济社会的发展、科学技术的进步和民主法治理念的加强，规划过程所涉及的利益主体越来越多，这些社会环境发生的变化就是规划参与主体多元化产生的重要原因。

规划实践所产生的现象是所有参与主体共同作用的结果。规划参与主体参与到规划活动过程的时候，他本身所承载的价值态度、文化思考、技术理念、时代背景等内容，都将成为参与主体的行为取向，进而影响到实践的发展历程。通过参与主体自身的行为活动，他们将成为城市未来发展的创造者。只不过，在不同的社会背景之下，又或是在不同的经济文化条件之下，各参与主体的类型、功能、数量会随之发生变化。规划参与主体会受到社会政治制度、文化背景、技术条件、价值观念等因素的影响。

2）当前我国规划过程参与主体的类型

当前，我国经济社会高速发展，城市化进程快速推进，各种城市问题出现在城市空间，城市规划涉及越来越多人的利益。为了实现和维护利益，各种组织或个人不断参加到规划过程之中，这些多元主体对规划过程产生了重要影响。

根据不同参与主体的性质、特征和作用，笔者将规划过程的参与主体大致划分为八类：政府部门、规划（咨询）机构、利益集团（开发商）、市民、专家组织、规划学术研究机构、新闻机构、非政府组织。笔者根据规划过程的阶段构成,简要介绍一下各阶段有哪些参与主体参与其中及发挥着什么样的作用。

(1)提出问题阶段参与主体的类型

一是政府部门,包括规划主管部门、地方政府和党委。政府部门是本阶段最重要的参与主体之一。通常情况下,将什么城市问题作为规划对象是由政府部门主导的。政府部门根据国家战略、执政理念、经济社会条件、城市发展目标等内容,确定规划要解决的问题。二是市民,市民根据自己的生活体验,提出对区域、环境改造的诉求,并得到政府的认可。三是新闻媒体,新闻媒体通过自己职业的敏感性,捕捉到城市亟待改善的内容,并引起政府的关注。四是规划学术研究机构,他们的研究成果为城市的发展提出了方向,并得到政府的认可,政府将其作为城市的发展目标。

(2)规划编制阶段参与主体的类型

一是政府部门,他们将自己的规划意图以规划要求或规划任务书的形式影响规划方案编制,成为规划方案编制的"指南"。二是规划(咨询)机构,他们根据政府部门的要求,利用自己的专业技术从事规划方案编制。他们在这个过程中具有较大的技术理性,对规划方案产生较大影响。三是规划学术研究机构,他们以自己的研究成果指导着规划方案的编制。

(3)规划方案合法性获取阶段参与主体的类型

一是政府部门,他们在这个阶段组织方案的评审并获取合法性。二是规划(咨询)机构,向政府部门和专家解释说明方案内容,并根据评审意见进行改进。三是专家组织,对规划机构的技术理性进行论证和讨论。四是新闻媒体,对方案进行宣传,引导舆论关注。五是市民,通过公共参与,参与到方案的意见征集、投票等内容。六是非政府组织,通过公共参与渠道,影响规划方案内容。

(4)规划实施阶段参与主体的类型

一是政府部门,组织资金、土地、人力等要素从事规划实践活动。二是利益集团(开发商),直接从事城市建设开发工作。三是市民,直接从事建设和监督工作。四是新闻媒体,负责报道宣传和监督工作。

3)本书重点关注"四大典型参与主体"

在表4-1中,笔者对规划过程各阶段参与主体的类型、发挥的作用进行了统计整理。从表中的统计情况可以看出,在规划过程的各个阶段,政府都扮演着重要角色,对规划过程发挥着非常重要的作用,几乎主导着整个规划过程。规划(咨询)机构是规划方案编制的技术力量,为规划方案的编制提供技术服务,成为规划方案形成的核心力量。利益集团(开发商)是将规划方案转化为现实环境的主体,在规划过程中发挥着不可替代的作用。市民既是城市建设的参与者,也是规划过程的参与者,既是城市的服务对象,也是推动城市发展的力量。

从各类参与主体在规划过程中发挥的作用来看,政府部门、规划(咨询)机构、利益集团(开发商)和市民等四大主体在规划过程中发挥着基础性作用,它们是推动规划过程顺利开展最基本的力量。而对于其他各参与主体来说,他们都是随着经济社会的发展,或制度的完善不断加入到规划过程之中的。因此,本书重点关注政府部门、规划(咨询)机构、利益集团(开发商)和市民等四大典型参与主体。

表 4-1  规划过程各阶段参与主体类型及作用

| 规划过程的各个阶段 | 参与主体类型 | 发挥的作用 |
| --- | --- | --- |
| 提出问题阶段 | 政府部门 | 发现和提出规划需求 |
| | 市民 | 提出自身诉求 |
| | 新闻媒体 | 捕捉城市问题 |
| | 规划学术研究机构 | 研究成果影响城市发展目标 |
| 规划方案编制阶段 | 政府部门 | 形成规划意图 |
| | 规划机构 | 提供技术服务 |
| | 规划学术研究机构 | 其成果用以指导规划方案编制 |
| 规划方案合法性获取阶段 | 政府部门 | 组织方案讨论并获取合法性 |
| | 规划机构 | 解释和调整规划方案 |
| | 专家组织 | 提供智力支持 |
| | 新闻媒体 | 舆论导向 |
| | 市民 | 参与投票、提交意见 |
| | 非政府组织 | 提出自己的利益诉求 |
| 规划实施阶段 | 政府部门 | 组织规划实施的各种要素 |
| | 利益集团(开发商) | 直接参与建设开发实践活动 |
| | 市民 | 直接参与建设和监督 |
| | 新闻媒体 | 舆论导向和监督 |

## 4.3  小结

在本章中,笔者主要就两个方面的问题进行了系统研究。第一,在城乡规划活动中,城乡规划的政治属性是如何组织起来的;第二,是什么力量推动了规划过程的开展。通过研究,主要有以下几个结论:

1) 城乡规划是一个过程

一次完整的城乡规划是沿着时间维度和因果逻辑这条主线进行的一系列规划

活动的总和,城乡规划是一个动态过程。城乡规划的过程性表明,城乡规划活动是一个动态的过程,这是城乡规划的一个重要特性。

2)城乡规划过程可以划分为"两个阶段"

城乡规划过程主要由提出问题、规划编制、规划方案合法性获取和规划方案实施等四个阶段组成。在规划方案实施的前三个阶段中,主要是开展调查、研讨、分析和部署工作,具有"预想"的意味。在规划过程的第四个阶段,却是把这些预想转变为现实的过程。笔者参照公共政策学相关知识将城市规划过程进行了"两段式"划分,即将规划过程划分为规划政策制定过程和规划实施过程。决策过程是通过一系列选择来决定适当的未来行动的过程,实施过程是为实现既定目标而采取的一系列具体行动。

3)参与主体是一切规划现象的缔造者

规划过程的顺利开展离不开以组织或个人状态存在的人,即参与主体。没有参与主体的推动,不可能开展任何规划活动。人与城市的关系主要有两种,一是人城市规划的参与者,二是人是城市的服务对象。规划过程是一个复杂的过程,在不同的阶段需要解决不同的问题,因此在规划过程的不同阶段,参与主体的数量和类型都是不一样的。

4)参与主体在规划过程中有三种存在状态

人即参与主体,在城市规划过程中主要有三种存在状态:一是被代言的人,二是被组织化的人,三是作为个体的人。参与主体通常以上述一种或多种状态存在于规划过程中,发挥着参与作用,推动着城市规划过程的顺利开展。

5)本书主要关注最基本的四类参与主体

从各类参与主体在规划过程中发挥的作用来看,政府部门、规划(咨询)机构、利益集团(开发商)和市民等四大主体在规划过程中发挥着基础性作用,它们是推动规划过程顺利开展最基本的力量。因此,在本书的研究中,主要以政府部门、规划(咨询)机构、利益集团(开发商)和市民等四大典型参与主体为研究对象。

# 5 规划过程参与主体的行为与取向

在上述章节,笔者分别就规划过程中的参与主体、规划过程、规划的政治属性等主题进行了分析,到现在为止,它们之间基本上形成了这样一个逻辑关系,即参与主体制造规划现象,大量的规划现象构成规划过程,规划过程表现出政治属性。沿着这个分析过程继续剖析,就会产生以下问题:是参与主体的什么制造了城市规划现象? 对这个问题进行研究后就会发现,这又会延伸出两个问题:

首先,参与主体的什么制造了规划现象? 规划现象作为一种社会现象,一定是人类具体行为的结果,没有人类的具体行为,不可能有任何社会现象发生。人类的经济行为,制造了经济现象;人类的政治行为,制造了政治现象;人类的规划行为,制造了规划现象。有什么样的行为,就会制造什么样的现象。因此,规划过程发生的任何现象,都是参与主体行为的结果。

其次,为什么参与主体在规划过程中会发生这些行为,而不是其他的行为呢? 人类与动物最大的差异就是具有自己的意识,并能在意识的驱动下进行创造性劳动。这就是说,人类的社会行为活动必然是受到了意识系统的驱使。这些支配人类行为的意识系统是价值取向,也叫行为取向。参与主体在规划过程中的任何行为,都是参与主体行为取向驱使的结果。对一个个体或一个群体而言,行为取向相对稳定和持久,总能在应对相同事物的时候表现出同样的行为。因此,分析规划过程参与主体的行为取向是理解参与主体行为和规划现象的一把钥匙。

## 5.1 规划过程参与主体的行为

规划过程参与主体的行为是人类众多行为中的一种,既具有人类行为的共性,又具有自身特色。要研究规划过程参与主体的行为,需要从认识人类行为基本理论开始。

### 5.1.1 行为的内涵

1) 行为的概念

行为是人类在生活中表现出来的生活态度及具体的生活方式,它是在一定的物质条件下，不同的个人或群体，在社会文化制度、个人价值观念的影响下，对内外界环境因素刺激所做出的能动反应。从对人类行为定义的内容来看，人类行为的实质就是其内心世界的一种外在表现形式，是人类个体或群体的一种主观选择，会对现实世界产生某种影响。上述对行为的定义只针对人类的社会行为，即人类在社会交往和生活中的各种行为。

2）行为是人类存在的最基本方式

只要有人类的存在，一定就会表现出某种行为，行为是表明人类存在最基本的方式。从行为的表现方式看，人类的行为可以分为两类，即"外显行为（Overt Behavior）和内隐行为（Covert Behavior）"。外显行为是指那些可以直接观察或测量得到的个体活动，如语言、表情、肢体活动。内隐行为是指那些内在的、无法被直接观察到、只能通过自我报告的方式间接被推断的活动，如思维、记忆、意志等①。通常情况下所说的人类行为，主要是指人类的外显行为。人类总是生活在一定的社会环境之中，除了有维持自身基本生理需求的行为之外，其余大部分的行为都要与社会环境发生关系。这种关系主要表现在，人类对文明的延续和创造上。如城市规划活动，就是人类在城市空间的一种创造性活动。人类在城市空间创造文明的展示舞台的同时，又在创造新的人类文明。总之，人类行为是作为证明自身存在的一种方式，表明了自身的某种存在状态。

3）人类与环境之间构成的关系是人类最基本的关系

适应和调整与环境之间的关系是人类行为要面对的基本关系。社会环境是人类通过长期有意识的社会劳动而形成的，是一个复杂的、庞大的环境体系。人类要实现自身的正常生存和良好发展，需要妥善处理好与基本生存环境、生态环境、经济环境、血缘亲属环境、政治环境、宗教环境、文化环境等的关系。如，城市规划活动就是处理人类在与城市空间之间的关系。人类正是在与这些环境的相互作用之下，通过自己的行为举止来适应和调节着自身与环境的关系。如，通过城市规划活动，拓展城市空间范围，以满足城市人口增长的需要。对于人类行为来说，一方面，人类利用在社会劳动中所获取的知识、经验，通过自己的主观行为创造着社会环境；另一方面，人类的行为总是表现出对某些社会环境的适应，社会环境深刻地影响着人类的行为。在人类的行为中，既具有主动积极的创造成分，又包含着被动顺应的成分。人类正是在这两种力量的作用下，通过一定的行为方式生存、发展。因此，人类行为与环境之间构成的关系，是人类最基本的关系。

4）人类行为的基本分类

按照人类行为的起源来划分，人类的行为可以分为本能行为和习得行为。本

---

① 韩晓燕，朱晨海.人类行为与社会环境［M］.上海：格致出版社，2009：2.

能行为是指人类通过遗传就能得到的,不需要学习就可以定型的行为模式,如吃饭、喝水、睡觉等人类最基本的生存行为。习得行为是指人类在后天环境的互动中逐渐学习而形成的,如在处理与各类环境之间关系中表现出来的行为。城市规划活动是人类的一种重要习得行为,城市规划活动中所需要的一切技巧,都是通过对先人经验的继承和基于这些经验以后的创造得到的。只是,在规划过程的参与群体中,不同的参与群体的学习环境可能存在差异而已。同时,在对人类行为的实际研究中,还有其他的分类方式。需要强调的是,对人类行为类型的认识是一个持续的过程,并且这个过程会"随着社会的变迁、认识的深入而发生变化"①。因此,这些分类并不是绝对的。

5) 人类行为的特点

行为作为人类存在的基本形式,具有四大特点(图 5-1):

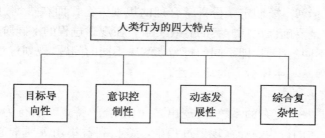

图 5-1 人类行为特点构成示意图

(1) 目标导向性

人类行为不是随意发生的,而总是在特定目标指引下,按照行为主体既有的逻辑方式进行。一般来说,在没有达到目标状态之前,行为本身往往并不就此终止。就拿城市规划活动来说,参与主体的行为总是以实现某项特定的规划目标而进行的。人类行为具有目标导向性的特点,很好地回答了城市规划领域的一个基本问题,哪就是为什么参与主体要参与到城市规划过程之中这个问题。从本质上说,任何参与主体参与规划过程的目标不外乎是为了维护自身利益。如,市民参与规划过程的目的不外乎两种,一是防止自身利益受到损失,二是为了获得更好的生活环境。从另外一个角度看,城市规划过程也为参与主体实现目标提供了平台。

(2) 意识控制性

人类的行为并不是混乱和无序的发生,而是在自身意识的控制和调节下发生。控制是指个体按照自己的主观判断,确保行为的轨迹与自身的认知相吻合,不发生偏差。如规划师总是按照既有的经验,在充分分析城市综合因素的基础之上,对城

---

① 韩晓燕,朱晨海. 人类行为与社会环境[M]. 上海:格致出版社,2009:3.

市的各项功能进行有序组合。规划师在编制规划的过程中,必然受到了自身经验意识的控制。调节是指个体根据行为过程中发生的不确定因素,对自身行为的一种修正作用。如在规划方案评审过程中,规划师会在规划制订方案过程中,根据规划理论研究的最新成果调整原有的方案编制逻辑,以修正自己某些既有经验思维定势。正是人类对自身行为具有的控制和调节作用,体现了人类的主动性,这也是人类行为与受本能驱动的动物行为之间的最大区别。

（3）动态发展性

人类行为是一个持续变化的动态过程,行为主体自身和外界环境处于一个变化的状态。而且,正是因为这种持续的变化状态,推动着行为的不断发展。如果说人类行为处于一个稳定的状态之中,行为本身也就静止不动,无法达到行为主体所既定的目标。在规划过程的不同阶段需要解决不同的核心问题,如规划过程的决策阶段,核心目标就是要制定一份科学合理的规划方案。而在规划过程的实施阶段,核心目标就是要确保规划方案的有效实施。在规划过程的不同阶段,需要各个参与主体采用不同的手段,即不同的行为来解决不同的问题,规划过程中的这些现象表明规划过程参与主体行为的动态性。

（4）综合复杂性

人类行为是一个复杂的系统,表现出多元、综合的特点。从行为主体看,有个体的行为,有群体的行为。如在规划过程中,政府、利益集团等通常通过组织的形式实施参与行为,市民通常通过个体的方式实施参与行为。从行为的表现方式看,由于主体的差异性,人类行为的表现方式千姿百态。即使是同一类行为,在表现的方式上也存在差异。从行为的存在环境看,人类行为总是处于复杂的外界环境之中。当然,虽然说人类行为异常复杂,但并非说人类行为不可认识,我们总可以根据一定的标准,寻找到人类行为的一些共同规律和趋势。

## 5.1.2 规划过程参与主体的行为及表现方式

规划过程是如何发生的呢？毫无疑问,城市规划过程开始于参与主体的行为,发展于参与主体的行为,结束于参与主体的行为,各参与主体的行为自始至终贯穿于规划活动的全部过程。只有各参与主体实施自身行为,各个城市现象才会发生。从这个意义理解,规划活动或者规划结果只不过是规划参与主体行为的集合。人类居住的城市及发生的城市活动,无一不是渗透着人类的行为。并且,在规划过程的不同阶段,各参与主体行为发挥的作用是不同的,每个参与主体的行为都有自身的特点。因此,分析规划过程参与主体的具体行为,需要结合规划过程的阶段才能进行分析。但是,就规划过程来说,总是在规划目标的导向下,各参与主体行为共同合力的结果。

当前,在我国的城市规划过程中,大致有八类参与主体参与到规划过程之中。其中,政府、规划(咨询)机构、利益集团(开发商)、市民是推动规划过程开展最基本的力量,被称为规划过程四大典型参与主体,这是本书关注的重点。另外四类参与主体,专家组织、研究机构、新闻机构、非政府组织是随着经济和社会的发展,逐步加入到规划过程之中的。这八类参与主体的行为,都会对规划结果产生重要影响。

需要说明的是,任何参与主体的行为都是变动的,都会随着社会发展、经济条件、技术进步、历史文化发展、法制建设等情况的改变而发生变化。参与主体的行为是时间的变量,其行为会随着上述要素的改变而变化。在本小节里,笔者并不打算对各参与主体的具体行为进行讨论,而是仅仅对他们的行为特征进行一般性探索。

1) 政府部门的参与行为及表现方式

政府制定公共政策的核心是"充分考虑社会各方面的利益要求,并对公民的利益诉求作出切实的回应"①。城市规划作为一项公共政策,政府部门是规划政策制定和实施的重要参与主体。同时,城市规划也是维护政府统治需要和实施执政理念的一项重要工具,政府行使政治权利来控制经济和社会关系,以保持政治统治能够稳定地延续。因此,在规划过程中,政府部门会围绕执政和施政这两个核心开展各种行为。

(1) 政府部门在规划过程中为执行国家战略而实施的参与行为。

国家战略决策看起来似乎并没有直接作用于城市规划,但却从宏观上对城市规划活动产生重要影响。具体来说,就是地方政府部门会根据国家战略需要,制定本城市的总体发展目标。如20世纪50年代,我国新兴工业城市大庆、克拉玛依等的建设,都是为实施国家战略需要而建设;近期国家实施的西部大开发、中部崛起等国家战略,成为制定城市发展目标的重要影响因素。随着这些国家战略的实施,基础设施建设、资金投入、社会资源分配、人才集聚等社会要素都向相应区域流动,从而对城市规划环境产生重要影响。政府通过实施国家战略从而影响城市的发展,这是政府作为参与主体在规划过程的重要行为。

《武汉市总体规划(1996—2020年)》于1999年经国务院批准后开始实施。该规划制定城市发展目标的依据是"立足于武汉跨世纪发展的新形式、新格局和新挑战"②,"坚持可持续的发展战略"③,并提出了具体的发展目标(图5-2)。随着我国经济社会的发展,国家提出了新的战略发展任务。2008年1月,国家发展改革委牵头

①　石路. 政府公共决策与公民参与[M]. 北京:社会科学文献出版社,2009:83.
②　转引自《武汉市总体规划(1996—2020年)》。
③　转引自《武汉市总体规划(1996—2020年)》。

的促进中部地区崛起工作部际联席会议制度。目的是为了贯彻落实党中央、国务院关于促进中部地区崛起的重大部署;研究促进中部地区崛起的有关重大问题,向国务院提出建议;协调促进中部地区崛起的重大政策,推动部门间沟通与交流。2008 年初,编制《促进中部地区崛起规划》列入了国务院的工作日程表。2008 年下半年,国家发改委制定的《促进中部地区崛起规划》(初稿)开始下发,地方和多个部门纷纷提出了修改意见。其中各个省分别根据自己的情况,出台编制了相关规划。正是在《促进中部地区崛起规划》国家战略出台的背景之下,武汉市修订了《武汉市总体规划(2010—2020 年)》(图 5-3),并根据国家的战略目标,提出了当前武汉市城市发展目标。

---

**案例一:《武汉市总体规划》城市发展目标的设置受到国家战略的强烈影响**

**一、城市发展目标**

5. 城市发展的总体目标是:

规划期内,武汉市的城市建设与发展要坚持可持续发展战略,完善城市功能,发挥中心城市作用,把武汉市建设成为经济实力雄厚、科学教育发达、服务体系完备、城市布局合理、基础设施完善、生态环境良好、社会高度文明并具有滨江、滨湖城市特色的现代城市,为把武汉建成为城乡一体化、开放型、多功能的现代化国际性城市奠定坚实的基础。

**二、城市发展目标**

8. 总体发展目标是:

坚持可持续发展战略,完善城市功能,发挥中心城市作用,将武汉建设成为经济实力雄厚、科技教育发达、产业结构优化、服务体系先进、社会就业充分、空间布局合理、基础设施完善、生态环境良好的现代化城市,成为促进中部地区崛起的重要战略支点和龙头城市、全国"两型"社会建设典型示范区,为建设国际性城市奠定基础。

---

一、《武汉市总体规划(1996—2020 年)》的城市总体发展目标

二、《武汉市总体规划(2010—2020 年)》的城市总体发展目标

**图 5-2 两轮武汉市总体规划设置的城市发展目标变化对比图**

资料来源:武汉市国土资源与规划局

(2) 政府部门通过垄断重要基础设施投资建设,在规划过程中实施的行为。

在从事城市规划方案的编制过程中,我们可能都有这样的体验,就在规划的开篇总有对国家宏观政策的分析。这样做的目的,就是为了使城市的发展建设目标与国家的发展目标相一致。具体体现在两个方面,一是为了实施国家战略目标,二是为了获取国家政策、资金等方面的支持。特别是区域性的中心城市和大型城市,

要实现特殊的城市职能(如铁路枢纽城市、航空中心城市),必须依赖于国家对这些区域基础设施的投资建设。通常情况下,国家的权力会在这个过程中潜移默化地渗透到城市的内部结构中,使城市空间的发展从属于国家的宏观目标。

在"十二五"期间,国家投资建设的京广铁路、沪汉蓉铁路、武九铁路将开通运行,这些铁路将交汇于武汉。武汉市位居中国中部的区位优势将进一步凸显,在此背景之下,《武汉市总体规划(2010—2020年)》中明确提出了将武汉市打造成全国重要铁路枢纽的发展目标。这表明,国家重点基础设施的投资将会对城市的规划行为产生重要影响,并且政府将会充分利用这些发展机遇,积极提出与国家投资战略相符的城市发展定位。

---

**案例二: 武汉市根据国家对基础设施投入将武汉打造成为铁路枢纽城市**

66. 提升武汉作为全国重要铁路枢纽和客运中心的地位。规划至2020年,形成以京广客运专线、沪汉蓉快速客运通道、武九客运专线以及既有京广线、武九线和武康线为骨架的铁路运输网络,衔接北京、西安、重庆(成都)、广州、南昌(福州)、上海等六个方向的特大型铁路枢纽格局,开通武汉联系区域性中心城市以及黄石、黄冈、咸宁、孝感、潜江、天门等6个武汉城市圈重要城市的城际列车。

铁路客运系统形成三个主要客运站(武汉站、汉口站、武昌站)的格局,新建武汉站、改扩建汉口站、改造武昌站。城际铁路引入流芳站。远景配套第三过长江通道预留新汉阳站。铁路解编系统按"一主(武汉北)两辅(武昌南、武昌东)"的布局,新建武汉北编组站,预留武昌南编组站扩建条件,保留武昌东编组站,调整江岸西编组站功能。新建吴家山集装箱中心站、滠口货场、大花岭货场,扩建舵落口货场,规划建设新店、沌阳等综合性货场。与长江水运相结合,预留建设集装箱第二中心站条件,逐步将主城区二环线以内货场外迁。适时迁改武汉枢纽北环线,建设至军山、金口等地区的铁路专用线。

**图5-3 《武汉市总体规划(2010—2020年)》利用国家铁路投资将武汉打造成铁路枢纽城市**
资料来源:武汉市国土资源与规划局

(3)政府部门通过制定相关法律制度以控制和规范参与主体行为

法律法规是一种强制实施的准则,是确保规划过程顺利开展的重要保障。政府部门(这里指广义的政府部门)既是国家权力的实施机关,又是法律、法规制定的组织机构。如地方政府是《中华人民共和国城乡规划法》(简称《城乡规划法》)的实施主体,在规划过程中享有"依法办某事"的权力。政府部门通过法律赋予的权力,实施某项规划行为。通常情况下,政府职能部门通过控制性详细规划对城市进行管理。如,在规划讨论环节,组织专家开展讨论。同时,政府部门享有"要求某人、某组织按照法律办某事"的权力。如,政府部门依法要求利益集团(开发商)提交"某开发地块总平面图",以进行城市用地和方案的审批管理。

在图 5-4 中,武汉市规划局对主城区 A101003 管理单元(青山环保科技园)作了控制性详细规划。地块的控规内容要素是规划局对该地块进行管理的法律依据,任何单位和开发商要对该地块进行开发和建设活动,必须符合地块控规的要求,并报规划局进行审批。

## 案例三: 武汉市规划局利用控制性详细规划对地块进行管理

### 武汉市主城区A101003管理单元(青山环保科技园)控制性详细规划

2011-11-30 本站

管理单元:A101003

法定文件

#### 第一章 总 则

第一条 根据《中华人民共和国城乡规划法》及《城市规划编制办法》,结合武汉城市规划和发展的实际情况,制定本管理单元法定文件。

第二条 法定文件作为管理单元内规划设计、规划管理及开发建设活动的强制性执行规定,其控制的核心内容包括主导功能、建设强度、"五线"、公益性公共设施以及特殊要求。

第三条 本法定文件的编制依据为《武汉城市总体规划(2010——2020年)》、《武汉市主城区东湖组团分区规划(2008——2020年)》。

第四条 对依法批准的法定文件进行修改,必须履行相应的法定程序,并报经市人民政府审批。

#### 第二章 主导功能与建设强度控制

第五条 本管理单元位于武汉市主城A1010编制单元东北侧,编号为A101003。规划范围北临青化路,南侧和东侧为康庄路环线,西靠群力路,总用地面积67.60 hm²,其中,可建设用地面积57.12 hm²,规划道路面积10.48 hm²。

第六条 本管理单元以居住用地为主,占总用地面积不小于56%,其他用地功能为商业金融用地、防护绿地和市政公用设施用地。

第七条 本管理单元内可建设用地平均净容积率为1.55,总建筑面积88.5万 m²。

第八条 在规划期限内,对已出让和划拨用地的用地性质及容积率进行调整的,必须参照本管理单元的主导用地性质及平均容积率规定,并通过地块规划咨询方案加以论证和确定。

#### 第三章 "五线"控制

第九条 "五线"包括道路红线、城市绿线、城市蓝线、城市紫线及城市黄线。本管理单元涉及其中的道路红线、城市绿线、城市黄线。

第十条 本管理单元涉及的道路红线包括快速路、主干路、次干路、支路。

| 道路名称 | 道路级别 | 标准断面红线宽度(m) | 备注 |
|---|---|---|---|
| 青化路 | 主干路 | 40 | 现状道路 |
| 严西湖北路 | 次干路 | 25 | 规划道路 |
| 群力路 | 次干路 | 30 | 规划道路 |
| 康庄路 | 次干路 | 30 | 规划道路 |
| 安居路 | 支路 | 20 | 规划道路 |

**图 5-4　武汉市主城区 A101003 管理单元(青山环保科技园)控制性详细规划(有删减)**

资料来源:武汉市国土资源与规划局

(4)政府部门直接参与到规划过程中的部分行为

政府部门是规划过程的发起者和主导者。通常情况下,规划活动通常由政府及其职能部门首先发起;政府将城市规划设计任务委托给规划设计机构;组织规划方案的评审工作;负责实施、监督方案的落实;对规划方案的实施情况进行管理,对城市进行管理和控制。综观规划的整个过程,政府都有直接的行为参与到规划过程之中,成为规划过程的主导力量。并且,随着经济社会的发展,政府直接参与规划过程的行为已经成为当前政府的一项重要职能。通过政府部门这些直接参与行为,对城市的发展进行引导和管理。

2) 规划(咨询)机构的参与行为及表现方式

在规划过程中,规划(咨询)机构的主要参与行为是为解决城市问题提出技术方案。规划(咨询)机构从事规划方案编制工作,主要是受到了政府部门或利益集团(开发商)的委托。在这个过程中,规划(咨询)机构与政府部门或利益集团(开发商)实际形成了甲乙双方的合同关系。因此,实际上规划(咨询)机构的参与行为会受到合同条款的约束,因为是否忠实体现甲方规划意图成为方案验收是否合格的关键。在这种情况下,规划(咨询)机构很难维护规划所倡导的职业精神和价值准则。当规划委托方与规划的专业价值相冲突的时候,维护机构利益(经济利益)常常是他们做出的价值选择,这样不可避免地使规划(咨询)机构行为价值取向转向为实用和功利。因此,他们做出的规划方案,从某种意义来说,实际上成为反映政府、利益集团(开发商)发展意图的"工具"。

3) 利益集团(开发商)的参与行为及表现方式

改革开放以后,我国的城市建设改变了过去政府作为唯一投资主体的模式。形成了以市场为导向,利益集团(开发商)加入城市开发的格局。在当前我国社会主义市场经济体制下,利益集团(开发商)以巨大的资金优势成为规划过程的重要参与主体,活跃在我国的城市建设活动之中,他们的参与行为对规划过程产生重要影响。首先,通过利益集团(开发商)的开发建设活动,推动了城市空间建筑数量的增长和城市功能的日益完善,他们的行为活动为城市物质功能建设提供了保障。其次,利益集团(开发商)是城市地产市场的建设主体,代替了政府的具体操作活动,避免了由政府直接主导市场的不利影响。第三,利益集团(开发商)的建设行为活动为城市带来了巨大的财富,使城市中的不动产业,不论是新建的、待建的,还是那些旧有的不动产,都在使用价值之外具有潜在的或外显的市场交换价值。

4) 市民的参与行为及表现方式

市民是城市最基本的社会单位,他们的物质和精神需求与城市的发展天然联系在一起。但在实际规划过程中,"人们往往关注那些重要的参与者而忽视作为个人的公民所能发挥的作用"[①]。因而,市民的行为对规划政策的作用较弱,缺乏决

---

① 谢明. 公共政策导论[M]. 第二版. 北京:中国人民大学出版社,2008:58.

定性的影响力。近年来，随着公民权利要求的日益增长，市民参与规划过程受到了法律制度的保障，部分市民也积极参与到规划过程之中。随着社会的发展，规划发展的最终目标是与市民的利益取向达成一致。也就是说，在将来的规划过程中，必然要关注到市民的参与行为。同时，作为城市生活的主体，城市现象只不过是市民行为的具体结果而已。

5）专家组织的参与行为及表现方式

城市规划方案的科学性事关城市未来的发展，因此规划方案的审定需要格外谨慎。但是，由于每个参与主体的行为都只是在自身专业领域或出于自身利益角度思考城市问题，从而使规划方案具有"有限理性"。任何一个参与主体，或几个参与主体的知识和经验都是有限的，不可能解决城市规划领域的所有问题。因此，为了增加规划的科学性，就需要借助相关领域的专家。专家成员除由规划学术、专业经验丰富的人士组成，还包括城市规划领域密切相关的社会、人口、法律、经济、环境等领域的专业人士。专家组织通过参与规划的某些阶段，特别是在方案论证、评审阶段，其行为的结果形成了专家评审意见，科学、正确的意见会对城市的发展产生有益的影响，是对规划过程由于知识、技术、其他因素考虑缺乏妥当的必要补充。但在这个过程中，如果过分迷信权威，容易导致规划过程出现问题，使城市规划成为一种由少数专业人员表达他们意志并以此来规范城市社会各类群体和个人行为的手段。

6）规划学术研究机构的参与行为及表现方式

"学术研究机构通常是为了学术的发展和理论的完臻而针对城市问题进行研究的，其思维模式是出于学术目的的自问自答，常常是一种'我思'（故我在）的状态"[①]。研究机构针对城市规划存在的问题和技术手段进行研究，其结果将成为解决城市规划实践问题的依据和技术基础，并在一定程度上影响着城市规划和城市的发展。从表面来看，研究机构仿佛并不直接参与到规划过程中，但其效应和作用却对规划过程产生实实在在的影响。研究机构针对城市问题和技术手段开展的研究工作，其实质就是参与规划过程的一种行为。如，中国城市规划学会是一个非营利的社会组织，学会的宗旨在于"促进城市规划学科建设，传播城市规划科学知识，推动城市规划职业发展，提高中国城市规划的理论与实践水平，为我国城乡可持续发展和城镇化健康发展服务"[②]。他们的研究成果和讨论的议题，常常成为指导城市发展的重要原则。

7）新闻媒体的参与行为及表现方式

在当今社会，新闻媒体对公共决策的制定正发挥着越来越大的作用。"新闻媒

---

① 杨帆. 城市规划政治学[M]. 南京：东南大学出版社，2008：16.
② 摘自中国城市规划学会网站，http://www.planning.org.cn/jj/xhzc.asp.

体是连接政府与社会的桥梁和中介,可以扩大公众对政策制定的参与程度,使分散的公众可以公开表达自己的诉求,是实现决策科学化和民主化的重要载体"①。新闻机构主要指广播、电视、报刊、杂志、书籍、电子信息网等人们借以表达思想和意愿、传播各种信息的舆论工具。新闻媒体是现代社会中最强有力、最直接、最方便的沟通手段。由于新闻媒体对规划政策的制定过程有着非常重要的影响作用,因此又被称为政策主体的一个重要部分,有"第四种权力"之称。新闻机构之所以被认为是城市规划过程重要的参与主体,这是因为新闻媒体的行为具有独特的特点。第一,新闻媒体是传播政府政策意图的重要工具。在现代社会,任何一项公共决策都需要能及时、迅速、广泛、有效地告知社会公众,以增加社会公众的了解和配合。第二,新闻媒体能影响社会舆论导向。它总是或多或少、或隐或显地传达一定的思想和情感,能在很大程度上引导公众的价值取向,从而有助于公共政策的良性运转。在舆论导向行为中,新闻媒体常常是引导社会态度的风向标。新闻机构的观点常常会左右社会公众对规划政策的情绪,从而使社会整体表现出来对规划政策制定的支持、理解、接受、反对等情绪。第三,新闻媒体能及时反映社会舆论。新闻媒体能及时、广泛、准确把公众和社会的需求反映给统治阶级,这成为政府制定公共政策的重要依据,从而使制定的政策更加符合人民的真实需要。第四,新闻机构是社会信息分配的中枢。新闻机构凭借自己优先掌握的信息资源,有效影响利益集团和社会公众对社会信息的拥有情况,从而使优先掌握信息资源的群体在某些方面拥有优势。第五,作为第三方机构,新闻媒体具有客观、公平、公开的特点,是公共政策取信于民的重要方式。因此,一些重大事项的决策过程中,新闻媒体都参与其中进行报道,成为政府自我监督和公众社会监督的代表,从而提高规划政策的科学性。

8）非政府组织的参与行为及表现方式

随着社会的发展,民间组织日益成为社会公共决策的重要参与主体。民间组织又被称为非政府组织。非政府组织有着政府组织和其他组织不可比拟的优势,因而可以经过其行为对公共政策产生重要影响。首先,非政府组织有自己的专业特长,并借以行业组织的力量推动政府决策民主化。其次,非政府组织与政府组织优势互补,改善了政府的形象,实现了政府和社会成员的良好结合。第三,非政府组织的行业管理,是一种典型的行业自治组织,有效的行业组织可以使社会利益最大化。第四,随着非政府组织自主意识的增加,越来越多地以各种方式直接影响政府的决策。如,武汉市绿色环保组织,其使命是"宣传环保基本国策,动员团结环保志愿者、社团、单位和社会公众参与环保公益活动,增强公众环境意识,推动绿色生

---

① 陈振明.公共政策分析[M].北京:中国人民大学出版社,2003:87.

态文明,促进社会经济可持续发展"①。在他们的倡导下,武汉市推出"绿色出行"活动。因此,在武汉市当前的各类规划活动中,设置自行车停车点成为一项重要的规划内容。再如,城市爱鸟者协会可能要求保留某片树林,古树保护协会可能要求保护规划范围内的树木,绿色组织可能要求规划建设不能占用湖泊。上述非官方组织虽然不直接参与到规划政策的制定过程中,多以提交建议,说服人大代表、政协委员提交议案,和平抗议等方式进行,从而对规划政策制定施加影响。

## 5.2 规划过程参与主体的行为取向

城乡规划是一项有意识的人类活动。意识即取向,城乡规划活动受到了人类意识的支配,是一种主观能动行为。在规划过程中,每个参与主体都受到自身行为取向的驱使,并表现出自身的行为特点。同时,由于取向具有稳定性,这也使参与主体在处理相同规划事务时表现出相似的行为。规划过程参与主体的行为取向除了具有一般行为取向的共性,也有自身特点。因此,要研究规划过程参与主体的行为取向,需要从行为取向的共性开始。

### 5.2.1 行为取向的内涵

1) 行为取向的概念

行为取向是人类的主观因素和心理状态,它是人类行为生成和运作的背景和条件,主要包括态度、价值观、信仰等性格特质。行为取向是一种人类的意识形态,必须要借助特定的行为才能反映出来。简单地说,如果说行为的本质是"做什么",那么取向的本质就是"为什么"要这么做。在城市规划过程中,政府是最重要的参与主体之一,支配他们的总体行为取向就是维护城市的整体利益和公共利益,在这种行为取向的支配下,政府的一切行为都是在这个行为取向的驱使下进行的。

2) 行为取向的来源

人类的取向来源于自身的需要。大致来说,人的需要主要包括两个部分:一类是生理需要,另一类是情感需要。生理需要主要指个体为了维持生存状态而必须具备的基本条件,这些需要包括吃饭、穿衣、睡觉等。情感需要主要是指为了超越基本生活条件而创造的内心满足感知。人类的取向正是围绕着这两个方面发生,首先是为了维持生存,其次是为了更好地生存。人类在受到内外环境的刺激下产生需求动机,并对这种刺激做出相应的反应,这种刺激反应的外在表现形式就是人类行为。从城市的起源来看,刘易斯·芒福德在《城市文化》中描述:"古往今来多

---

① http://hbwh. wenming. cn.

少城市又莫不缘起于人类的社会需求,同时又极大地丰富了这些需求的类型及其表达方法。……乡村中根深蒂固的循规蹈矩渐渐地不再具有强制性,祖传的生活目标渐渐地不再是唯一的生成满足:异国他乡到来的男男女女,异国他乡传入的新奇事物,闻所未闻的神灵仙子,无不逐渐瓦解着血缘纽带和邻里联系。一艘远方的帆船驶入城市停泊,一支骆驼商队来到城市歇息,都可能为本地毛织物带来新染料,给制陶工的餐盘带来新奇釉彩,给长途通信带来其所需用的新式文字符号体系,甚或还会带来有关人类命运的新思想。"①在刘易斯·芒福德关于城市起源的讨论中我们可以看到,正是因为人类不断发展的需求,促使人类通过各种行为推动着城市文明源远流长的发展。

因此可以说,在刺激——人——行为这三个阶段相互联系、相互作用下,形成了丰富多彩的人类行为。人类的取向会随着经济社会发展而动态变化。在生产力和生产关系的影响下,人类对基本生存和情感的理解也会随之变化。对于个体取向的来源,一方面来自于生物遗传,另外一方面也来源于社会化过程之中。对社会学科研究来说,关注人的取向,重点是要关注社会化过程对人行为取向的影响。社会化,即外化的社会环境对人行为产生的影响作用。

3) 行为取向的种类

人类学家通过研究发现,有的人类行为属于个体行为,有的行为具有普遍性。比如在面对饥饿的时候,人们都受到饥饿的刺激,产生解决饥饿需求的行为举动,这是一个具有普遍意义的行为;而在面对解决饥饿的方案上,不同的个体的选择具有差异。因此,即使面对同样的取向驱动,人类的行为也会存在个体差异性。按照取向的主体标准来划分,取向可以分为个人取向和集体取向。个人取向主要是个人意识形态的集合,与个人的生长、学习、家庭、环境密切相关。集体取向是一种群体意识形态的集合,代表了群体对意识形态的共同选择。集体取向与社会环境、传统文化、政治制度等密切相关。个体取向是形成集体取向的基础,但这一过程不是一种简单的整合,而是在选择、平衡、再造等作用之下形成的。除了按照取向的主体的标准进行划分以外,取向还有其他的划分方式,如行为取向、文化取向、价值取向等。本书关注的行为取向,是指规划参与主体在参与规划过程中的行为取向,主要是一种群体意识形态。由于本书将规划过程的参与看作是一项政治参与,在这个过程中的行为取向又是一种政治行为取向。

4) 文化的本质是人的行为取向

"文化"是人类行为研究的核心概念。泰勒在《原始文化》中,第一次从科学意

---

① [美]刘易斯·芒福德. 城市文化[M]. 宋俊岭,李翔宁,周鸣浩,译. 北京:中国建筑工业出版社,2009:3.

义上对文化进行了定义。他认为,"文化或文明,就其广泛的民族学意义来说,是一个复合的整体,包括知识、信仰、艺术、道德、法律、习俗以及作为一个社会成员的人所习得的其他一切能力和习惯"①。文化构成了人类群体的一种习俗性态度,指导着人类如何协调自身行为、思想及其与生存环境之间的关系。文化中所包含的这些态度、价值观念成为指导人类行为的基本准则,形成了人类行为的取向。从文化所表现出来的特点②来看,文化在本质上就是人类行为的取向。

(1) 文化是群体所共享

文化是一个群体内,人们所共享的观念、价值和行为准则。人类群体在生产、生活过程中,会表现出对某些文化的偏好,并会对某些观念、价值和行为准则进行选择,这些选择成为群体成员共同认可和接受的行为标准,预告着人们在某些特定环境中的反应。共享的文化成为指导人们行为的准则,表现出对某些观念、价值和行为的选择,这就是人类群体的行为取向。

(2) 文化是通过学习而获取

文化的获取是学习的结果,学习也是人类求得生存的重要途径。人类在实践中不断地创造文化,而创造的过程又是基于对"前文化"③的学习和延续。当然,不是所有通过学习获得的行为都是文化。人类学习所获取的文化是基于对既有文化模式的分享,每一代人都向上一代人学习,但是一代人与一代人的文化并非完全相同。相对于人类的学习行为而言,动物的学习行为只是自身条件的反射,是反复训练的结果。人类的学习行为是基于一定的学习方法,并通过对学习内容的选择,以获得自身生存发展所需要的文化。因此,人类的学习行为包含了人类的思维意识活动,是人类特有的一种主观行为。文化是人类学习的基本内容,是人类生存的需要,是文明的延续。同时,人类所获取的文化知识又成为人类行为取向的重要来源,深刻地影响着人类行为。

(3) 文化具有象征的意味

人类学家怀特(Leslie White)认为,所有的人类行为都起源于对象征符号的运用。在文化中,最重要的象征性符号莫过于语言,这是最重要的一类象征性符号,语言被用以字词代替实际的客观事物。通过语言,人类实现了文化信息的传递。语言可以使人们在积累的经验中学习,实现了文化的代际传递。萨皮尔(Edward Sapir)认为,语言是纯粹属于人类非本能的交流观念、情感、期望的方式,这种方式

---

① Edward B Tylor. Primitive Culture[M]. New York:Harper and Row,1958:1.
② 文化特点的内容参考了:周大鸣. 人类学导论[M]. 昆明:云南大学出版社,2007:9-11.
③ 注释:前文化是以文化的发展阶段作为划分的标准,指的是在新文化被创造出来之前已有的文化。前文化对新文化的创造具有重要的作用,是人类创造新文化的重要环境。

通过受意志控制而产生的符号体系表现出来,因而人类能够把文化一代代传递下去。具有象征特点的文化,既体现了人类对于某些行为取向的选择,同时又成为人类行为取向的重要源泉。

(4) 文化是整合的产物

"文化的所有方面在功能上相互关联的趋向称为整合(Integration)"[1]。人类整体是由若干不同的群体构成,在每个不同的群体之间,通过交流、合作等方式,实现了彼此文化的借鉴和吸收,推动了双方文化的共同发展,这是一类整合方式。同时,在一个群体的内部,由于每个个体对文化的掌握情况具有差异性,为了实现群体整体文化的和谐状态,需要个体对自身掌握的文化作出调整,以实现群体文化和谐的需要。个体文化为了整体文化和谐所作出的这种调整,就是对文化的整合行为。对文化的整合是一种经常性的行为,正是由于文化整合行为的动态性,才基本维持了文化的和谐状态。正在调整中的文化和经过整合后的文化,成为指导人们行为取向的重要来源。

## 5.2.2　行为取向的产生

人类不仅是一个生物种属的人,而且还是一个社会人。因此,人不仅有生理本能的行为,而且还有适应社会需要的行为。对于一个生物个体而言,就其生存方面的行为来说,其行为取向更多的是来自一种生理本能,如衣、食、住等方面。推动人类实行的这些活动,是来自于生物求生的本能。但人类的行为不可能只满足自身生理层面的需求,其行为更多的是参与到社会活动和改造之中。我们把这一类行为叫做社会行为,如参与到城市规划的行为、学习知识的行为、文化创造的行为等等。在本书的研究中,笔者关注的是人类的社会行为取向,具体来说就是关注人类参与规划过程之中的行为取向。

社会行为取向产生的过程比较复杂,需要从取向的源头本质说起。从本质上来说,人类的社会行为来源于人类的需求动机,动机是激发和维持个体活动的直接动力。对于人类行为动机的研究,最具影响力的是人本主义心理学家马斯洛(Abraham H. Maslow, 1908—1970),他提出了著名的需求层次理论。他认为人类的需求动机可以分为五个层次,"它们构成一个有相对优势关系的等级体系,一种需要满足之后,另一个更高的需求就立刻产生,成为引导人的行为的动力,因此,人很难得到完全满足,总是处在不断的追求之中"[2]。他将人类个体的需求按照以下五个层次划分:

---

① 周大鸣. 人类学导论[M]. 昆明:云南大学出版社,2007:10.
② 沙莲香. 社会心理学[M]. 北京:中国人民大学出版社,2006:158.

### 1）生理需要

生理需要是人类生存的基础，是"人的需要最基本、最强烈、最明显的一种"①。这类需要的动机与人类生存密切关联，是来自于人类作为生物的本能。如饮食、睡眠、居住等行为。

### 2）安全需要

安全需要包括生理上的安全和心理上的安全。生理安全是指避免受到外物的伤害，如建筑工人要戴安全帽、驾驶汽车的人需要佩戴安全带等。心理安全需要与人的个性有关，例如：有神经症的人对秩序和稳定有迫切的需要，会力求避免变化或新奇事物的发生；一个成熟、思想开放的人并不喜欢毫无变化的生活。

### 3）归属与爱的需要

人是社会性动物，每个人都希望自身归属于某个群体或某个社团，并在其中占据一定的位置，从而与他人交流并得到关心和照顾。这种需要是个体与他人建立、维持和发展良好关系的重要前提。正如戈布尔所说"爱的需要涉及给予爱和接受爱……我们必须懂得爱，我们必须能教会爱、创造爱、预测爱。否则，整个世界就会陷入敌意和猜忌之中"②。

### 4）尊重的需要

尊重的需要包括两个方面：一是自尊，指个体对获得成就、独立和自由等方面的愿望；二是得到他人的尊重，指个体渴望得到关心、承认、接纳、权威、名誉等。

### 5）自我实现的需要

自我实现的需要是位于人类需要的最高层次，它是在其他层次的需求都得到满足的前提之下，希望能满足与自身潜力相一致的某种目标，从而表现出理想和使命感，以体现自身存在的价值。马斯洛在《动机和人格》一书中写道："一个人能够成为什么，他就必须成为什么，他必须忠实于他自己的本性。这一需要，我们可以称为自我实现的需要。"

马斯洛的需要层次理论建立在美国社会的基础之上，"并不是在所有的文化中都可以找到这些需要"③。因此，其理论存在一定的局限，受到了一些批评和质疑。但在西方工业社会和后工业社会中，马斯洛的理论得到了不少的支持证据，可以作为理解一般行为的良好指南。

个体的行为动机是社会群体一个基本单元的取向，是人类群体行为取向的基础。对于人类群体而言，社会群体存在是一个普遍的社会现象，而群体的行为取向则

---

① ［美］弗兰克·戈布尔.第三思潮：马斯洛心理学［M］.吕明，等，译.上海：上海译文出版社,1987:40.
② ［美］弗兰克·戈布尔.第三思潮：马斯洛心理学［M］.吕明，等，译.上海：上海译文出版社,1987:44.
③ 沙莲香.社会心理学［M］.北京：中国人民大学出版社,2006:160.

是多数成员对某一事物的共同价值选择。群体的行为取向是在个体行为取向的基础上,由个体间的互动产生出共同的行为取向,没有个体行为取向基础,群体行为取向就是"空中楼阁",空洞无物。群体行为取向是由个体行为取向中共有的部分构成。

人类文明的发展史表明,人的全面发展包括不可分割的两个方面,即人的社会化和人的个体化。人的社会化是说,任何人的发展必然要通过社会化途径,通过人我之间的社会联系和交往;人的个体化是说,人的社会化须以作为独立个性存在的个体人为基点,即以人的个体化为条件。人们参与社会事务之中的行为取向模式,不是与生俱来的,而是在后天的社会化过程中习得和养成的。人们的行为取向是习得的,有一个形成过程。一种行为取向形成以后,又会不断地变化,形成新的行为取向。行为取向的形成和行为取向转变的过程是一致的,新行为取向的形成,同时是原有行为取向的转变。人的社会化过程,是人类文化传递和社会资本再生的过程,是文化形成、维持和改变的过程,是人类文化传承与创新的过程,是个人与系统互动的过程,是一个复杂、多元、持续的过程。在人类的社会化过程中,文化是这一过程的核心要素,扮演了重要角色,它记录着人类文明和延续着人类文明。总之,人的社会化过程是人类行为取向产生的最本质、最原始、最直接的过程。

## 5.2.3 人类的行为取向由社会化作用产生

人类行为取向的产生过程是一个社会化作用过程,因此人类的行为取向与社会化过程的途径密切相关。在整个人类社会中,这些社会化途径又构成了社会环境。社会环境对于人类行为取向来说至关重要,像遗传及基因因素一样,对于人类的行为取向产生深刻影响(图5-5)。由此可见,社会环境处在一个既变动,但又较为稳定的状态,社会环境对人的行为取向的影响持续而深远。社会环境是由众多要素组合而成,这些要素承担着人的社会化的具体职能。也正是这些社会环境组成要素,对人的行为取向产生了深刻影响。

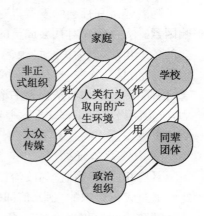

图5-5 产生行为取向的社会环境

1) 家庭

家庭是社会的细胞,是社会成员最初的、最为直接的社会化媒介,是人类社会化过程的摇篮。家庭是个人社会化过程的起点,对于个人人格的塑造、人生观的形成以及对社会常识的启蒙等起着特别重要的作用。家庭是个人社会成长的第一课堂,家庭所承载的社会各类价值观、态度、信仰等行为取向,无不在第一时间影响着个体的成长。虽然,个体在一定阶段后要接受再社会化教育,但他们在成长初期所接纳到的家庭行为取向,会成为他们的潜意识而积淀下来,成为影响个体行为取向的重要因素。

2) 学校

学校对个体的社会化过程作用十分强大。学校作为一个重要的组织,其社会化过程是经过精心设计的。学校对个体培养过程的实质,是一种有意识、有目的、正规的社会化培养过程。学校是个体社会化过程最重要的组织机构之一,学校通过相关课程和有组织的活动,对个体进行系统的社会化教育。同时,学校也通过其营造的社会文化环境对个体产生潜移默化的影响。正是因为学校在个体社会化过程中,塑造个体价值、态度、信仰等行为取向方面的重要功能,所以学校教育历来是统治阶级控制和关注的重要机构。

3) 同辈团体

同辈团体是指具有大体相同教育程度、社会背景或某种意识形态背景、兴趣爱好相接近的人们自愿结合起来的非正式社会结构。虽然,这是一个非正式的社会结构,但在个体社会化过程中却扮演着重要角色,对青少年的观念、态度的形成具有重大影响。在他们所形成的这些微观文化单位中,传递着团体的文化,进而影响到组织中的每个个体。中国有句古话:"近朱者赤,近墨者黑",说的就是这个道理。同辈团体所共同接受或认可的社会价值,会通过彼此之间的交流进入每个团体人员的意识,成为影响他们行为取向的重要因素。

4) 大众传播媒介

随着经济和社会的发展,信息媒体越来越成为社会成员成长过程中的重要影响因素。大众传媒对社会成员的影响深远,并通过其大量的传播工具,辐射到了社会的各个角落,成为民众接触、了解社会事件最主要的渠道。各种传播媒介的信息传播像"信息灌输"一样使人们受到潜移默化的影响,对社会大众的态度、价值观念、信仰等产生影响,从而左右着人们。也正因为传播媒介有如此大的社会影响力,统治阶级都将牢牢掌握这些舆论工具,作为传播信息的主要途径,成为塑造社会成员思想意识的基本工具。

5) 社会政治组织

具有相同政治利益和政治目标的社会成员构建而成的团体叫政治组织。政治组织通过宣传组织的主张、信仰来影响社会成员的行为取向,通过组织活动向其成员传播政治知识和政治技能,培养成员的政治文化。在各种类型的社会政治组织中,政党是现代化社会政治组织的高级形式,也是现代社会最重要的政治社会化途径。广泛宣传政党的政治纲领是政党的主要活动,以获得社会成员的支持。同时,政党有严密的政治组织系统和严格的组织纪律,对其成员进行政治教育和政治训练,从而规范成员的行为。

6) 非正式组织

在现代社会中,一个重要的特点就是非政府组织(NGO)在整个社会生活中扮演了越来越重要的角色。非政府组织的一个最重要的功能就是对社会成员具有社会化功能。社会成员在非政府组织中,逐渐学会了社会化参与、政治参与、谈判和沟通等社会技能,如相互交往和沟通的艺术,解决问题的合作,协商、谈判和妥协的本领。这些社会参与技巧和政治参与技巧,可以使社会成员在非政府组织的活动之中学会或受到潜移默化的熏陶。

上述的六大社会环境要素,既是人类的共同生活基础,又是人类活动的重要环境。这六大社会环境要素是人类创造物的一部分,包括了物质技术、社会规范和精神体系。同时,这些要素也组成了社会环境,成为人类文明的一部分,创造和建立着人类文化。因此,可以说,正是由文化承担着人类社会化的主要职能,并通过社会环境要素的各种工具,广泛、持久、深刻地影响着人类行为取向。文化在社会成员的社会化过程中有两大职能:第一个职能就是要为社会培养合格的"社会人",以维持社会体系的有效运作。一方面,社会成员可以通过学习,树立个人的社会观念和社会意志,从而建立起个人的行为方式;另一方面,在社会成员社会化过程中,社会体系会对全体社会成员进行有意识、有目的地灌输和教育,从而对社会成员的社会心理和社会意识进行塑造。第二个职能就是要传承和发展社会文化,以维护和延续社会文明。社会化是文化传承、继承的主要途径。社会总是通过社会化手段,将社会中占主导地位的文化传递给下一代人,保持代际之间稳定的价值观和行为方式,从而维护社会的稳定,推动社会文明的延续。

综上可见,稳定的民族文化,始终是社会成员行为取向的最主要影响因素。每一个社会中人,无不深刻地受到本民族传统文化的熏陶,每个社会成员从出生开始,便处在传统文化的包围之中。

## 5.2.4 规划过程参与主体的行为取向

1) 规划过程参与主体行为取向的本质是一种政治行为取向

人类的行为取向是社会化作用的结果,受到了家庭、学校、同辈集团、大众传媒、政治组织和非政府组织等外在环境的影响。因为城市规划是一项公共政策,所以参与主体的行为是一项公共政策参与活动。因此,规划过程参与主体的行为实际上是一种政治参与行为,驱动他们的行为是政治行为取向。政治行为取向与传统政治文化具有密切关系,传统政治文化是形成政治行为取向的基础。

2) 参与主体的行为取向

在城市规划过程之中,参与主体的主观因素和心理状态就是参与主体的行为取向。它是参与主体行为生成和运作的背景和条件,主要包括态度、价值观、信仰等性格特质。规划过程参与主体的行为,受到自身态度、价值观、信仰等价值取向的控制。同时,参与主体的行为也表现出参与主体的态度、价值观、信仰等价值取向。也就是说,参与主体的行为受到取向的驱使,行为会表现出参与主体的价值取向。由于各参与主体的行为取向具有差异,会表现出不同的行为,因此各参与主体的行为会对规划过程产生不同的作用效果。

我们无法精确讨论到每个参与主体的行为取向,但从整体上看,还是能从各参与主体的行为取向上寻找到一般性规律。在每个参与主体参与到规划过程中,他们的行为都有自己的价值准则,无不渗透着参与主体自身的价值取向。参与主体的行为取向各自具有差异,但如果每个参与主体都按照自己的行为取向模式活动的话,那么规划过程将会变得混乱不堪。参与主体行为取向的差异性,从本质上说是体现了参与主体利益的多元性。如果从取向的来源来看,实际上每个群体的背后都有关于自身利益的思考。这些关于自身群体、组织利益的思考是取向产生的重要来源。城市规划活动,其本质不外乎就是分配城市的土地资源和空间资源。对于城市空间来说,不同的群体对利益需求的差异性总是客观存在的。这就要求在分配城市空间利益的时候,在满足各群体的利益的同时,又不能损害他人的利益。这就需要形成一个公共准则,而且这个准则理应得到各群体的彼此接受和一致赞同。这就需要在统筹城市整体利益的时候,又要兼顾各参与主体利益。形成公共准则和分配利益的过程就统一于城市规划过程的参与之中。

面对多元参与主体行为取向的差异可能会对规划过程造成的混乱,需要在规划过程中整合思想,调整各参与主体的取向理念,并实现所有参与主体行为取向的一致认同。只有这样,才能确保规划过程顺利发生,照顾到所有规划过程有关利益体的自身利益。为确保参与主体行为取向达成一致,需要一个能共同作用和互相交流的平台。而规划过程为参与主体创造的参与机会,实际上就成为参与主体共同交流的平台。在规划的不同阶段中,参与主体通过"讨价还价"、利益博弈、相互妥协,形成彼此能够接受的一致性意见。在城市规划活动过程中,如果说用有形的状态来承载这个公共准则的话,这就是规划目标。规划目标既是规划过程中各参与主体的共同行为取向,又是各参与主体行为的准则。因此,可以说,规划目标所承载的价值观念就是规划过程所有参与主体行为的共同行为取向,并成为规范参与主体行为和引导规划实施的纲领。

## 5.3　规划过程参与主体的行为与取向之间的关系

行为是人类存在最基本的表现方式,取向是驱动人类行为的动因。取向和行为是天生的一对,不可分割。在规划过程中,各参与主体的行为和取向之间的关系密不可分。

### 5.3.1　取向主导行为

可以说,人类的一切行为都受到了取向的支配。我们总能在各种行为的背后,去寻找到产生这些行动的理由,这些支撑行为的理由就是参与主体的行为取向。取向主导着人类的行为,并成为行为动机的解释。从行为与取向之间的关系来看,取向主导着人类的行为。人类总是在一定取向的作用下,发生某些具体行为。也就是说,在行为的背后一定表达着主体的某种主观意识,体现着行为主体的态度、价值、信仰等心理状态。取向是人类行为发生的前提条件,如果行为不在取向的指导下发生,行为就没有包含人类的主观意识活动,那么行为最多只不过是一种生理本能活动而已。在行为过程中渗透着人类的主观意识,这正是人类所特有的能力,人类行为正是在取向的影响和制约下产生和实施。在城市规划过程中,所有的城市规划现象都是参与主体行为的结果,那么为什么参与主体要发生这些行为呢?可以确定地说,规划过程中参与主体的任何行为都是取向主导的结果。

### 5.3.2　行为反映取向

由于取向是一种主观意识和心理状态,通常是以隐性的状态而存在,只有通过具体的行为才能表现出来。同时,行为取向存在的主要目的也是为了推动行为的发生,通常情况下取向都会转化为实际行为。因此,行为是取向的载体,参与主体的行为反映了主体的价值取向。从取向的来源和取向的实现方式来看,取向无法脱离人类的具体行为而独立存在。人类行为作为取向的载体,总是反映着行为主体对主观意识和心理活动的选择。如政府为了整治城市环境,提升居民生活品质而进行的旧城改造运动。在这样一个取向的指导下,政府就会以这个取向为核心实施一系列行为,如提出改造意向、内部达成一致意见、委托规划编制、动员居民拆迁、实施规划方案、协调各方利益等等。同时,政府在施行这一系列行为的背后,市民能感受到"政府为改善城市环境品质而作出的努力"。市民能感受到"政府为改善城市环境品质而作出的努力",这实际上就是通过政府的这些行为,体会到了政府的行为取向。这也说明,政府的行为取向通过自身的行为得以顺利反映。

### 5.3.3　文化是行为和取向的共同内核

"文化作为社会所共有的意义系统,其中作为指导人们行为的一些原理,是每个社会成员的'全部生命活动的蓝图'"①。每个社会成员都在某种传统中成长,并

---

①　顾建光.文化与行为[M].成都:四川人民出版社,1988:51.

在其社会化过程中学习了一套复杂的规则、规范和原理,这些文化内容将成为指导他们行为的一般性原则。在这一过程中,文化对人类的行为行使规范功能,并把人类的行为纳入到被社会共同认可的轨道。人类的社会行为,无论在哪个社会都不可能随意发生,甚至在大多数时间内也谈不上所谓的个人选择,人们总是按照社会系统中建立起来的那些规则和规范行事。人们一旦掌握了某个社会的文化规范,就能对将要发生的行为进行预测。在这个过程中,文化使社会行为带有模式性和可预言性。文化的规范功能主要作用于人类取向,使行为主体的取向符合某项社会规范。文化的预测功能主要作用于人类行为,使人们在了解社会文化规范系统的基础上,预测可能要发生的行为。如在我国长期的封建集权专制的影响之下,普通市民通常认为政治是"当官"人的专利,与普通的民众没有关系。在这些传统文化的影响之下,人们对于政治参与的热情普遍不高,因此难以在政治参与中发挥应有的作用。在当前的规划过程中,按照《城乡规划法》的要求设置了公众参与阶段。但是,从真正的参与效果来看,没能达到这项法律设置的初衷。市民的参与热情不够,这显然受到了传统文化形成的社会"规则"的约束。同时,当我们一旦认识了这个规律,为了提升规划的公众参与热情,就可以提前作出一些预设性安排,进而提高城市规划公众参与的热情,使规划成果更加具有科学性、权威性。这说明,如果我们预测到某些行为将受到文化的约束,我们就可以提前作出预设性安排,从而降低某些文化对参与主体行为的"约束",推动事件的顺利进行。

## 5.4　规划过程参与主体的取向如何影响行为

在城市规划过程中,各参与主体的行为也无不受到取向的主导和影响。不同的参与主体存在不同的取向,也正是因为取向的差异性才形成了参与主体的多元化。取向的差异性是多元参与主体存在的基本原因,这也是划分参与主体的重要依据。

### 5.4.1　行为取向为参与主体行为提供动机

各参与主体在自身取向的指导下参与规划过程,并以自身的行为影响规划过程,实现自己的行为取向,即自身利益。这就是为什么在规划过程中,某些组织、群体积极努力去拥有"话语权"的重要原因。

### 5.4.2　规划目标是全体参与主体共同的行为取向

规划目标是全体参与主体共同认可的结果,包含了规划过程的整体价值取向。规划参与主体的行为除了受到自身行为驱动以外,还必须要受到规划过程整体价值取向的约束。规划目标作为城市的整体取向,至少包含了这样几个特点:一是参与主体的彼此认可,二是兼顾了各参与主体的取向原则,三是符合城市的发展需要,四是要获得大家的共同赞同。在这些特点的共同作用下,城市规划的整体价值取向就成为规范参与主体共同遵守的准则,成为参与主体行为的规范,即成为了参与主体的共同行为取向。

### 5.4.3 规划目标是参与主体共同追逐的理想

城市规划是一项人类的集体活动,也是所有参与主体集体行为共同的结果。但实施行为本身并不是规划活动追求的最终目的,每一项城市规划要达到的目的背后,必然包含着特定的价值取向。各参与主体受自身行为取向驱动,参与到城市规划活动之中,形成了参与主体行为取向多元化的局面。这也说明,在城市规划过程中,参与主体的行为取向既具有共性,又存在冲突性。因此,需要最大限度消除规划过程各参与主体行为取向的差异性,而实现参与主体行为取向的一致性,这是城市规划过程价值取向追求的理性状况。对各参与主体的行为取向来说,就是要努力实现自身的价值取向与达成共识的价值取向之间的差值最小。但在实际规划过程中,总存在强势参与主体的价值取向占据主导地位,而弱势群体行为取向占据次要地位的现象。这就是城市规划理论中经常谈到的,"精英主义"、"个人意识"影响城市发展的原因。

### 5.4.4 行为取向形成的文化塑造着人类的行为

取向是群体的态度、价值和信仰,并由此成为一种文化、一种习惯,成为部分社会群体共同认可的文化精神。规划过程实际也是参与主体取向的再造过程,参与主体的取向无不经过这个过程进行加工和提升,成为人类文明财富的重要组成部分。同时,这些成果又将成为文化的一部分,成为人类文明的一部分。这些文化又渗透在社会群体的各种行为之中,成为塑造人类行为的重要力量。

## 5.5 小结

在本章中,笔者主要就两个方面的问题进行了讨论。第一,参与主体的什么制造了规划现象;第二,参与主体的什么因素决定着参与主体的行为。通过本章的研究,主要有以下几个结论:

(1)一切规划现象都是参与主体行为的集合

规划现象作为一种社会现象,一定是人类具体行为的结果,没有人类的具体行为,不可能有任何社会现象发生。规划过程发生的任何现象,都是参与主体行为的结果。

（2）参与主体的行为必然受到价值取向的驱动

人类与动物最大的差异就是具有自己的意识，并能在意识的驱动下进行创造性劳动。这就是说，人类的社会行为活动必然是受到了意识系统的驱使。这些支配人类行为的意识系统是价值取向，也叫行为取向。参与主体在规划过程中的任何行为，都是参与主体行为取向驱使的结果。对一个个体或一个群体而言，行为取向相对稳定和持久，总能在应对相同事物的时候表现出同样的行为。

（3）参与主体的取向与行为之间的关系主要有三个方面

在规划过程中，参与主体的行为与取向之间的关系主要有三个方面。首先，取向主导行为，一切行为都是取向驱动的结果；其次，行为反映取向，有什么样的行为，就会反映参与主体什么样的价值取向。最后，文化是行为和取向的共同内核，文化是参与主体行为取向形成的基础。

# 6 传统政治文化作为分析规划过程参与主体行为取向的视角

从政治学视角看待城市规划活动,城市规划实际上是一项事关城市整体利益和公共利益分配的公共政策活动。因此,参与主体参与规划过程的行为,实际上是一种政治参与行为。既然参与主体的行为是一种政治参与行为,那么分析参与主体的行为取向就可以从政治学的视角去分析。无论参与主体具有哪种行为取向,都是在社会环境的社会化功能作用下形成的。社会环境的形成不是一个瞬时行为,而一定是对既有社会环境的继承和发展。既有的社会环境也叫传统文化,每个社会成员从出生开始,无不深刻地受到本民族传统文化的熏陶,处在传统文化的包围之中。在传统文化的作用下,参与主体形成了对政治参与活动的态度、信仰和感情,这就是驱动参与主体从事政治参与行为的取向,在政治学中被称为传统政治文化。由此可见,在城市规划活动中,传统政治文化是形成参与主体行为取向的重要来源。传统政治文化可以成为理解规划过程参与主体行为的视角。

## 6.1 传统政治文化与规划过程

在现实的规划过程中,传统政治文化看似与规划过程并没什么联系,但如果我们深入到规划过程参与主体行为取向的研究时就会发现,传统政治文化对塑造参与主体行为取向具有重要作用,从而对规划过程产生深刻影响。

### 6.1.1 传统政治文化塑造参与主体的行为取向

在规划过程中,参与主体在规划过程中的行为是其行为取向驱动的结果,有什么样的价值取向就会产生什么样的行为,有什么样的行为就会产生什么样的规划过程。对参与主体行为取向的产生过程来说,最重要、最直接的基础来源于传统政治文化。"传统政治文化是一个民族在特定时期流行的一套政治态度、信仰和感情。这个政治文化是由本民族的历史和现在社会、经济、政治活动进程所形成。人们在过去的经历中形成的态度类型对未来的政治行为有着重要的强制作用"①。一个民族经过长期的积淀和创造,形成了一套相对稳定的政治价值取向系统。这套政治价值体系是本民族共同认可和遵守的行为法则,规范和制约着人们的政治行为。从规划过程看,参与主体当然不可能独立于这些法则之外,他们的政治态度、政治情感、政治价值、政治信仰都来源于传统政治文化,并受到传统政治文化的深刻影响,从而规范和制约着他们在规划过程中的行为。城市规划过程也是如此,传统政治文化通过其示范、塑造、规范、激发等作用影响了参与主体的行为取向,进而通过规划参与主体的行为表现出来,所有参与主体行为形成的合力左右着城市规划的结果。因此,在影响参与主体行为取向中,传统政治文化的示范、塑造、规划、激发功能发挥着关键作用。

## 6.1.2　传统政治文化如何影响规划结果

传统政治文化对规划过程的影响,是通过影响规划过程参与主体的行为取向实现的。传统政治文化规范和制约着规划过程参与主体的行为,参与主体行为的结果呈现出规划现象,大量规划现象构成规划过程。

因此,传统政治文化通过规范和制约作用对参与主体行为取向产生影响,从而影响规划过程。传统政治文化影响规划过程主要通过三个阶段(图 6-1):首先,传统政治文化通过社会化作用于参与主体的行为取向;其次,参与主体在传统政治文化影响下形成行为取向;最后,参与主体在行为取向的规范和制约下实施参与行为。

1) 传统政治文化调整和改变着规划过程参与主体的意识观念

在规划事件发生之初,可能我们必须首先要回答一个问题,那就是"我们为什么要规划"②。对这个问题的回答,就涉及价值系统的问题。如西方国家,传统政治文化倡导民主、自由、法制等意识形态,规划就扮演着一个维护公共利益和城市整体利益的重要职能。然而,在我国的社会中,长期受"封建专制"统治影响,在传统政治文化的价值结构中,"君权至上"是一个重要的政治价值准则,君主的权威具有压倒一切的至上性,"六合之内,皇帝之土。西涉流沙,南尽北户。东有大海,北有大夏。人迹所至,无不臣者"③,"普天之下,莫非王土;率土之滨,莫非王

---

① [美]加布里埃尔·A.阿尔蒙德,小 G.宾厄姆·鲍威尔.比较政治学[M].曹沛霖,郑世平,公婷,等,译.上海:上海译文出版社,1987:29.

② [美]约翰·M.利维.现代城市规划[M].张景秋,等,译.北京:中国人民大学出版社,2003:1.

③ 《史记·秦始皇本纪》。

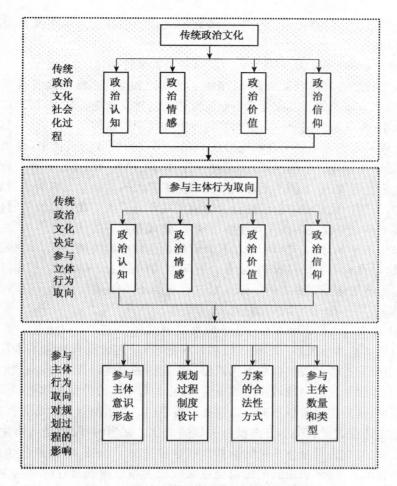

**图 6-1　传统政治文化影响规划过程示意图**

臣"①,"君主权力的无限性成了普遍的政治观念"②,国家政治权力成为君主的私有财产。整个国土之上的一切都是君主的私有财产,那么城市就仅仅是君主财产的一部分而已,城市理所当然就成为君主展示权力、意志、情感的承载空间,人们哪里还有个人的利益需要。可以肯定地说,这些传统观念会对我国现代城市规划过程价值取向产生影响。如,我国现代城市规划过程中的"长官意识",规划师的"技治主义"思想,无不表现出对传统政治文化中"政治权力私有"价值取向的尊崇。现在流行的"技术至上""理性主义""功能主义"等规划价值取向,又走向了另外一种

---

① 《诗经·小雅·北山》。
② 葛荃.中国政治文化教程[M].北京:高等教育出版社,2006:36.

价值取向的极端,是对"民本思想"①传统政治文化所倡导的人本主义价值取向的一种彻底摈弃。

2) 传统政治文化影响着规划参与主体参与制度的创建

从城市规划的工作对象来看,城市的土地资源和空间系统是其直接工作的对象。但是,随着城市的发展和近代市政管理体制的建立和逐步完善,城市规划作为一种技术手段,开始为国家权力机构实施政治和政治控制的一种工具。因此,对城市规划过程的研究必须要结合制度考虑。在我国的传统政治文化中,政治权力为君主私有,属于封建统治的国家政治制度,普通的社会大众根本没有参与管理城市经济社会发展的权力,更谈不上从制度方面保障市民的参与规划权利。当然,在这一过程中,普通市民却在用自己的行为影响着城市的发展。在计划经济时代,行政官员和技术专家全权代理人民行使城市规划、管理和发展的任务。然而,在社会主义市场经济条件下,经济转型和政治转轨促进社会的全面发展,社会在财富积累方面的增长,也推动了公民对权利、公众利益等方面的关注。在这样一个时代,城市规划不得不从法律等制度方面保障规划过程参与主体的参与权利,城市规划在制度的变革下,迎接着一个新时代的到来。

3) 传统政治文化影响着参与主体的类型和数量

参与主体是城市规划过程得以顺利开展的核心要素,没有参与主体及他们的行为,城市规划过程的发生根本无从谈起。在我国的封建时代,受传统政治文化影响,城市的建设和发展是统治阶级的事务,因此参与主体的类型和数量都固定在统治阶级层面,他们主宰着城市的一切发展。新中国成立后的计划经济时代,规划过程的参与主体在数量和类型方面没有明显的变化。在当时,政府是城市建设的唯一投资主体,并代言着全体市民的利益。在这种情况下,政府全面整合社会资源,将规划的技术人员、政府所属的建设企业吸收成为城市规划过程的参与主体。社会主义市场经济时代,随着投资主体的多元,城市建设和发展涉及越来越多人的利益,城市规划成为集聚多方利益的综合体。在这样的情况下,城市规划不得不担负着利益分配的职能,城市规划过程参与主体在数量和类型上得到极大的扩充。这样做的目的,一方面是为了确保在城市规划过程使城市利益的分配趋向公平,另一方面也是为了提升规划方案科学性以获得广大市民的普遍认可。

4) 传统政治文化影响着参与主体参与规划过程的阶段设定

如果单一地看规划编制技术流程,那么无非就是经历了一个调查——资料分析——目标确定——方案编制——确定方案的过程。然而,很显然这并非是对真

---

① 《孟子·尽心下》中的"民为贵,社稷次之,君为轻",《尚书·五子之歌》中的"民为邦本,本固邦宁",这些内容包含了朴素的民本思想,表现了对关注和尊重人的人本主义思想本质。

实规划过程的写照。实际上,由于规划过程的复杂性,真实的规划过程远比这个过程复杂得多。从大的方面说,这个过程中至少还没有包括城市规划事件的发起阶段和实施阶段等两个阶段。那么,城市规划过程的阶段安排是由什么因素决定的呢?从城市规划实际操作情况来看,这些因素至少包括国家政治制度、经济发展水平、法律法规、公民的社会意识、社会主流的价值观念等方面。在这些因素中,几乎都或多或少地受到传统政治文化的影响。就拿社会主流价值观念来说,在我国的传统政治文化中,均平思想是统治阶级与普通社会大众价值系统的重要调节机制。我国计划经济时代中,对城市土地和空间资源进行"计划"①分配,实际上就表现为一种"均平"的价值理念。受此影响,城市规划的过程单一而直接,完全由政府一手包办。在当前的城市规划发展阶段,城市土地的分配机制得到了完善和成熟,呈现出市场经济的某些特征。然而,关注"弱势群体"利益、"防止过度的城市空间社会分异"等规划价值理念,也体现出"均平思想"对我国现代城市规划的影响。在这些规划理念的主导之下,出现了"倡导性规划""为弱势群体代言"等规划主张。这些新的规划思想,变更着规划阶段的设置,使得规划过程更加关注社会问题的选择、规划的实施效果、社会公众参与情况等阶段,这无疑发展和优化了城市规划过程的阶段。

传统政治文化通过上述四个方面作用于参与主体行为取向,从意识观念、体制法律、类型和数量、过程阶段设置等方面规范和制约着参与主体的行为。这些行为推动规划过程发生,协调和改变着城市规划的最终结果。

## 6.2  传统政治文化使规划过程表现出民族性

### 6.2.1  传统政治文化使本民族参与主体的行为呈现出共性

"传统政治文化是一个民族的血液"②,传统政治文化既是现代政治文化面临的环境,又是创新政治文化的基础。人类的政治活动总是在对传统政治文化的继承和发扬。正如亨廷顿所说"现代社会并不单纯是现代的,而是现代加传统的。现代和传统的态度和行为方式尽管在表面上完全是不协调的,但在有些情况下可能融合在一起,在其他情况下则可能会相互并存,安然共处"③,由此可见,传统政治

---

① 在当时,在土地资源国有的背景之下,国家垄断城市土地资源。在城市规划过程中,城市土地资源的分配是按照城市的整体经济社会发展的需要进行整体统筹和安排,并以划拨的形式分配。在这个过程中,兼顾了城市的整体利益,也结合了城市发展的需要。但,这一过程无不包含了平均分配的意味。因此,作者认为这个过程的"计划"手段,实际上就是平均分配的一种形式。

② 江荣海. 传统的拷问:中国传统政治文化的现代化研究[M]. 北京:北京大学出版社,2012:3.

③ 转引自[美]西里尔·E. 布莱克. 比较现代化[M]. 杨豫、陈祖洲,译. 上海:上海译文出版社,1996:54.

文化对现代政治行为活动的深刻影响。"政治文化是一个民族在特定时期流行的一套政治态度、信仰和感情。这个政治文化是由本民族的历史和现在社会、经济、政治活动进程所形成。人们在过去的经历中形成的态度类型对未来的政治行为有着重要的强制作用"①。传统政治文化的形成是历史选择的结果,其形成经历了复杂而长期的过程,通常需要数代人甚至千百年的传承和积淀。政治文化一旦形成,就会转为一种坚定的、笃信不疑的信念,对于个人或群体的行为形成巨大的强制力。传统政治文化对个人或群体的行为的规范力量,就是传统政治文化最重要的功能,即"塑造并规范着人们的政治行为取向"②。传统政治文化通过社会化过程,塑造着社会成员形成共同的政治准则、政治价值和政治认同,从而使他们在参与政治活动的时候具有相似的行为倾向。

## 6.2.2 传统政治文化稳定而又持久地影响本民族的行为取向

每个民族都有自身的民族个性特征,包括伦理观念、民俗民风、语言文字、宗教信仰、思维方式、生活方式等,传统政治文化的形成正是来源于这些历史文化环境,"表现了一个国家和民族比较稳定的价值观念、情感取向和思维定势"③。传统政治文化一旦形成,就会成为社会群体的文化认同(Cultural Comparison),稳定地存在于社会之中,它所蕴含的态度、情感、价值、信仰等行为取向,通过制约和规范作用无时无刻不影响着人们的政治行为,使人们的政治行为贴上了民族的标签。这些传统政治文化中的行为取向,或促使某些政治行为发生,或阻止了某些政治行为的出现。如,对日常人的行为规范作用,在中国伦理规范的作用大于法律的规范作用,因此在中国的社会治理方面注重"主德重德"④;而在西方,法律对人行为规范的作用大于伦理的作用,因此在西方的社会治理方面注重"主法重法"⑤。

## 6.2.3 传统政治文化使各民族对城市的未来产生不同的期待

现代城市规划理论诞生于工业革命后期的英国,是为了应对人口及城市空间环境等社会问题提出的解决策略,这同时也体现了人类追求理想城市空间秩序的美好愿望。追求美好的城市生活和城市空间秩序,这是人类对城市价值追求的共性。但这并不是说,我们要按照相同的模式来构建城市空间。事实上,这既不可能

---

① [美]加里布埃尔·A.阿尔蒙德,小G.宾厄姆·鲍威尔.比较政治学:体系、过程和政策[M].曹沛霖,郑世平,公婷,等,译.上海:上海译文出版社,1987:29.
② 俞可平.政治学教程[M].北京:高等教育出版社,2010:307.
③ 成臻铭.中国古代政治文化传统研究[M].北京:群言出版社,2007:44.
④ 柏维春.政治文化传统:中国和西方对比分析[M].长春:东北师范大学出版社,2001:159-165.
⑤ 柏维春.政治文化传统:中国和西方对比分析[M].长春:东北师范大学出版社,2001:159-165.

做到,也完全不必,城市规划建设会在不同区域表现出差异性。因此,在城市规划理论的构成中,除了那些对城市共同愿景的理想之外,还存在着明显的差异性。这些差异性表现在:由于经济、文化、社会发展阶段不同,在城市追求的发展目标方面存在差异;由于历史文化和风俗习惯不同,对城市生活状态理解存在差异;由于地形、地貌等自然环境不同,城市物质空间基础存在差异;等等。这其中,由于不同民族历史文化原因造成的群体行为取向的差异,应该成为城市规划理论需要重视的差异性。如诞生在英国的城市规划理论,抛开人类对城市生活追求的共同理想来看,更多的是带有英国本民族历史文化行为习性的倾向。不难看出,由民族历史文化造成的行为习惯差异,必然会影响到城市规划建设的实践。规划过程参与主体必然会将本民族的行为习惯融入到城市规划过程之中,这理应得到城市规划理论研究的重视。

总之,传统政治文化使人们在参与政治活动的时候,行为方面呈现出鲜明的民族个性。也就是说,传统政治文化成为政治活动参与主体的行为取向,制约和规范着参与主体的行为。城市规划活动作为一项高度政治化的活动,参与主体的行为取向也毫不例外地受到传统政治文化的影响。传统政治形成行为取向,制约和规范着规划过程参与主体的行为。在城市规划过程中,传统政治文化形成参与主体的行为取向,参与主体的行为产生规划现象。不同民族的参与主体在规划过程受到自身传统政治文化的驱使,会表现出不同的行为,产生不同的规划现象。因此,从事中国的城市现象研究,传统政治文化是一个可行的、重要的视角。

## 6.3 中西方传统政治文化差异比较及对规划的影响

### 6.3.1 本国的传统政治文化环境是规划理论产生的土壤

现代城市规划理论诞生于19世纪末的英国,其理论产生的社会背景是,为解决工业革命后期遗留的城市问题和资本主义早期公民社会意识的觉醒。"田园城市"规划理论以"社会改良"为初衷,在一定程度上解决当时的社会问题并适应了人们的心理需求,具有积极进步的意义。由此可见,城市规划作为一项实践活动,需要结合国家的基本国情和人们的内心价值观念,才能真正符合社会的需要。人们的内心价值观念,即参与主体的行为取向。因此,要使城市规划理论为中国的城市规划现状服务,就必须要懂得中国人的内心价值观念,即参与主体的行为取向。对于规划过程参与主体的行为取向来说,传统政治文化的影响最为深刻。在传统政治文化上,中西方具有较大差异,这些差异会使规划过程参与主体表现出不同的行为。

## 6.3.2  中西方传统政治文化的差异及对规划过程产生的影响

中西方在传统政治文化方面存在较大的差异,这使中西方规划过程表现出不同的特征,也正因为如此,我们不能照搬照抄西方的城市规划理论。笔者从 6 个方面对中西方传统政治文化进行了对比(表 6-1),并就这些传统政治文化内容可能对规划过程产生的影响进行了分析。通过比较可以发现,中西方传统政治文化存在较大的差异,使参与主体行为取向表现明显的民族个性。并且,这些民族个性对规划过程会造成较大的影响。如政治思维方法,在中国的传统政治文化中强调经验论和实用主义。因此,在规划过程决策中,地方行政首长较少从科学性层面去思考规划问题,更多的是凭借经验和实用的原则对待规划过程中的问题。例如,行政首长常常凭借经验判断,城市规模越大越好,不切实际地提出要把地方打造成人口数量和城市规模达到多大的城市,根本不考虑当地的经济条件基础和环境容纳能力。为了扩大城市规模,在耕地资源和环境容量有限的情况下,采用实用主义的办法,在规划的实施中不择手段,占用耕地、破坏环境,造成较大的社会问题和生态问题。对于西方传统政治文化来说,政治思维方法强调唯理论和理性主义,在面对城市规划过程中的问题的时候,常常会进行比较详细的论证,力图使规划政策制定建立在科学和理性之上。

表 6-1  中西方传统政治文化对比及对规划过程产生的影响

| 传统政治文化内容 | 中国传统政治文化及对规划的影响 | | 西方传统政治文化及对规划的影响 | |
|---|---|---|---|---|
| | 具体内容 | 对规划过程的影响 | 具体内容 | 对规划过程的影响 |
| 政治思维方法论 | 经验论和实用主义 | 规划政策制定缺乏科学精神,凭主观和经验决策。规划政策制定的随意性,注重现实 | 唯理论和理性主义 | 规划政策制定过程具有理性精神,追求真理,具有科学精神 |
| 政治体制 | 一元化 | 政府部门成为规划过程最重要的参与主体;规划结果缺乏有效监督 | 多元化 | 规划过程权力相互制衡,不会出现权力专制。使规划过程参与主体多元化 |
| 政治权力 | 家天下 | 长官意志主宰城市发展、个人权威凌驾于科学之上 | 公共权力 | 规划权力属于公民共同所有,公共权力得到保障,结果更加公平公正 |
| 治国方针 | 主德重德 | 个人的道德修养、技术职称、职务高低对规划过程具有较大影响,倡导奉献精神 | 主法重法 | 法律在规划过程具有最高权威性,规划过程中的各项事务严格按照法律制度进行 |
| 个人与国家 | 个体依附国家 | 社会具有较大的等级分类,底层臣民依附权威,精英阶层主宰规划过程 | 个体独立 | 规划过程中,个人享有比较平等、自由的参与权利 |
| 公众政治角色 | 子民 | 在规划过程中,服从政治权威,参与意识和维权意识弱 | 公民 | 在规划过程中具有较强的参与热情和意识,强调权利和自由 |

## 6.4 我国的传统政治文化与规划过程

### 6.4.1 被传统政治文化渗透的中国人

1）悠久的历史文化为我们贴上了民族的标签

博大精深的中华文化,塑造着整个民族的个性。这些独特的民族个性也体现在参与主体的行为之中。在传统文化的孕育之下,"中华民族成为一个热爱和平的民族,一个自强不息和锐意进取的民族,一个以道德追求和理性追求为奋斗目标的民族,一个拥有海纳百川的大海一般宽广胸怀的民族,一个敢于牺牲和奉献的民族、一个企求安详和秩序井然的民族"①。这些民族个性无不体现在政治参与主体的行为之中。这既是民族整体的性格,又是个体性格发展的基础。

在所有描述我们人群共同体的词汇中,最能直接区分各民族人民差异的词语可能要算"中华民族"了。"在中国这片广袤、丰腴的大地上生活劳作的各族人民,统称为中华民族"②。多元一体的中华民族,共同创造了绚烂多姿的文化,成为民族的宝贵财富,并不断传承和发扬光大。宏大的中华民族文化,包括"知识、信仰、艺术、道德、法律、习俗以及作为社会成员的人所掌握和接受的任何其他的才能和习惯的综合体"③,这些文化内容成为塑造中国人价值观和行为的基本力量。比尔斯父子在《文化人类学》中谈到文化内容的时候指出"人类的行为之所以不同于其他种类动物的行为,是因为它受到文化传统的影响和制约",各民族生活的人群,其性格特征和行为方式无不受到本民族传统文化的深刻影响。正如梁启超在《中国历史上民族之研究》中所说,"凡遇一他族而立刻有'我中国人'之一观念浮于其脑际者,此人即中华民族一员也"。正是因为源远流长的中华文化,让我们每个生活在这片土地上的人都贴上了"中国人"的标签,并表现出囿于其他民族的行为、价值等民族性格特征。这些鲜明的民族个性,体现在各民族的行为之中,并在参与各类政治、经济、文化等社会事务中表现出来。

2）传统政治文化泛化到中国人日常生活的各个层面

在所有的传统文化中,政治文化属于其中一类特殊的文化,主要表现了人们在参与政治事务的态度、观念、情感、评估等主观心理因素。在我国的传统文化中,表

---

① 吴存浩,于云瀚. 中国文化史略[M]. 郑州:河南文艺出版社,2004:37.

② 冯天瑜. 中国文化史[M]. 北京:高等教育出版社,2005:7.

③ 这是英国文化人类学家泰勒 1871 年在其名著《原始文化》中对文化的定义,这也是当前被视为对文化最经典的定义。

现出强烈的政治属性。在数千年的君主政治统治之下,政治权力和政治权威的影响极其广泛和深远,几乎渗透到文化的各个层面,使得中国文化呈现出明显的总体性政治价值取向。在宗教、家庭伦理、学校教育、民间习俗和物质文化等看似远离文化的层面中,无一不被打上了政治的烙印。这些现象说明,在我国的传统文化中,表现出政治的弥散性,或者说文化中的泛政治化特征。儒家文化作为中国传统政治文化的主体地位已得到公认,其文化最显著的特征就是"伦理政治化,政治伦理化"①。儒家倡导的文化价值,成为社会行为和社会关系等方面的规范,是传统政治文化中的一个重要组成部分,并成为"中国人"政治价值观念、政治信仰或心理取向的重要来源。作为一名当代人,我们无法割裂与传统文化的联系,传统政治文化包含的价值系统成为塑造"中国人"行为取向的重要源泉,渗透在每一个"中国人"的行为习惯之中。

## 6.4.2　传统政治文化对规划过程参与主体行为取向的影响

1) 传统政治文化是规划过程中国人行为取向产生的源头

传统政治文化是我国政治活动参与主体行为取向的最重要的来源。在规划过程中,参与主体的行为取向直接来源于我国的传统政治文化,这些行为取向规范和制约他们的行为,并使我国的规划过程呈现出明显的中国特征。例如,公众对政权合法性的认可方式、政治制度的构成、统治阶级的构成、权力的分配、制度的设计,这些内容无一不影响到城市规划的结果。在我国城市规划过程的公众参与过程中,公众的参与意识和权利意识淡薄,其根本原因就是受到了"王权主义"思想的约束和奴役。从理论来看,城市规划与市民的生活密切相关,关系到每一个市民的切身利益。在民主国家,公民参与到城市规划过程之中以获得维护自身权利,这是城市规划理论中公众参与的重要内容。受2000多年"王权主义"统治约束,中国人传统政治哲学的行为取向方面存在思维缺陷,使得传统政治文化中的政治理性显得似是而非。"传统的儒家文化没有给个体人留下位置"②,导致公众对"社会政治主体"认识的缺席。一般社会成员,在"政治权利主体"思维的强势挤压与桎梏之下,其政治认知、政治人格及政治参与意识存在先天不足,因此所谓的政治权利意识更是无从谈起。

2) 传统政治文化规范和制约着中国人的规划参与行为

任何一个民族都不可能与其文化传统一刀两断,中国数千年的文化积淀也不可能在一夜之间消弭。事实上,由于文化的传承性,一些传统文化中的观念、意识、

---

① 任剑涛.伦理王国的构造:现代视野中的儒家伦理政治[M].北京:中国社会科学出版社,2005:23.
② 葛荃.中国政治文化教程[M].北京:高等教育出版社,2006:304.

心态仍然盘踞在当代中国的文化之中,仍然渗透在当代中国人的灵魂之中,左右着人们对世界的认识、甄别和选择。传统文化通过其政治社会化功能,"把自己所属的社会团体对社会的信仰和观念融合到自己的态度和行为中去的过程,是社会的一代向下一代传递其政治文化的方式"①。传统政治文化一旦形成,便具有强烈的稳定性,成为全体社会成员的无意识,体现在社会成员的行为之中。传统文化"不知是一种了不得的韧性还是弹性,或者说,根本就是一种惰性、一种行为方式,历几千年而不变"②。日常中的我们,也许根本意识不到传统政治文化对我们行为所产生影响的存在,然而,传统政治文化对我们行为的影响却实实在在,"每一个男女的每一种兴趣都是由他所处的文明的丰厚的传统积淀所培养的"③。按照西德尼·维伯的理解,传统政治文化的主要功能是,"它赋予政体以意义、机构以规矩、个人行为以社会关联性"④。

如在中国传统政治文化的伦理观念中,注重伦理道德观念,提醒人们在参与政治活动的时候要讲究道德礼仪。强调统治阶级具有绝对的权威性,违背统治阶级的权威就被视为一种不道德、违反礼仪的行为。孔子说"天下有道则见,无道则隐"⑤,在这种观念的影响下,"明哲保身"就成为人们在日常行为中的处世之道。在城市规划政策制定过程中,部分领导常常以城市规划来体现自己的个人理念,受传统政治文化影响,参与主体在这个时刻常常处于沉默状态,从而造成规划政策制定的重大失误。又如,传统城市规划"左祖右社"的礼制布局,无不是道德伦理对人行为和思想规范的体现。

3) 传统政治文化对规划参与主体的行为取向具有示范作用

长久以来,传统政治文化承载着民族的主流文化价值体系,对人们的行为具有示范作用。如传统文化中倡导的"忠孝观""精忠报国""舍生取义"等价值体系,这些传统文化成为社会公民的道德示范,实现这些价值成为多数人的人生目标。因此,人们在政治过程中常常扮演着逆来顺受、服从安排的角色。受这些价值观念的影响,在城市规划过程中,表现出更多的是接受城市规划的结果、而缺乏维护权利的意识参与到城市规划建设之中。

4) 传统政治文化是参与主体行为取向创新的基础

要推动人类文明的延续,满足人类不断发展的需要,这就需要创新。规划过程

---

① K P Langton. Political Socialization[M]. London: Oxford University Press, 1969:4.

② 文崇一,萧新煌. 中国人:观念与行为[M]. 南京:江苏教育出版社,2006:1.

③ [美]露丝·本尼迪克特. 文化模式[M]. 王炜,等,译. 上海:三联书店,1988:231.

④ Lucian Pye , Sidey Verba. Political Culture and Political Development[M]. Princeton: Princeton University Press,1965 :7.

⑤ 出自《论语》。

参与主体的行为需要适应不断变化的时代形式,也需要通过创新才能与时俱进。而我们的创新基础,总是建立在既有观念的基础之上。因此,传统政治文化是我们当代参与主体行为取向创新的基础。同时,在传统政治文化中,包含了优秀的思想精神和实践经验,这些都是在我们创新过程中值得借鉴的地方。比如,孟子提出"民为邦本,本固邦宁"的民本思想,这就是 2000 多年前的"以人为本"观念的另外一种表达。"民本思想"要求我们在规划过程中,要以人民为利益分配的主轴,这是人们对规划过程城市空间利益分配最大的期待。坚持以"民本思想"为规划过程利益分配原则,可以协调和消除城市空间利益分配不公,使规划过程更加尊重客观现实和实际需要。另外,一些城市规划的直接经验,也可以为我们当代城市建设提供借鉴。如《管子》谈到"凡立国都,非于大山之下,必于广川之上,高毋近旱而水用足,下毋近水而沟防省,因天材,就地利,故城郭不必规矩,道路不必中准绳"。这些先人的思想为我们当前的城市规划理论留下了宝贵的财富,成为我们城市规划理论创新的基础。

## 6.5   传统政治文化作为分析视角的框架

本书作为城市规划的理论研究,其完整的分析框架包括三个方面,即概念结构(Conception)、参照系(Reference)和视角(Perspective)等三个部分。

### 6.5.1   概念结构

概念分析是源自对复杂现象的简化和抽离,是将现象和行为理论化的一种方式。对于任何一个理论研究来说,新概念的提出往往预示着新理论的出炉。概念结构作为一个分析工具,其作用在于引导人们在一个共同的平台上以较为规范的图景和科学的结构来理解和分析复杂的城市规划现象和行为。在城市规划中,概念结构主要是专指那些在规划领域使用,而非其他领域广泛使用的概念,这些概念结构是我们分析城市规划过程现象和行为的关键。

对于城市规划理论本身来说,真正属于自身领域的专项概念是比较少的。因此,作为城市规划理论始终无法脱离相关学科的交叉和融合而做到完全的独立,需要借助相关领域的知识和理论才能全面地理解城市规划过程。对于本次研究来说,也存在较多的概念结构,这些概念结构是本书理解和研究的重要工具。这些概念结构的产生有两个源头:一是局限于单一概念的论说,如传统政治文化、规划过程、参与主体、行为取向等概念结构。通过对这些概念的厘清,传递出本书的研究主题。二是对相关的概念进行关联分析,因为每一个概念的本身会延伸出许多研究的分支,本书也尝试着将这些分支进行逻辑构建,希望能通过概念结构之间的串联,形成对城市规划过程部分行为和现象的一般性解释。

## 6.5.2 参照系

在城市规划过程中,由于实践环境的复杂性,城市规划的理论总是超越实际,高度归纳的城市规划理论并不能准确无误地描述城市规划的各类行为和现象。实际上,任何理论的构建(特别是人文社科类)均无法准确、全面地回答现实中的问题。城市规划理论的构建,并非在于准确全面地解答实际中的各类问题,而是在于为实际的现象和行为提供参考的标尺。实践过程发生的规划现象和行为与参考标尺之间的偏差,正好可以作为检验规划结果的标准。同时,规划理论构建形成的参考标尺,也为我们更好地理解规划现象和行为提供了工具。如,在"城市规划过程"的理论中,笔者认为城市规划的过程应该包含四个阶段,然而,在实际的规划过程中,由于多种因素的影响,实际的规划过程并非完全按照这个过程进行开展。在这个时候,"城市规划过程"理论就为我们提供了这样一个标尺,作为检验和调整规划过程的理论依据。

在本书研究过程中,一个重要的理论参照系就是西方城市规划理论,这是本书研究的主要理论参照体系之一。其原因是,现代城市规划理论发源于西方,而且舶来的西方城市规划理论仍然主导着中国城市规划的实际。在笔者看来,其理论的来源是基于西方特有的社会背景,而这些理论的产生几乎没有不是基于特定的条件产生出来的。虽然,理论总是在致力于寻求一般的普遍关系,但如果忽略理论特定的产生条件,直接套用这些理论也是不慎重的。因此,笔者认为,西方城市规划理论为我们理解中国的城市规划行为和现象提供了重要的参考标尺,而并非能完全、直接地套用到中国的城市规划实际,更多的是具有参考的意味。实际上,正是因为西方城市规划理论与中国城市规划实际情况存在一些差异,才促使笔者将西方城市规划理论作为参照系,并从中国城市规划的实际情况出发开展研究。笔者认为,作为城市规划过程的行动主体,即参与主体的行为取向与城市规划现象和行为具有密切关系,而这些又直接受到传统政治文化的影响,因此将西方城市规划理论作为研究的标尺,更多的是要考虑中国城市规划过程的实际情况。

## 6.5.3 传统政治文化视角

在现实的规划活动中,我们常常最能直观地看到的是参与主体的行为及由行为引发的规划现象。如果我们要进一步思考:参与主体的行为是如何产生的呢?这就需要从心理层面去探索,才能发现这些隐藏的机制。借用著名心理学家萨提亚"心理冰山"的比喻,能很好地解释这个现象,如图 6-2。在每个参与主体的内心,实际上都有一座冰山,我们能直接观察到的是位于"海平面"以上的部分,即参

与主体的行为及由行为引发的规划现象。而支配参与主体的行为的动力是位于
"海平面"以下,即参与主体的行为取向。这些隐藏在"海平面"以下的行为取向,才
是驱动参与主体的直接动力,对规划过程具有决定性意义。参与主体的行为取向
隐藏在"海平面"以下,只有借助一定的分析工具才能发现。本书运用的工具,就是
传统政治文化视角。

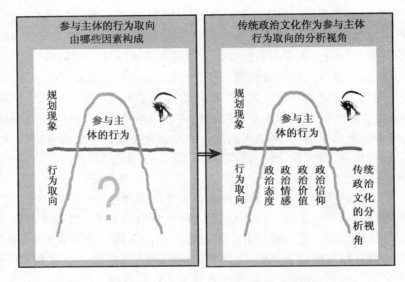

图6-2  传统政治文化可以成为参与主体行为取向分析的视角

"生而入乎其中,死而出乎其外"①,这个与我们相随一生的社会环境,也是城
市规划面临的社会环境。这里的社会环境是指,我们国家当前面临的经济社会实
际情况及社会总体价值观念。城市规划过程发生于中国土壤,因此也必须得面对
中国的实际情况。如果说规划过程参与主体行为取向是本次研究对象,那么本土
视角将是贯穿本书研究的重要特征。以我国传统政治文化作为规划过程参与主体
行为取向的视角,这是本土化研究的重要体现。按照传统政治文化的研究内容,结
合规划过程参与主体行为取向的特点,本书的视角框架拟从四个方面进行构建。

1)政治认知

政治认知主要是指人们对城市规划现象和行为政治属性的认识和理解,这是
对城市规划政治属性研究的心理基础。如,城市规划是否具有政治属性,如果城市
规划具有政治属性,那么城市规划过程与哪些政治要素密切相关,或者说是哪些政
治要素对于城市规划过程具有决定性影响。对这些内容进行认识和判断,实际上

---

① 　[美]约翰·罗尔斯.政治自由主义[M].万俊人,译.南京:译林出版社,2000:12.

就是对规划过程的一种政治认知行为。例如,我们认识到城市规划政策制定机制的制定和公众参与与国家制度密切联系,这些政治认知内容既与传统政治文化有密切关系,又对城市规划结果产生重要影响。再如,"行政长官意志"对规划政策制定具有决定性的影响,是我们对当前我国城市规划政策制定过程的共识,这就是一种政治认知行为。这种现象的产生,实际上是受到我国传统政治文化中儒家倡导的"礼制等级""尽人皆奴仆"价值观念的影响。在这些传统政治文化的影响之下,城市规划的决定权力在上级领导手里就成为理所当然了。显然,这些传统政治文化思想会对城市规划政策制定结果产生重要影响。

2)政治情感

政治情感是指人们对规划过程中发生的现象和行为的好恶、憎恨、忠心、冷漠等情感。政治情感有着明显的非理性色彩,是个人或集体的选择偏好。这些情感的形成往往取决于多种条件,诸如参与主体的社会地位、个体的规划知识、规划的价值追求等。实际上,笔者认为,政治情感反映了公众或利益集团对于社会事务承担的责任和维护权益的程度。例如,在我国的传统政治文化中,君权至上是最高的价值准则,公众形成了盲目愚忠的政治情感倾向,也就是说对普天之下无比忠诚于皇权政治的各项规则、法令,没有任何质疑和批判的权利。在当前的城市规划过程中,普通公众对待城市规划的关注程度十分冷漠,更多的是接受规划政策制定结果和忠实地实施规划方案,并无热情参与到规划过程和积极质疑规划方案的公正性,这就是受到了上述思想的影响。仿佛城市规划的一切,与自己没有太多的关系,都是政府和社会精英的责任。笔者认为,这或多或少地受到传统政治文化"君权至上"政治情感的约束。正如一位文化学者写道:"只有到了实在活不下去的时候,才不得不揭竿而起,以暴动的方式去追求他们那'无处不温饱'的'天国'。只有到了生他养他的那块土地和家园受到威胁时,中国农民才含着热泪去履行'碗里赴戎机'的使命。由于世世代代被禁锢在那块可怜的土地上周而复始地精耕细作,中国农民形成了浓厚的保守性和宽容性心态,缺乏创新性和开拓性意识"。这些忠厚、宽和的传统政治文化情感,无不体现在城市规划过程之中。

3)政治价值

政治价值是对城市规划过程各种价值道德的一种评价标准,这是参与主体借以认识规划现象,评估规划行为的依据和尺度。政治价值为我们提供了正确的、合理的准则,它是我们认定某些城市规划现象、行为是否正确、合理的依据。因此,政治价值的确立非常重要,这些价值可能基于社会成员的观念,也有可能源于对宗教、文化、哲学的理解,在一定程度上反映了社会成员的共同价值理性。例如,我们常常用"公平、效率"作为普遍认可的价值观念,并成为评价城市规划过程的重要评价准则。我们通常认为,一项具有"公平、效率"的城市规划方案,具有合法性和合理性想,这是来源于我们对城市规划的共同理性。这些价值理念的形成经历了数代人或者千百年的积累和沉淀,在我国传统政治文化中就有鲜明的表述。如,均平思想,孔子也说过"丘也闻有国有家者,不患寡而患不均,不患贫而患不安"①,这些传统价值理念成为中国人的共同价值准则,并表现在社会大众对城市规划的评价过程中。如在评价规划方案的时候,受上述价值标准的影响,我们就会特别关注城市空间的弱势群体的利益,整体考虑经济适用房的布局,各类人群相适应的基础设施配套问题,等等。可以说,这些评价的价值系统无不受到传统政治文化的影响。

4)政治理想与信仰

政治理想是指对城市规划过程要实现的目标的设想,对未来城市图景的憧憬。经过市民共同认可的规划理想会转化为信仰,会形成一种坚定的、笃信不疑的信念,对社会成员和群体的行为形成极大的强制力。正是城市规划目标(即规划理想)的设定,才将各参与主体凝聚在规划过程之中。对于各参与主体来说,规划理想是全体参与主体的共同纲领,成为引导市民努力实现的未来城市憧憬。例如,《礼记》写道"大道之行,天下为公"②,这是我国古代最高的社会政治理想。这当然是一种理想社会模式的畅想,但同时也毫不客气地剥夺了人民的某些权利。因此,在城市规划过程中,"建设绿色家园""建设美好家园""建设低碳家园"等成为城市最响亮的口号。人们在"天下为公"思想的影响下,努力为城市这个大家的建设奉献自己的力量,市民为家园的创建约束自己的不良行为,农民们为城市空间的开发贡献出祖辈生活的土地,工人们努力工作为城市建设添砖加瓦,规划师们为城市建设绞尽脑汁地设计完美方案,等等。上述种种现象出现于城市规划、建设和管理的实际过程中,与这些传统政治思想之间存在着一定的联系。

---

① 出自《论语·季氏》。
② 出自《礼记》。

# 7 规划政策制定过程参与主体的行为取向分析

到目前为止,本书初步构建了这样一个逻辑框架:传统政治文化生成了参与主体的行为取向,行为取向驱动参与主体产生具体行为,参与主体的行为推动规划现象的发生,无数规划现象的集合构成整个规划过程,规划过程表现出政治属性。这个逻辑框架,有效地将规划政治属性(研究基础)、规划过程(研究主线)、参与主体(人)、行为取向(研究对象)、传统政治文化(研究视角)和规划现象(客观事实)进行了整合。

本书以参与主体的行为取向为研究对象,即通过对规划现象和参与主体行为的分析,用传统政治文化的视角去揭示驱动参与主体行为的价值取向。由于规划过程具有动态性,即在规划过程的不同阶段,参与主体的数量和行为都不一样。因此,这就需要结合规划过程的具体阶段才能进行分析。在第7、8章中,笔者以规划过程两个阶段,即规划政策制定过程和规划政策实施过程为分析单元,重点对政府部门、规划咨询机构、利益集团(开发商)、市民等四大典型参与主体的行为取向进行分析。

## 7.1 规划过程的两个阶段

城市规划作为一项公共政策,其过程主要包括规划政策制定阶段和规划政策实施阶段(图7-1)。

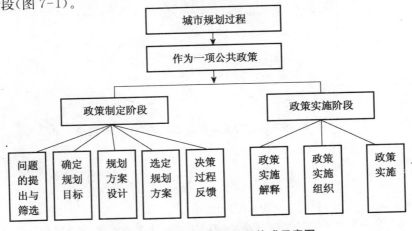

图7-1 城市规划过程两阶段构成示意图

### 7.1.1 规划政策制定阶段

规划过程政策制定阶段需要完成的主要任务是"为了解决问题达到既定目标，决策者运用其智能、见识、经验以及判断力，权衡环境因素及相关条件，选择的一种最佳行动方案"①，即对规划过程的内容、程序、方式、方法等进行设计。在这个阶段，规划过程主要需要解决 6 个方面的问题，即为什么要做规划（why）、做什么规划（what）、谁去做规划（who）、何时做规划（when）、何地做规划（where）和怎么做规划（how）。同时，参与主体的行为也主要围绕 6 个方面开展。（图 7-2）

对于制定政策的具体过程，尼古拉斯·亨利将其分为渐进主义范式、理性主义范式两类，并认为两者存在共同不足，"理性主义与渐进主义都试图提高公共政策的产出，并使公共政策的内涵更为合理。但是其努力的同时，不管是理性主义或是渐进主义都不愿意协同工作"②。参照公共政策制定具体过程和根据规划政策制定过程的实际情况，笔者认为，规划过程政策制定阶段主要由五项活动构成，分别是规划问题的提出与筛选、规划目标的确立、规划方案设计、规划方案选定、规划意见反馈。

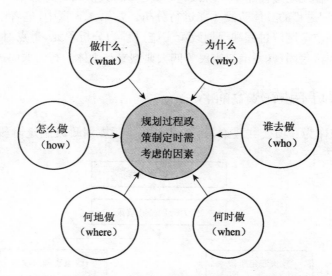

图 7-2 城市规划政策制定需要考虑的 5W1H 因素

---

① 竺乾威.公共行政学[M].上海:复旦大学出版社,2011:99-100.
② [美]尼古拉斯·亨利.公共行政与公共事务[M].项龙,译.北京:中国人民大学出版社,2002:532.

### 7.1.2　规划政策实施阶段

　　"政策实施和政策制定是政策过程相互连接的两个阶段:政策制定为政策实施提供依据;政策实施是实现政策精神的必由之路"①。不管任何政策,如果没有政策实施过程,任何政策都只会停留在"纸上谈兵"阶段。一旦政策制定之后,政治实施者就要通过一定的组织形式,运用各种政治资源,经解释、实施、服务和宣传等行动方式将政策观念形态的内容转化为现实效果,从而使既定的政策目标得以实现。政策实施情况将会对政策的实际结果产生直接影响,一项既定的政策在经过合法之后,如果得不到有效实施,不但解决不了社会问题,反而可能带来新的社会问题。因此,政策有效实施与否是政策过程中的重要阶段。在城市规划过程中,经过法定程序后选择的规划方案具有合法的权威性,如果得不到实施,或者被歪曲实施,或者只是表面上实施,肯定不利于既定目标的实现,或者可能会产生新的城市问题。由此可见,城市规划政策是否被有效实施,这是事关城市规划政策是否落实的关键。参照公共政策制定具体过程,根据规划政策制定过程的实际情况,笔者认为,规划政策实施阶段主要由三项活动构成,分别是规划政策实施的解释、规划政策实施的组织和规划政策实施的实施。

## 7.2　规划政策制定阶段

　　在规划过程中,规划政策制定是一个复杂的活动阶段,它主要由 5 项功能活动构成。

### 7.2.1　问题的提出与筛选

　　城市规划作为一项社会实践活动,为什么会发生? 这是城市规划理论研究应该回答的重要问题。实际上,城市规划作为一项公共政策,以解决社会问题为先天使命,这正是包括城市规划在内的任意一项公共政策活动存在的基础。因此,可以说城市规划活动发生的根本原因是来源于对社会问题的正面回应。美国社会问题研究专家乔恩·谢泼德(John Shepard)和哈文·沃斯(Harwin Voss)把社会问题定义为"某种社会状况不理想或不可取,应该引起全社会关注并设法加以改变"②。城市空间是一个多重矛盾交织的复杂的环境,总存在城市资源稀缺性和城市经济社会发展的矛盾,公共利益分配和集团利益兼顾的矛盾,对城市空间环境的美好需

---

① 陈季修.公共政策学导引与案例[M].北京:中国人民大学出版社,2011:139.
② [美]乔恩·谢泼德,哈文·沃斯.美国社会问题[M].太原:山西人民出版社,1987:1-2.

求和落后的现象之间的矛盾,各利益主体谁更拥有话语权的矛盾,等等。这些矛盾冲突在一定条件下会表现出各种社会问题,这就需要通过某项公共活动予以解决。城市规划活动为解决上述社会问题搭建了平台,提供了一个解决社会问题的途径。既然城市规划是来源于对社会问题解决的需要,那么确定城市规划要解决的某项社会问题就是开展城市规划活动的首要任务。

当然,城市规划不可能对所有社会问题进行回应,因此确定规划活动要解决的社会问题成为规划活动的关键。确定规划活动要解决的社会问题主要包括三个步骤:察觉问题、界定问题和描述问题。

1)察觉问题

察觉问题是指城市空间存在某种不理想状态被人们发现和扩散,并引起政府部门和政府相关部门重视的问题。城市空间存在不理想的状态被察觉,不仅是凭借城市空间的客观条件,还取决于执政理念、利益分配、经济发展、某些突出的社会矛盾(交通拥堵、居住环境、公共设施不足、城市环境差等)、价值理念等方面。通常情况下,政府部门(规划职能部门)是察觉城市空间问题的主体,察觉城市空间问题也是政府部门的一项重要职能。政府部门察觉城市问题的渠道主要有三个:一是根据城市总体规划发展目标的要求,结合区域经济社会发展情况进行调研来获取;二是通过公开征集城市问题获取;三是某些城市问题已经成为公共舆论的焦点,从而引起政府部门重视。

2)界定问题

界定问题主要是指通过一定的方法将察觉的社会问题进行分类。按照城市规划体系结构,将城市空间问题归类为:区域规划(宏观区域层面的问题),城市总体发展问题(城市总体规划),城市空间形态问题(城市设计),城市控制管理问题(控制性详细规划),某些专项的城市功能问题(某种专项规划)等内容。当然,上述城市空间问题的归类体系也不是一成不变的,而是随着经济和社会发展的变化而变化的。如城市规划体系的发展,就是通过对社会问题的认知,使规划体系不断发展丰富(表7-1)。1898年,当时城市空间的主要社会问题是,人口过度拥挤和公共环境卫生条件落后激发的社会矛盾,面对这些问题,霍华德提出了从城市总体规划层面去解决这些问题。随着对社会问题认知的不断深入,城市规划体系提出了分区规划、专项规划、控制性详细规划、城市设计等内容。

城市规划领域未来要解决的社会问题会扩展吗?笔者认为,这是城市规划学科发展的必然。就现在来说,城市规划内容的泛化已经定格在社会大众的脑海里,仿佛城市空间发生的很多问题都与城市规划密切相关,并把人口拥挤、公建配套不均、城市环境恶化、交通拥堵等很多社会问题都集中在城市规划部门和规划师的身上。因此,一旦城市空间发生什么问题,公众总是抱怨"城市规划出了问题",而规划部门和规划师总是回应"我们有什么办法?",把所有的矛盾集中在规划部门及规划师头上。因此,城市规划部门和规划师成为矛盾最为集中的机构和群体。实际上,造成这些误解的主要原因是由于城市规划学科的研究对象模糊、内容泛化。因此,界定合理的学科边界和明确主要服务对象是非常重要的,否则我们(规划部门和规划师)就会"惹社会矛盾的火,烧自己的身"。笔者认为,这也是在推动学科发展和推动学科理论创新中值得研究的一个课题。

表7-1　城市规划体系随着对社会问题的认知而不断丰富

| 面临的社会问题 | 规划理论 | 规划体系 | 时间 |
|---|---|---|---|
| 1. 中心城市人口过工度拥挤<br>2. 由于公共环境问题导致社会矛盾日益尖锐 | 田园城市 | 城市总体规划 | 1898 |
| 1. 城市孤立、封闭,很少与外界环境发生联系<br>2. 城市与自然环境在供求关系上不平衡 | 区域综合规划 | 区域规划 | 1915 |
| 1. 城市加速郊区化<br>2. 中心区域环境恶化 | 城市美化运动 | 专项规划 | 1909 |
| 城市规划忽略对社会、文化和精神的关怀 | 城市意象 | 城市设计 | 1960 |
| 1. 美国土地私有情况下,建筑高度和形式可能侵犯他人利益和公共利益<br>2. 城市公共利益和个人利益没有法律保障 | 区划法 | 控制性详细规划 | 1961 |

3) 描述问题

"问题描述是指运用可操作性语言(如运用数量、文字、符号、图标等表达方式)对问题进行明确表述的过程"[1],经过描述的问题会呈送给决策者,决策者根据城市问题的描述情况,然后确认这些问题是否是当前城市空间需要解决的主要问题。因此,决策者对城市空间问题的认识,更多的是依赖被描述的城市空间问题,而不直接面对城市问题。这就要求相关部门对城市问题的描述要尽量准确。因为在我国的城市规划过程中,对城市问题的认识常常是自下而上、层层汇报的,这容易在汇报过程产生信息失真的问题,从而使决策者对城市问题的判断造成失误。因此,对于城市空间问题的研究要坚持实事求是的原则,尽量客观、真实、直接描述问题。描述的城市空间问题一旦得到决策者的支持和认可,并希望能够解决,就意味着城市规划活动真正开始了。

总之,提出城市空间存在的问题并得到认可,是规划过程开展的基础。同时,

---

① 陈季修. 公共政策学导引与案例[M]. 北京:中国人民大学出版社,2011:111.

对城市空间存在问题的分析和调查,也是后续规划方案编制需要面对的核心问题。规划方案的编制总是以问题为导向,即规划目标的设定和内容安排都是围绕城市空间问题这个核心而进行的。在图7-3中,笔者以"武汉市友谊大道城市设计"项目为例,简要介绍了政府部门(规划主管部门)对该区域问题的察觉、界定和描述过程。

## 案例一:武汉市友谊大道城市设计项目

一、察觉问题。武汉市友谊大道片区位于武汉市东北部,是区域内连接二、三环线的重要交通干道。在以前的城市总体规划中,将该片区定位为青山工业区。区域功能为武汉钢铁厂生产基地和近10万职工生活基地。长期以来,由于区域位置偏远,城市空间环境较差、基础设施配置落后,经济活力没有得到充分发展。按照《武汉市总体规划(2010—2020年)》,本区域被定位为杨春湖副中心城市。随着2010年,武汉火车站的开通,友谊大道将成为连接徐东商圈与武汉火车站的重要交通干道。同时,区域也将迎来一次重大的发展机遇。

二、界定问题。通过内部讨论,将上述城市问题归类为区域城市空间环境问题,即将这些问题归类到"城市设计"。

三、描述问题。基于上述情况,武汉市国土资源与规划局认为本区域存在以下几个问题:①区域城市空间环境较差,亟待改善;②区域经济活力较弱,需要通过基础设施的改善加以刺激;③友谊大道将来不仅要承担快速交通干道的功能,还要承担迎宾大道的功能。在报上级机关并获得批准后,武汉市国土资源与规划局于2010年发布了"武汉市友谊大道城市设计"招标公告。

图7-3 武汉市友谊大道城市设计项目问题分析过程

资料来源:笔者导师承担的"武汉市友谊大道城市设计"项目

## 7.2.2 确定规划目标

在城市的不同发展阶段,总存在由于各种社会关系失调而产生的各种社会问题。当社会的大部分成员或一部分有影响的人物认为某种社会状况是社会问题时,并认为这些社会问题需要通过城市规划手段予以解决的时候,就在社会问题与城市规划之间建立了因果联系。

1) 确定规划目标的意义

规划目标是对拟解决问题要达到状态的描述,是城市规划政策制定要达到的结果。规划目标的确立非常重要,这主要表现在几个方面:首先,规划目标是规划过程全体参与主体行动的"口号",既是政府部门的执政理念的外显,又包含了各参与主体共同的价值选择;其次,规划目标是规划过程开展的总纲领,是规范参与主体行为的基本原则;最后,规划目标是规划方案评审、规划方案实施和评估的主要依据。规划目标确定的现实依据是对规划问题的认识程度。因此要制定准确的规划目标,需要对规划问题进行充分的认识和论证,这也是防止"制定了正确的方案,错误地解决了问题"的关键。

2) 确立规划目标的渠道

规划目标的确定主要有三个渠道:一是政府部门在委托规划任务的时候,就作出一定的要求。通常情况下,这些要求比较宏观,没有具体的、清晰的规定内容。二是规划(咨询)机构根据政府部门的委托意见,结合自身专业知识和规划经验,通过对规划问题的理解和分析,提出具体的规划目标。规划(咨询)机构提出的规划目标,表达了规划(咨询)机构对规划问题认识的专业程度。同时,规划目标对规划方案编制起着指导作用。三是在规划方案的沟通汇报过程中,规划(咨询)机构根据反馈的意见进行修改。在这个过程中,规划部门会整合各种意见,包括专家、利益集团(开发商)、市民、新闻媒体等等参与主体的意见。因此,规划目标的确定过程,实际上为各参与主体实现自身利益提供了平台,经过多方博弈、讨价还价等手段,各方的利益被整合在规划目标之中。也正因为如此,可以说规划目标统领了各参与主体的利益,表达了各参与主体共同的价值选择。经过整合的规划目标,融合了各参与主体的价值观念和自身利益,从而使规划目标具有权威性,成为规划过程各参与主体共同遵守的纲领。

图7-4是"武汉市友谊大道城市设计项目"规划目标确定过程介绍。中标单位接受委托任务之后,利用各种手段对区域进行了翔实的调研,明确了区域的基本情况和存在的问题之后,提出了规划目标。通过与甲方进行三轮沟通之后,在充分征询各方意见的情况下,最终确定了本次项目的规划目标。

案例二:武汉市友谊大道城市设计项目

在"武汉友谊大道城市设计"招标文件中,武汉市国土资源与规划局提出了,希望将友谊大道片区改造为"空间环境优美、经济活动活跃、交通出行便捷"片区。中标单位在承接该项目后,利用 GIS、遥感等现代技术手段和调研问卷对区域进行了翔实的调研。在充分尊重上位规划和区域具体情况的背景下,项目组制定了武汉市友谊大道城市设计的具体目标。

通过项目组与规划局前期的三次沟通,在征求各方意见后,确定了本次城市设计的目标。功能:复合商业、居住、工作、教育功能的活力区域;服务:提供完善的生活性服务和交通性服务;形象:特色环境,活力形象;产业:区域性活跃、混合的特色商区;空间:开放网络,弹性结构。

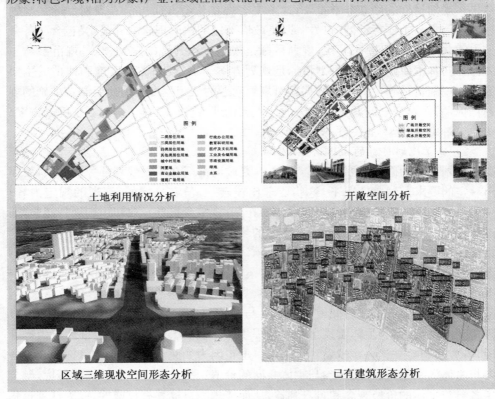

图 7-4　友谊大道城市设计项目规划目标的确定过程

资料来源:笔者导师承担的"武汉市友谊大道城市设计"项目

## 7.2.3　规划方案编制

规划方案是解决规划问题的技术性文件,是实现规划目标蓝图的具体路径。在规划政策制定过程中,规划方案的编制是这个过程的中心环节。承担这项任务

## 案例三:武汉市友谊大道城市设计项目

经过项目组充分调研和论证,项目组根据自己的专业特长,在尊重甲方要求的前提下,结合区域的实际情况,形成了规划成果,并报送甲方。如果成果得到评审通过,成果中的城市设计导则,就成为规划部门进行城市管理的依据。

| 用地功能 | 1. 本片区位于徐东商圈,用地规模约99hm²,其中可开发地块用地规模22 hm²,出地率为19.4%。<br>2. 主导功能:用地功能规划以商业和居住为主;该片区规划建设量45.4万m²,拆除量108.2万m²。<br>3. 可开发地块适宜建设商业和居住类项目。 |
|---|---|
| 交通组织 | 1. 重要人行通道:该地段内规划了三处人行天桥横跨友谊大道,分别位于杨园路、才华街与友谊大道交叉口处及公交团结村路站处,徐东路两侧设置四处地下人行通道确保相互连通;通过地面、地下和人行天桥的设置使该片区形成连续的步行体系。<br>2. 机动车交通组织:地块内采用人车分流,以地下停车为主,快速路两侧除交叉口原则上禁止机动车开口;主、次干道自道路交叉口缘石半径的切点延伸70 m,支路延伸30 m为禁止机动车开口路段。 |
| 建筑界面 | 1. 一类界面:多层建筑后退不少于20 m,高层建筑后退不少于25 m,沿街建筑贴线率≥70%,创造核心区良好的商业氛围。<br>2. 二类界面:建筑裙房后退5 m,高层建筑后退不少于10 m,建筑贴线率≥50%,营造连续的界面。<br>3. 三类界面:建筑后退不少于3 m,高层建筑后退不少于5 m,无具体贴线要求。 |
| 开放空间 | 01-06、01-27、01-33、01-39地块以及建筑后退红线与道路红线之间的空间为主要的开放空间。道路沿线的公园严禁密植树木、设立围墙,确保视线通畅,进入方便,与步行通道形成一体。 |
| 视线景观 | 沿友谊大道和徐东路为主要视廊,控制两侧建筑距离确保景观廊道视线通透。次级视廊有徐东平价广场与徐东城市广场的商务办公建筑形成的开敞视域,以及重要的垂江视廊,控制两侧建筑高度及建筑退后距离确保廊道视线通透。 |
| 建筑高度及天际线 | 建筑高度:商业主体建筑控制在200 m以下,裙房高度控制在24 m以下;居住建筑控制在80 m以下。<br>天际线:重点控制徐东高架桥上视线所及建筑高度、体量、体型,形成大尺度韵律感强的轮廓线。 |

**图 7-5 友谊大道城市设计项目规划方案编制部分成果**

资料来源:笔者导师承担的"武汉市友谊大道城市设计"项目

的主体是规划(咨询)机构,他们根据委托机构的相关要求,通过自己的专业技术和经验,将城市空间的空间、土地、景观、交通、建筑、基础设施等要素进行逻辑组合,使这些要素能够相互衔接、健康运行,最终实现规划确定的目标。在这个过程中,规划(咨询)机构主要是扮演技术服务的角色,其最终成果通常是由文本和图册两部分组成。通常情况下,规划(咨询)机构会提供几套解决城市问题的思路,供规划政策制定选择。需要说明的是,由于规划(咨询)机构并不具备制定公共政策的权属,因此其设计成果只能是规划政策制定的前期准备工作。但是,在实际生活中,很多规划机构或规划师对自己在规划过程扮演的角色容易形成误解,认为自己具有"技术之上"、"向权力说真理"、"城市规划就是规划城市"的能力,其根本原因就是对自己定位认识不清晰。当然,在规划方案编制过程中,规划师会通过技术手段在方案中融入自己的价值判断,从而对城市规划的结果造成影响。但如果规划方案编制没有进行后续程序,那么规划方案就仅仅是一份漂亮的蓝图,没有任何意义。图7-5是"武汉友谊大道城市设计"项目组在经过充分调研和论证之后,根据自己的专业特长,在尊重甲方规划要求的基础上,结合项目的实际进行方案编制,图中展示的仅仅是部分方案成果。规划方案形成初步成果后,报送甲方审批。一旦规划成果得到审查通过,在经过必要的程序后,规划设计导则就成为规划部门管理该片区的依据。

## 7.2.4　选定规划方案

规划方案选定是指相关部门及人员,根据规划要求和专业特点,对规划方案内容的科学性和逻辑性进行分析、评估和论证的过程。在规划方案选择过程中,需要多个主体参与。首先,规划方案一经选定,就成为未来城市建设和管理的依据,涉及多方面的利益;其次,由于方案的编制过程中,编制人员具有有限理性,这就需要借助其他人员对方案内容进行多角度审视,确保规划方案具有较高的科学性。城市规划活动是一项面向未来的活动,很多指标的配置和措施都是来源于对未来的预测。一旦对某些动态要素考虑不够充分,就可能对未来产生较大影响。因此,选定方案的过程应该是一个十分严肃和谨慎的过程。

如果说规划方案的编制是决策的前期准备阶段,那么选择方案就是真正的决策过程。从决策的本质属性来看,"决策过程实质上就是一个选择过程,选择性是决策过程最重要的特性"①。从理论上,规划方案的选定需要经历2个阶段。首先,确定选择标准,如果没有明确的标准就无法衡量方案的优劣。比如,城市规划方案是否符合城市总体发展战略,是否高效经济地解决了存在的问题等。其次,比较性分析,这个过程具有明显的选择性,就是在各种备选方案中选择最优的方案。需要说

---

① 谢明. 公共政策导论[M]. 第二版. 北京:中国人民大学出版社,2008:174.

明的是,方案选择过程中,规划(咨询)机构还要根据反馈意见对规划方案进行调整。

选定的规划方案还需要进行一定的程序,使规划方案具有合法性和权威性。

经过决策主体共同认可的规划方案需要提交到相应的机关进行立法或行政机关审批,通过一定的规划和程序使之合法化。审批规划方案的过程,其实质就是对决策权力进行制约,以防止决策过程中某些人员拥有过度的"自由裁量权"和"搭便车"等不良规划现象发生,这是对规划政策制定制度性设计的思考。

### 7.2.5　政策制定过程的反馈

规划政策制定过程是一个动态过程,必须建立反馈和调整机制,使规划方案保留一定的弹性,以应对不可预知的因素,防止规划方案对现实产生不合实际的约束。首先,规划方案的选定是在一定背景下的产物。受专业条件、技术背景、认知水平、个人价值观念等条件的影响,规划政策过程具有有限理性,任何人不可能在规划政策制定过程中做到"滴水不漏",不出问题。这就需要通过信息反馈机制,对规划方案作出适当调整,以提高规划政策制定的科学性,避免重大失误发生。其次,随着经济社会的发展,城市空间可能会出现不确定的因素,使规划的条件发生改变。这就需要对规划方案作出适当调整,以回应这些环境因素的改变。决策过程反馈机制是针对规划方案可能导致失误而设计的补救措施,因此在规划政策制定过程中反馈机制具有重要意义。反馈机制不仅存在于规划政策制定阶段,还存在于规划实施过程中,贯穿于整个城市规划过程。正是由于规划反馈机制的存在,需要我们在规划方案编制过程中保留一定的弹性。

## 7.3　规划过程政策制定阶段四大参与主体的行为

规划政策制定阶段必须依附于团体、组织和个体的具体行为才能实现,规划政策制定过程是参与主体行为的结果。在规划政策制定阶段,各参与主体根据相关制度的规定,以自己的行为参与到规划政策制定过程中,从而使自己的行为对规划过程产生影响。同时,参与主体的这些行为,也会外显成为我们可以感知的规划现象。

### 7.3.1　政府部门的参与行为

广义的政府部门指在规划过程中,那些属于"政治体制内的、行使公共权力的参与者,一般包括国家机构、执政党、政治家和官员"[①]。狭义的政府部门指的是规

---

① 陈振明.公共政策分析[M].北京:中国人民大学出版社,2003:73.

划职能部门和地方政府。本书涉及的政府部门主要是指后者。在规划过程中,政府部门的主要行为是通过立法、组织、管理等方式对规划活动施加影响,常常扮演"城市的所有者、管理者、控制者的身份"①。

在规划过程中,规划职能部门可能要算最重要的一个部门,他们的每项行为几乎都是直面一个核心内容,那就是制定规划政策。在规划过程中,规划部门将担负起对城市进行管理和建设的重要职能。但在实际生活中,我们常常认为规划部门的主要职能就是制定规划,或者说对规划政策制定享有决策权,这不得不说是一种误解。在笔者与多名规划部门领导交流中发现,他们常常把自己定位在规划制定者的身份上。实际上,规划部门无法独自承担规划制定的任务,既无权力依据也不符合事实。笔者认为,规划部门的真正职能是为各个参与主体之间搭建一个交流沟通的平台。各参与主体基于这个平台,通过利益争夺、"讨价还价"、相互妥协等方式进行博弈。参与主体的利益涉及多个方面,有地方党政领导对城市发展的宏观构想,有利益集团对经济利益的追求,有社会公众对美好生活环境的期待,有对城市公共利益和整体利益的维护,等等。规划政策制定活动,实际就是为各参与主体之间搭建了一个交流沟通的平台,力图能公正地解决各方利益纠纷问题。规划目标确定是各方参与主体利益均衡的结果,较广泛地代表了各参与主体的共同利益,成为规划过程大家共同行动的纲领。

在当前我国的规划政策制定过程中,政府部门的行为主要集中在以下几个方面:

1)进行制度设计的行为

法律规章制度建设是政府部门对规划过程开展程序的制度性设计,对规划过程的顺利开展具有重要作用。第一,明确规划活动的合法地位,"制定和实施城乡规划,在规划区内进行建设活动,必须遵守本法"②。第二,规定规划过程的具体内容,如城镇总体规划的内容应当包括:城市、镇的发展布局,功能分区,用地布局,综合交通体系,禁止、限制和适宜建设的地域范围,各类专项规划等③。第三,规定规划方案的编制主体资格,"城乡规划组织编制机关应当委托具有相应资质等级的单位承担城乡规划的具体编制工作"④。第四,赋予了规划规划政策制定成果——规划方案的合法性,"经依法批准的城乡规划,是城乡建设和规划管理的依据,未经法定程序不得修改"⑤。相关法律、法规还对规划过程的其他细节进行了规范。总

---

① 杨帆. 城市规划政治学[M]. 南京:东南大学出版社,2008:16.
② 摘自《城乡规划法》第一章第二条。
③ 摘自《城乡规划法》第二章第十七条。
④ 摘自《城乡规划法》第二章第二十四条。
⑤ 摘自《城乡规划法》第一章第七条。

之,法律、法规既是各参与主体的行为规范,又是各参与主体的权利保障。

2) 履行工作职能行为

在《城乡规划法》的第一章《总则》中规定,"为加强城乡规划管理,协调城乡空间布局,改善人居环境,促进城乡经济社会全面协调可持续发展"①,"县级以上地方人民政府城乡规划主管部门负责本行政区域内的城乡规划管理工作",这些条款明确将组织、协调城市规划过程作为地方政府部门的重要职能。政府部门特别是规划部门对城市进行有效管理,这是他们最核心的职能工作。规划过程是政府部门实现城市管理职能最重要的手段,因为城市总体规划、控制性详细规划、城市设计等规划政策制定成果是政府部门进行城市管理的依据。规划政策制定阶段是产生这些管理手段的重要步骤,因此参与规划政策制定过程是政府部门的重要工作职能。

3) 组织协调决策过程行为

在规划政策制定阶段,规划职能部门还要从事大量的具体工作。第一,在规划政策制定阶段的前期,根据城市经济社会发展要求,或城市空间发展现状,提出城市空间面临的发展问题,供决策者参考。第二,制定规划设计要求,并委托规划(咨询)机构进行方案设计,并对规划方案编制效果进行初步审定。第三,组织各参与主体开展方案成果讨论,协调参与主体各方的利益。并接受反馈信息,要求规划(咨询)机构对方案进行修改。第四,组织开展规划方案评审,确定规划目标和规划方案成果。

## 7.3.2 规划(咨询)机构的参与行为

规划(咨询)机构的主要职能为规划过程提供规划技术服务与咨询工作,他们在规划政策制定阶段的参与行为都是围绕这些职能而开展的。按照我国《城乡规划法》的规定,"城乡规划组织编制机关应当委托具有相应资质等级的单位承担城乡规划的具体编制工作"②,并规定了规划(咨询)机构成立的条件:"从事城乡规划编制工作应当具备下列条件,并经国务院城乡规划主管部门或者省、自治区、直辖市人民政府城乡规划主管部门依法审查合格,取得相应等级的资质证书后,方可在资质等级许可的范围内从事城乡规划编制工作。"《城乡规划法》规定了规划(咨询)机构作为规划政策制定阶段参与主体的法定地位,也就是说只有他们才具备从事规划方案编制的资格。

在规划政策制定阶段,规划(咨询)机构的参与行为主要体现在三个方面:

1) 咨询服务行为

规划(咨询)机构具备专业技术特长,擅长从技术层面对城市空间问题进行处

---

① 摘自《城乡规划法》第一章第一条。
② 摘自《城乡规划法》第二章第二十四条。

理。因此,规划(咨询)机构常常成为政府部门的智库,在规划政策制定阶段发挥着咨询的作用。首先,在规划问题的选择方面。由于政府部门通常从政治视角考虑,需要专业机构进行咨询服务,进行可行性论证。他们的咨询功能是政府思考问题模式的有益补充,对准确认识规划目标任务具有重要意义。其次,规划方案制定和评审都离不开规划(咨询)机构的技术支持。他们的咨询功能能提高规划政策制定的科学性,在一定程度上消除了决策过程有限理性导致的决策失误。

2)方案设计行为

在规划政策制定阶段,规划(咨询)机构最核心的任务是进行规划方案设计,这也就是我们常常说到的编制规划方案。他们在接受规划任务的,通过现场调研、资料收集整理、方案编制等一系列过程,将城市空间的空间、土地、景观、交通、建筑、基础设施等要素进行逻辑组合,在解决城市空间问题的同时,使这些要素能够健康运转,实现既定的规划目标。在规划编制过程中,规划(咨询)机构要与政府部门进行良好的沟通,以确保自己的方案成果忠实履行政府的意图。规划方案成果是规划文本和图册,在经过一定的法定程序后,形成规划政策制定意见,成为政府部门进行城市管理的依据。

3)维护技术理性行为

规划(咨询)机构编制规划方案的技术和经验来源于规划理论专业知识的学习。城市规划作为一门专业学科体系,由基本理论、方法观和价值论三个部分构成。科学性是规划作为一门学科是否成立的先决条件,显然规划是一门实践性很强的科学学科。规划的科学性是学科成立的基础,也是规划(咨询)机构从事规划方案需要坚守的职业道德,还是规划(咨询)机构赖以生存和发展的基础。规划方案的科学性主要体现在,是否恰当地运用了城市空间各种要素,在当前的城市状态和对未来期待的城市状态之间建立了较好的逻辑联系。在编制规划方案的时候,维护和实现方案的科学性是规划(咨询)机构的一项重要行为。

## 7.3.3 利益集团(开发商)的参与行为

利益集团(开发商)是市场经济的产物,其存在的主要目的是为了在城市建设中获取经济效益。在规划政策制定过程中,利益集团(开发商)的参与行为主要都是围绕着这个目标而开展的。

1)影响规划政策制定的间接行为

我国的经济体制是社会主义市场经济体制,即公有制为主体,多种经济成分并存。我国现有的经济模式,决定了利益集团(开发商)在规划政策制定中的主体地位。利益集团(开发商)具有资金优势,是参与城市建设的重要投资主体,对推动城市建设发展具有重要意义。在规划政策制定阶段,表面上看利益集团(开发商)并没有直接参与到规划政策制定过程中。但是,规划政策制定必然会主动考虑到利益集团(开发商)的利益,从而对规划政策制定产生影响。比如,规划(咨询)机构在编制方案的时候,常常把某些具有良好地段优势和环境优势的地方划定为商业用地和居住用地。再如,规划(咨询)机构在编制城市中心黄金地段某地块控制性详细规划的时候,容积率的设置必然要考虑到利益集团(开发商)的投入和回报。也正因为如此,在城市黄金地段的地块常常被拍卖出天价,楼盘的销售价格显著高于其他区域。由于利益集团(开发商)具有巨大的资金优势,这不得不使我们在从事规划政策制定的时候主动考虑利益集团(开发商)的利益。在这种情况下,利益集团(开发商)凭借自己在市场经济中的主体地位,通过这些间接作用对规划政策制定过程施加了影响。在图 7-6 中介绍了湖北省当阳市招商引资优惠政策。其中,第三条为,"如独立形成一个工业园的项目,亦可自行选址建设"①,这充分说明了利益集团(开发商、产业企业)对规划政策制定的影响。同时,在当阳市招商引资优惠政策中明确说明"招商引资的项目,原则上必须在规划的园区内投资建设"②,这项条款内容实际上说明了一个问题,即在进行工业园区规划政策制定的时候,政府已经充分考虑到了利益集团(开发商、产业企业)可能对规划政策制定提出的要求,并主动将利益集团(开发商、产业企业)的利益要求纳入到规划方案中。

**案例 4:湖北省当阳市招商引资优惠政策**

第五条凡符合我市总体规划、符合国家产业政策的大项目落户我市,均可优供土地。

(一)凡固定资产投资额在 5 000 万元以上的项目,按每投资 50 万元,提供 1 亩土地的标准,由地方政府出资征用新上项目必需的土地;凡固定资产投资额在 5 000 万元以下的项目,根据其投资效益适当给予征地补助。

(二)投资者独立创办经济园区且总投资额在 1 亿元以上的,实行一步规划到位、分批退提供土地的供地办法,由市政府根据园区项目建设进展需求,按每投资 50 万元,无偿提供 1 亩土地的标准供地。

(三)凡年缴纳税收 50 万元以上的项目,投资者以租赁方式使用国有土地的,5 年内免缴租金;以租赁方式使用集体土地的,5 年内由地方政府缴纳租金;属于农业产业化"龙头企业"的,5 年内免缴租金,5 年后减半缴纳租金。年缴纳税收 50 万元以下的项目,根据其投资效益适当给予减免优惠。

(四)凡整体收购我市工业企业并新上项目,被收购企业原来以划拨方式取得的土地使用权改为以出让方式供地。原以出让方式取得土地使用权,且出让金已作价计入企业总资产的,出让金由国有资产管理部门调账管理。不改变土地用途的,可继续保留划拨方式供地。也可实行年租制,实行年租制的,5 年内免收土地年租金。土地变更只收工本费和变更登记费。

图 7-6   当阳市招商引资政策充分考虑到了利益集团可能对规划提出的要求

资料来源:"投资湖北"网站

---

① 摘自"湖北省当阳市招商引资优惠政策"第三条。
② 摘自"湖北省当阳市招商引资优惠政策"第三条。

2) 影响规划政策制定的直接行为

在有些情况下,利益集团(开发商)会通过与政府部门的沟通、谈判从而影响规划政策制定过程。比如,某些城市或城市地段,政府在城市总体规划中可能并没有对该区块作出规划定位。一些利益集团(开发商),由于投资和发展的需要,把自己对区块的定位想法与政府部门交流。通常情况下,出于招商引资的考虑,政府部门会在一定原则上满足利益集团(开发商)的愿望。利益集团(开发商)通过这些直接的方式,主动促使规划政策制定过程发生,从而对规划政策制定过程产生重要影响。如,长阳土家族自治县拥有清江风景名胜区和丰富的巴土文化资源,位于"鄂西生态文化旅游圈"战略的核心地带,由于地域偏远,旅游配套服务设施落后,成为制约旅游产生发展的瓶颈(图7-7)。在这个背景下,某投资公司与当地政府取得

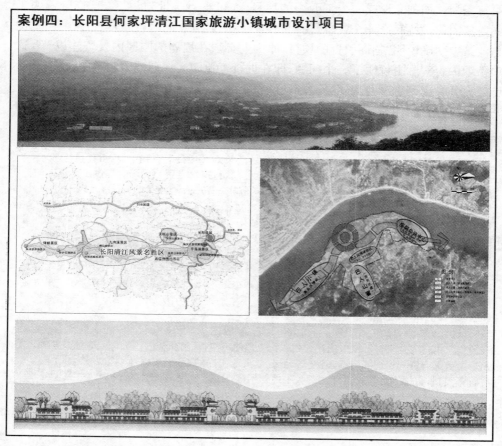

**案例四:长阳县何家坪清江国家旅游小镇城市设计项目**

**图7-7** "长阳县何家坪清江国家旅游小镇城市设计"项目是利益集团(开发商)推动的结果

资料来源:笔者导师承担的"长阳县何家坪清江国家旅游小镇城市设计"项目

联系,计划在长阳自治县老城区的对岸开发以旅游服务功能为主的小镇,这得到了当地县委、县政府的高度重视。在这种情况下,为了吸引招商单位投资,决定对何家坪进行规划设计。"长阳县何家坪清江国家旅游小镇城市设计"这些规划政策的制定,其实质就是利益集团(开发商)直接推动的结果。

### 7.3.4　市民的参与行为

市民的日常生活是城市空间构成最基本的成分。从理论上讲,无论是规划政策阶段还是实施阶段,市民都是城市规划的直接参与者。但是,在实际的规划政策制定阶段,市民主要通过一些间接行为对规划政策制定产生作用,因此市民对规划政策制定过程的影响十分有限。

1) 市民通过代言组织影响规划政策制定的行为

在当前我国的规划政策制定阶段,由于政策机制、市民参政意识、个人能力等方面存在不足,市民个体行为难以发挥作用,难以维护自身利益。在这种情况下,需要通过代言机构或组织以实现自身利益诉求。但是,市民利益被代言的行为更多的是一种被动行为。这主要表现在三个方面:第一,在我国的政治制度中,政府是市民利益的合法代表,市民总是将自己的权力委托给政府,寄希望于政府代表自己的意见参与规划政策制定。政府代言市民从事规划政策制定,这是我国《宪法》赋予政府的使命,也是市民寄予政府的信任。第二,市民通过投票选举人大代表、政协委员,通过他们在参政议政中的"声音",实现自己的参与行为。第三,在某些情况下,市民的利益可能被规划政策制定所忽略或造成市民利益的损失,这些情况引起了某些团体的关注,并被这些团体的呼吁或职业良知发现,从而实现自己的主张。如新闻媒体为市民的某项利益发出的呼吁,规划师在规划过程中积极考虑市民需求的职业良知,非政府组织倡导的某些利益诉求。

2) 市民通过行使某些法定权利影响规划政策制定的行为

我国《城乡规划法》第二十六条规定,"城乡规划报送审批前,组织编制机关应当依法将城乡规划草案予以公告,并采取论证会、听证会或者其他方式征求专家和公众的意见。公告的时间不得少于三十日。组织编制机关应当充分考虑专家和公众的意见,并在报送审批的材料中附具意见采纳情况及理由"[①]。在这项法律规定中明确规划了市民参与的环节,市民通过公众参与渠道进入规划政策制定过程之中,并通过赞成、反对、建议等行为实现自己的主张。然而,当前我国市民公共参与的现状,一是"自上而下,公众参与尚处于较初级阶段,其象征性意义大于实质性意义",二是"自下而上,因大量开发而产生的侵权行为使得弱势群体表达意愿的要求

---

① 摘自《城乡规划法》第二章第二十六条。

日益强烈,在一些地区甚至出现因缺乏合理的引导而采取极端的对抗方式"①。因此,探索我国市民公众参与的模式,引导市民积极参加到规划政策制定过程中,对提高规划政策制定的科学性、权威性和合法性具有重要意义。

## 7.4 传统政治文化视角下的规划政策制定过程

规划政策制定阶段大致由"问题的提出与筛选、确定规划目标、规划方案设计、选定规划方案和决策过程反馈"等五个部分组成。规划政策制定过程是一项有意识的人类生产活动,是参与主体行为取向驱动的产物。行为取向是指导参与主体行为和左右参与主体行为的灵魂,有什么样的行为取向必然会促使参与主体实施什么样的行为,有什么样的行为必然会制定什么样的规划政策。因此,可以说,规划政策制定是人类行为取向的产物。对于城市规划这项具有浓郁政治属性的活动而言,参与主体的行为取向多源于对传统政治文化的继承和发展。传统政治文化所形成的意识系统,稳定地和持久地存在于中华民族的血液之中,成为不会轻易改变的"恒量",影响着中国人参与政治的认知、态度、价值和信仰,成为驱动中国人参与政治行为的第一要素。

### 7.4.1 伦理价值观念是我国传统政治文化的主轴

参与主体承载的价值取向系统,常常通过他们具体的行为释放在政策制定过程之中,最终使城市规划现象沿着参与主体共同选择的价值方向发生。无论是以组织形态还是以个人形态存在的参与主体,价值取向的形成必然在某种程度上受到传统政治文化的影响。就规划政策而言,参与主体的行为取向体现出"选择价值"和"维护价值"的倾向。造成这种局面的原因,我们可以在传统政治文化的内容中找到。

首先,我国是一个以伦理道德为本位论的国家。千百年来,儒家倡导的"政治伦理化,伦理政治化"②理念,为我们缔造了一个德主刑辅的伦理王国。在这种传统政治文化背景下,我们的一些政治行为都与伦理道德产生了联系。其次,参与主体从事政治行为必须要以伦理道德为行为规范。我们的任何行为,都要符合"君君,臣臣,父父,子子"③的礼制等级观念。人具有等级差异,只有在自己既有的等

---

① 孙雅楠,吴志强,史舸.《城乡规划法》框架下中国城市规划公众参与方式选择[J]. 规划管理,2008(8):56-59.

② 任剑涛.伦理王国的构造:现代性视野中的儒家伦理政治[M]. 北京:中国社会科学出版社,2005:23.

③ 出自《论语·颜渊》。

级范围内从事事务工作,才符合封建伦理标准。孔子说"名不正则言不顺,言不顺则事不成,事不成则礼乐不兴,礼乐不兴则刑罚不中,刑罚不中,则民无所措手足"①,儒家的"正名说",实际为我们从事某项社会事务制定了规矩,也就是说只有"出师有名",才能符合伦理道德规范。最后,人们会主动捍卫伦理道德观念。从儒家为社会制定的伦理价值规范看,开展某项社会事务的基础必须是进行伦理价值选择,否则就是"名不正,言不顺"。并且,一旦选择某项伦理价值就会坚决捍卫,正如《孟子》所说"生,亦我所欲也;义,亦我所欲也。二者不可得兼,舍生而取义者也"②,亦即献出生命也要捍卫价值。鲁迅先生说:"中国从古以来,就有埋头苦干的人,有拼命硬干的人,有为民请命的人,有舍身求法的人……这就是中国的脊梁。"③这些传统的政治文化伦理思想,塑造了中国人关注伦理、恪守价值的民族性格。因此,在日常行为中,我们从事某项社会事务的时候,最关注的就是选择伦理价值和维护伦理价值。

### 7.4.2 价值取向选择是规划政策制定的基础

城市规划作为一项高度集体化的社会行为,是国家日常社会生活最重要的组成内容。因此,选择什么样的价值,是城市规划活动要回答的首要问题。首先,符合人民的利益是规划活动取得合法性和权威性的基本来源。在城市规划政策制定过程之中,党政领导常常用"尊重民意"、"妥善安排居民的生产生活"、"为人民服务"、"确保社会稳定"、"维护居民的合法利益"等词汇表达价值理念的选择,并且将其作为会议纪要,并使之成为规划文本的重要组成内容之一。如果规划活动没有选择正确的价值理念,就会听见居民"瞎折腾"、"劳民伤财"、"贪大求洋"等抱怨的声音,这会使政府机构在规划中产生"工作难以开展"、"居民缺乏理解"、"动不动就上访"等问题,产生这些问题的根本原因在于两者的价值选择存在错位。重视伦理价值,成为千百年来社会成员的基本观念。孔子"吾道一以贯之"④,董仲舒"道之大源出于天,天不变,道亦不变"⑤等思想的影响延续至今,并"守死善道"地维护着这种伦理价值观的权威性。对城市规划活动而言,重视价值选择是城市规划政策过程的首要问题,也是规划活动能够顺利开展的基础。在我国的城市规划活动中表现出对伦理价值的高度重视,其根本原因在于,传统政治文化中儒家"伦理本

---

① 出自《论语·子路》。
② 出自《孟子·告子上》。
③ 出自《鲁迅全集》第 6 卷,人民文学出版社 1981 年版。
④ 出自《论语·里仁》。
⑤ 出自《汉书·董仲舒传》。

位"①观念对当前社会行为产生持续的影响。相比较而言,国外城市规划政策阶段更关注程序的合法性。在上述传统政治文化观念的作用下,规划政策过程便表现出选择价值和维护价值的行为取向偏好。

### 7.4.3　价值取向决定着规划政策制定的权力分配

在规划过程中,价值取向的选择决定着权力的归属问题。权力的归属问题是规划过程中最基本、最核心的问题,它表示着谁在规划过程中有什么样的权力,会承担什么样的义务和责任。我国和西方国家由于政体不一样,权力的分配方式是有差异的。在这种情况下,规划过程的权力归属当然也有差异。

在规划政策制定中,参与主体的数量和类型直观地表现出权力的归属问题。由于我国长期受到封建专制统治,形成了社会资源的分配权力属于统治阶级的传统政治文化,并且这些观念仍然影响着当前我国规划过程参与主体的行为。韩非子写道:"国者,君之车也"②,"事在四方,要在中央;圣人执要,四方来效"③,法家以最简洁、最明快的语言表达了政治权力私有的封建伦理法则。孔子的"不在其位,不谋其政"④、孟子的"天无二日,民无二王"⑤构建了礼制等级森严的社会秩序,兼听独断成了儒家文化中为理想明君设计的最佳决策模式,普通社会大众的政治权力在这种观念的作用下受到限制。正是由于这些传统政治文化观念的持续影响,公众参与社会事务的权力被封建制度剥夺,在自身思想观念的禁锢之下被约束。因此,当前公众对参与规划政策过程的冷漠和顺从的政治态度,就是受到了这些传统文化的深刻影响。

## 7.5　政府部门行为取向与传统政治文化分析

在规划政策制定阶段的五个环节中,政府部门都位居主导地位,几乎决定着规划政策制定的发展。产生这种规划现象的原因是由于规划制度,即政府部门在规划权力分配中占据主导地位。在"权力主体"行为取向的驱动下,政府的任何行为都围绕着如何发挥"权力主体"功能而进行。

---

① 梁漱溟. 中国文化要义[M]. 上海:学林出版社,1987:5.
② 出自《韩非子·外储说右上》。
③ 出自《韩非子·扬权》。
④ 出自《论语·泰伯》。
⑤ 出自《孟子·万章上》。

## 7.5.1　规划问题提出环节政府部门的行为取向

1) 选择的规划问题表现政府部门的行为取向

城市空间面临着多种问题,选择什么问题作为规划要解决的问题呢? 这是政府部门在发起规划活动的时候需要面临的第一个问题。比如,某个城市既存在旧城改造的问题,又面临新城建设的问题,多数政府部门会优先建设新城;某个城市既面临着要改善城市公共环境的问题,又面临着城市规模扩展的需要,多数政府部门会优先拓展城市规模;某个城市既面临着落后片区的改造,又面临着迎宾大道建设,多数政府部门会优先建设迎宾大道;等等。促使政府部门作出某些规划问题的行为选择,是由政府部门的行为取向决定的。在选择规划问题的时候,政府部门作出判断的基本依据是在具有竞争性的若干价值法则和信仰力量之间进行选择,价值选择影响着提出问题的秩序、研究的逻辑起点和解决问题的方法。人们的主观认识、思想思维、生活态度等价值因素在社会问题的形成过程中具有决定性的影响。政府部门在面对若干待选规划问题的时候,价值判断(行为取向)就会促使他们作出选择行为。城市空间由复杂的社会关系构成,总是存在这样或那样的社会问题。城市规划不可能解决所有的城市问题,成为"包治百病"的良方。某些现象在有些人的眼里是社会问题,但在另外一些人的眼里又不是社会问题。造成这些理解偏差的因素很多,有经济的原因、文化的原因,还有个人立场的原因等等,但归根到底是规划问题的认识取向存在差异。例如,有些地方政府认为城市的发展要以经济建设为中心,在这种思想的主导下,城市中制约产业发展的因素就可能会成为城市规划要考虑的首要问题;有些地方政府认为改善"民生"是本地城市发展的核心任务,那么普通公众的生活配套要求就成为城市规划的主要问题。政府做出这些选择行为的背后,必然受到了某种意识价值的制约。可见,城市问题的选择不是一个小问题,其背后表现了政府部门的价值立场。

2) 政府部门行为取向的传统政治文化分析

钱穆分析了中西政治意识的差异,他认为中国的政治意识属于内倾型,而西方属于外倾型。"中国人的心理,较偏重于从政以后如何称职胜任之内在条件上,而不注重于如何去争取与获得之外的活动上。与上述观念相连带,中国社会民众对政府常抱一种信托与期待的态度,而非对立监视的态度。如我们说西方的政权是契约的,则中国政权乃是信托的。契约政权带有监督性,而信托政权则是放任与期待。因此中国政治精神,不重在主权上争持,而重在道义上的互勉,这又已成为一种历史惰性,并不因辛亥革命而消失"①。国民对政府部门抱着信托和期待的政治意识,产生于君

---

① 钱穆. 国史新论[M]. 北京:三联书店,2001:114.

权至上的封建主义长期统治。既然政府部门被公众信托和期待,那么政府在规划事务方面的合法权威就得到大家的普遍认可。于是,政府部门主导规划的权威性成了普遍的政治理念,在规划问题的选择方面具有较大的"自由裁量权"(图7-8)。通常情况下,政府部门对规划问题选择的行为取向出自于以下几个方面的考虑。

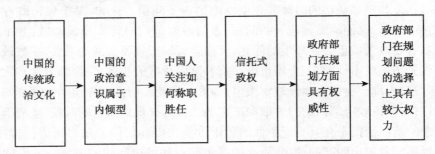

图7-8  中国传统政治文化导致政府在规划问题选择方面具有较大权力

(1)维护统治秩序的行为取向

在传统政治文化中,强调将民本思想作为维护统治秩序的重要主题,从"民为邦本,本固邦宁"①,孟子的"民为贵,社稷次之,君为轻"②,唐太宗李世民的"夫为人君,当须至公理天下,以得万姓之欢心"③,毛泽东提出的"为人民服务",到科学发展观中"以人为本"等执政思想理念中,都把尊重人民需要作为维护政治统治的重要基础。城市规划作为一项服务于全体社会成员的公共事务,选择规划问题的根本出发点在于考虑人民的利益,亦即城市规划里宣扬的公共利益和整体利益。因此,近年来随着国家经济的富强,政府部门选择的规划问题议题都与提高和改善人民生活环境质量有密切相关,于是"民生工程"、"惠民工程"、"温暖工程"等规划议题就成为规划的主要内容,成为政府构建"社会和谐"的重要手段。

如图7-9,在"房价过速上涨,已经成为极为迫切的社会问题"④的背景下,为了缓解中低阶层购房难的问题,实现"十七大"报告中"住有所居"的承诺,国家出台了建设经济适用房的相关政策措施。在这种情况下,武汉市根据自身需求制定了《武汉市经济适用房管理办法》。并从立项、选址、规划等角度对规划部门提出了要求。因此,对经济适用房进行规划、设计就成为规划部门要面对的重要工作任务。汉阳三里坡经济适用房规划项目就是在这种情况下产生的。综观上述情况,选择

①  出自《尚书·五子之歌》。
②  出自《孟子·尽心下》。
③  本句出自《贞观正要·灾祥》。
④  李文斌,牟家华.住房政策的局限性:政策的初衷与实施效果的背离[J].城市发展研究,2006,13(02):107-110.

将经济适用房作为政府部门的一项重要工作来抓,体现了政府部门对改善民生的迫切愿望,表现了"以人为本"的价值取向。政府部门在选择规划问题时的取向,实际就是传统政治文化"民本观"的延续。

**案例五:经济适用房建设成为各地政府需要解决的迫切问题**

为全面贯彻和落实"十七大"报告中"住有所居"的承诺,解决老百姓最关心的住房问题,2007 年国务院下发了《国务院关于解决城市低收入家庭住房困难的若干意见》(国发〔2007〕24 号),建设部等七部委制发的《经济适用住房管理办法》等文件规定。武汉市结合本市实际,制定了《武汉市经济适用房管理办法》,并于 2009 年 11 月开始实施。规定从多个方面对经济适用房的建设管理作出了明确的要求,并对规划部门作出了明确要求。"第十二条 区人民政府应当根据本辖区住房保障需求、城市规划实施和土地利用现状等情况组织编制区经济适用住房的建设发展规划和年度实施计划,经市房管部门会同市发展改革、建设、国土规划、环保等部门综合平衡,报市人民政府批准后,纳入全市经济适用住房的发展规划和年度实施计划。""第十三条 经济适用住房应当统筹规划、合理布局、配套建设,充分考虑城市低收入住房困难家庭对交通等基础设施条件的要求,合理安排区位布局。"在这种情况下,对经济适用房的选址、规划就成为了规划部门的重要议题。如汉阳三里坡经济适用房建设的规划,就是在《武汉市经济适用房管理办法》实施以后的规划项目。

| 主要技术经济指标 | | |
| --- | --- | --- |
| 项目 | 单位 | 数量 |
| 规划总用地 | m² | 61 269.00 |
| 规划净用地 | m² | 61 269.00 |
| 总建筑面积 | m² | 159 998.00 |
| 其中 商业面积 | m² | 15 367.20 |
| 住宅楼面积 | m² | 144 158.20 |
| 物业管理用房 | m² | 325.16 |
| 居委会(治安联防站) | m² | 147.44 |
| 容积率 | | 2.61 |
| 建筑密度 | % | 19.98 |

图 7-9 民生工程——经济适用房建设成为各地规划的重要选题

资料来源:武汉市国土资源管理与规划局

(2)调节社会资源分配的行为取向

"中国传统社会的最大特点是王权支配社会"①,就我国的社会总体而言,不是

---

① 刘泽华. 中国的王权主义[M]. 上海:上海人民出版社,2000:2.

经济决定着权力的分配,而是权力分配决定着社会经济的分配,社会经济的主体是权力分配的产物,这些传统政治文化思想也在一定程度上影响着政府部门的政治功能。随便到哪个城市逛上一圈你就会发现,政府机构、国有企业、大型银行等机构占据着整个城市最为优越的区位,而不是服务于社会大众的公共基础设施;高档社区占据着环境最为优美的区域,而"城中村"、"公租房"、"经济适用房"等则被挤压在城市的某个角落。这些社会阶层分异现象就是"权力分配决定社会经济分配"的缩影,因为政府具有权力,而富裕阶层的经济条件可以影响权力。"权力分配决定社会经济分配"的行为取向影响了政府部门对规划问题选择的导向,从而导致社会阶层分异、城乡二元结构等现象的发生。

（3）体现自身权威性的行为取向

权威性其实就是拥有权力的另外一种表述方式,表明了参与主体在权力分配中的地位。在封建君主时代,传统文化突出等级观念,使得君主处于独一无二的地位。"普天之下,莫非王土;率土之滨,莫非王臣"的等级观念,使君主权威的至上在社会政治关系中的全面覆盖成为可能。在封建时代,政治权威性成为社会关系运行的普遍法则,并且这种权威性无不蔓延在上下等级之间和管理社会关系之中,使得社会管理成为一种政治私有权力。这种展示自身权威性的传统政治理念同样影响当前政府部门对规划问题的选择。在现实的规划过程中,选择什么问题作为规划的处理内容常常在政府机构的主导之下进行,我们几乎对"问题"没有半点怀疑就加入了这个活动的行列,政府部门的权威成为推动规划活动开展的重要力量。另外,"长官意志"、"规划规划,图上画画,墙上挂挂,不如领导一句话"等现象从另外一个方面表现出政府部门在规划活动之中的权威性地位。

图7-10山东济宁市"中华文化标志城"在饱受公众的质疑中开始规划建设。山东济宁市位于山东省的西南部,历史文化悠久,被誉为"孔孟之乡",是中华汉文化的重要发祥地之一。2008年3月1日,山东省有关领导在国务院新闻办公室举行的新闻发布会上高调宣布将在济宁建中华文化标志城,并悬赏890万元在全球征集建设方案。这个号称投资300亿元的规划设想,在接下来召开的全国"两会"上引发一百多位政协委员签名反对和公众舆论的广泛质疑。面对社会公众的广泛质疑,有关人士在回答记者提问的时候回答说"标志城的建设不会因为现在面临的争议而停止"。山东省济宁市市长张振川在回答媒体提问的时候一锤定音地回答"允许有争议,但标志城肯定要建"。济宁选择将"中华文化标志城"作为重大规划问题,虽然遭到广泛争议,但政府仍然推行项目的规划建设。"中华文化标志城"被选为重大规划问题,并在广泛争议下继续推进,体现了政府部门在规划问题选择时的权威性。这种政治权威思想的确是受到了传统政治文化的深刻影响。

**图7-10 山东济宁市"中华文化城"在饱受公众的质疑中开始规划建设**

资料来源：中华文化标志城官网

## 7.5.2 规划目标确定环节政府部门的行为取向

1）价值选择是政府部门制定规划目标的前提

城市规划目标的确定总是依赖于政府部门的价值取向（行为取向）。"特定的价值判断是确定政策目标的前提条件，这种内在的价值判断使认定政策目标的过程带有强烈的主观色彩"[①]，因为，价值判断的目的在于确定某种目标是否值得去争取。在我国，城市规划目标的确定多数是国家战略目标在地方的延续。政府制定的战略目标常常是一个自上而下的过程，国家的战略目标是全国人民共同奋斗的纲领。国家战略目标的制定，是基于整个民族发展方向的价值判断和道路选择。这看起来仿佛与城市规划目标没有关系，但实际上，很多城市的规划目标，就是将国家宏观战略目标进行了城市规划的专业化转译，是结合区域实际情况基础之上

---

① 陈振明. 公共政策分析[M]. 北京：中国人民大学出版社，2003：284.

对国家宏观目标的延续和深化。例如,"全面建设小康社会"①是当前国家的主要
战略目标,在这个宏观战略目标中,其中"社会和谐"和"生活质量"的指标就关系到
了城市规划建设,成为各个地方城市建设目标的指导思想(图 7-11)。综上可见,
城市规划目标的制定常常会与国家战略目标保持一致,这就是地方政府部门在规
划目标制定环节的行为取向。

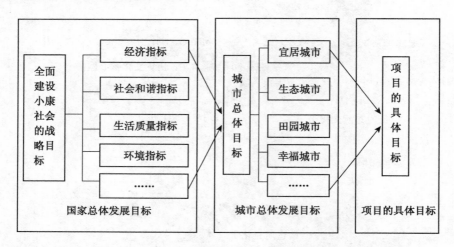

图 7-11    城市和项目的规划目标是国家发展战略的向下延续

2)政府部门行为取向的传统政治文化分析

在我们从事规划方案编制的时候,常常在文本或图册的第一页中就能看到对国
家战略目标的解读。这个过程的目的在于,使规划项目的目标服务于、服从于国家的
战略目标,建立项目规划目标——地方政府目标——国家战略目标三者之间的一致
性联系。我们常常看到的地方政府提出的"建设宜居城市"、"建设生态城市"、"建
设田园城市"、"建设幸福城市"等城市建设目标,就是国家战略目标在地方的转化。
政府部门制定规划目标的行为取向,可以从传统政治文化的四个层面来看。

(1)国家战略目标的选择基于千百年来中华民族的共同理想

早在两千多年前,孔子就提出小康社会的理想蓝图,在儒家经典教材《礼记·
礼运》篇中就有对小康社会的具体描述:"今大道既隐,天下为家。各亲其亲,各子
其子,货力为己。……如有不由此者,在执者去,众以为殃,是谓小康。"②当前,国
家提出的"全面建设小康社会"战略目标,来源于对传统社会理想模式的吸收和深
化。小康社会蓝图的提出,"一代又一代的知识分子都曾为绘制着这一理想社会的

---

①    摘自"十七大"报告。
②    出自《礼记·礼运》。

蓝图付出过汗水与鲜血,直至近现代"①。在传统社会的中国人,政治生活的理想主义色彩十分浓厚。"这种发生重大导向作用的政治理想,在各个不同历史年代,有着不同的表现方式和具体内容构成,但是上下数千年,各种图式的政治理想始终都没有摆脱伦理型专制社会的基本图式,始终围绕着伦理道德关系这个核心,在政治理想中反复以各种方式复写着这种政治现实"②。当前,在十八大报告中明确提出在 2020 年全面建成小康社会,成为新的国家战略目标。在这些国家战略目标的导向之下,各个地方政府城市总体规划的目标都是围绕国家战略目标而制定。国家的战略目标来源于传统政治文化中千百年来人们对理想社会图景的共同追求,地方政府的规划目标是这些思想的延续和深化。

(2)"家天下"的传统政治文化影响规划目标的确定

地方政府确定的规划目标是国家总体发展目标的延续和深化,也就是说地方的规划目标是国家总体目标任务的分解。各地规划目标的确定,最终的目的是为了实现国家的总体发展目标。政府围绕国家的总体目标来确定地方规划目标,反映了传统政治文化"家天下"的行为取向。"自商周时起,中国古人的国家观念(家天下)集中体现在君权观念上,这种君权观念确立于商周,定法于秦朝统一,贯穿于整个中国古代社会,人们对君权的认同且忠顺,是中国传统政治文化的一个重要内容"③。简单地说,"家天下就是把整个天下看作和说成一个巨大的家族"④。"家天下"制度形成的本质目的在于确保君主专制制度,使天下一统于君主,便于国家的管理。这种制度的设立,也使得地方政府的发展目标依从于国家目标。忠诚于国家的总体目标,成为"中国人几千年间世世代代表达的政治情感"⑤。"家天下"的传统政治文化行为取向,同样也使国家总体目标与地方规划目标之间产生从属和依附关系。这与西方社会人们具有"自我意识"的公共权力为基本内涵的国家观念和公共权力认知情感具有较大差异。

(3)落实国家战略是地方政府确定规划目标重要的行为取向

地方政府部门在制定规划目标的时候,为什么要以服务于和服从于国家的总体战略目标为行为取向呢?笔者认为,这可以从传统政治文化中地方政务与国家统治中找到解释。在我国古代,形成了"国家统治渗入社会每一角落,各地方政权隶属权力于中央,地方辅政"⑥的管理体制,这种管理体制使"中央政令能够迅速传

① 冯达文,郭齐勇.新编中国哲学史[M].北京:人民出版社,2010:9.
② 金太军,王庆五.中国传统政治文化新论[M].北京:社会科学文献出版社,2006:101.
③ 柏维春.政治文化传统:中国和西方对比分析[M].长春:东北师范大学出版社,2001:131.
④ 易中天.先秦诸子百家争鸣[M].上海:上海文艺出版社,2009:227.
⑤ 柏维春.政治文化传统:中国和西方对比分析[M].长春:东北师范大学出版社,2001:134.
⑥ 成臻铭.中国古代政治文化传统研究[M].北京:群言出版社,2007:259.

达到地方",形成了"基层无权、上级有权,地方无权、中央有权"①的政治管理格局。在这种背景之下,地方政府部门实际成为中央政权的实施机构。在当前我国的政治管理体制中,仍然施行的是中央集权和地方辅政的管理体制。受这些传统政治文化行为取向的影响,地方政府部门制定的城市规划目标需要与国家宏观目标保持一致,使得国家的战略目标在不同层面得到落实。但从目前我国政治体制改革的方向来看,"国家在政治上保持高度集中与统一的同时,倾向于在具体的行政治理方面向下放权,尽可能地保持一个简约的中央政府"②,国家的政治管理模式正在改革。

（4）政治特权思想是影响规划目标的行为取向

在当前的城市规划目标制定中,政治地位高的人常常对于规划目标的确定具有重要影响力。形成这种现象,是由我国当前的政治权力分配制度造成的。在我国的政治体制结构中,由于实行党领导政府的一把手制度。由于缺少有效的制衡权力机制,使"政治权力私有"变成一种可能。"政治权力分配不均、界限不明,必然导致特权现象的出现。这些特权现象,除政党特权现象、政治特权现象之外,最明显的是个人特权现象。个人特权现象具体反映在两个方面,一是家长式的领导作用,二是一言堂"③。因此,在某些时候,规划目标便成为体现"长官意志"的工具。"政治权力私有"的观念,受到儒家等级观念的深刻影响。在我国的封建的传统政治观念中,儒家文化的等级观念影响至深,这些尊卑等级关系划分出了明确的社会政治地位。"下所以事上,上所以共神也。故王臣公,公臣大夫,大夫臣士,士臣皂,皂臣舆,舆臣隶,隶臣僚,僚臣仆,仆臣台。马有圉,牛有牧,以待百事。"④,这段材料清晰地规定了各种上下级之间的隶属关系。由于政治地位形成的尊卑关系,使中国人形成了绝对服从上级权威的习惯。另外,我国传统社会是一个"官本位"社会,也就是说国家的社会价值观是以"官"来定位的,官大的社会价值高,官小的身价就低,官小的要服从官大的。在这种情况下,各参与主体很难违背"长官的意志",规划目标成为体现"长官意志"的工具。虽然,随着规划政策制定制度的不断完善,上述现象只是偶尔发生在规划目标的制定过程中,但我们仍不能忽略这些传统行为取向对公共决策造成的影响。

综上可见,忠实于国家发展的战略目标是地方政府部门制定规划目标的重要行为取向。"十八"大会议提出要在 2020 年建成小康社会的战略目标。在学习和贯彻党的"十八大"报告精神时,武汉市结合地方实际提出城市的发展目标是"国家

---

① 成臻铭. 中国古代政治文化传统研究［M］. 北京:群言出版社,2007:260.
② 江荣海等. 传统的拷问:中国传统政治文化的现代化研究［M］. 北京:北京大学出版社,2012:272.
③ 成臻铭. 中国古代政治文化传统研究［M］. 北京:群言出版社,2007:237.
④ 出自《左传·昭公七年》。

中心城市"。武汉市城市发展目标,实际上就是根据"十八大"报告中对城市经济社会建设的要求而制定的,是国家战略目标的延续和深化。同时,在今后的一段时间里,武汉市的任何规划项目都要服务于和服从于武汉市的总体规划目标。地方政府城市发展目标忠实履行国家战略,表现出"家天下"和"地方政权隶属权力于中央,地方辅政"的传统政治文化行为取向。(图7-12)

**案例七:武汉市在学习十八大精神后,提出了城市的建设目标**

2012年11月19日中国共产党第十八次代表大会在北京召开,胡锦涛作了《坚定不移沿着中国特色社会主义道路前进,为全面建成小康社会而奋斗》的主题报告。报告提出了今后中国的发展战略目标"综观国际国内大势,我国发展仍处于可以大有作为的重要战略机遇期。我们要准确判断重要战略机遇期内涵和条件的变化,全面把握机遇,沉着应对挑战,赢得主动,赢得优势,赢得未来,确保到2020年实现全面建成小康社会宏伟目标"。报告提出了具体要求,一是经济持续健康发展。实现国内生产总值和城乡居民人均生产收入比2010年翻一番,城镇化质量明显提高。二是人民民主不断扩大。民主制度更加完善,民主形式更加丰富,人民积极性、主动性、创造性进一步发挥。三是文化软实力显著增强。社会主义核心价值体系深入人心,公民文明素质和社会文明程度明显提高。四是人民生活水平全面提高。基本公共服务均等化总体实现。五是资源节约型、环境友好型社会建设取得重大进展。人居环境明显改善。在全国深入学习和贯彻党的"十八大"精神之际,武汉市结合"十八大"报告中关于在2020年全面建成小康社会的国家战略目标,根据本市实际情况,提出了"深入学习十八大精神,全面推进国家中心城市建设"的口号。武汉市根据国家战略目标,提出了将武汉市建设成为"国家中心城市"的总目标。武汉市的城市总体发展目标,是国家战略目标的延续和深化,与国家战略目标一脉相承。体现了国家战略目标对地方规划目标的影响,说明忠实于国家战略目标的行为取向决定着地方规划目标的确定。

图7-12 武汉市根据"十八大"提出的国家战略目标,制定了武汉市城市发展的总体目标

资料来源:"十八大"报告。照片为作者自拍。

### 7.5.3 规划方案设计环节政府部门的行为取向

1) 政府部门的行为取向仍然主导规划设计环节

在现实的规划过程中,人们常常容易产生这样一个判断,以为规划(咨询)机构决定着规划方案设计的内容,规划(咨询)机构在方案的制订方面具有较大的自主权。实际上,这种认识判断恰恰说明我们对规划过程的了解还停留在表面。因为,政府部门在这个过程中仍然发挥着十分重要的作用。在经历前期的规划过程之后,参与主体对城市规划要解决的问题和要实现的目标已经达成一致意见。在这种情况下,政府部门制定项目任务书,并委托给规划(咨询)机构进行技术处理,这才意味着进入规划方案设计阶段。制定项目任务书,实际就是制定标准,这个标准就是指导规划(咨询)机构方案设计和检验规划方案成果的标准。理想情况下,项目任务书融入了各个参与主体的观点,较为妥善地考虑了所有参与主体的利益。但在现实中,政府部门对项目任务书的制定具有决定权。因为,是否考虑参与主体的意见,考虑多少参与主体的意见,如何平衡参与主体的意见,决定这些问题的权力最终还是在政府部门的手中。在这个过程中,政府规划部门的主要职能就是搭建一个多方参与的交流平台,并根据参与主体的讨论结果形成规划标准,这是规划(咨询)机构方案设计工作开展的重要依据。规划(咨询)机构在接受政府委托之后,开始对拟研究内容进行专业知识分析,并按一定的模式开展城市规划方案编制工作。政府是规划编制的委托单位,具有接受或否定规划方案的权力,成为规划(咨询)机构编制方案的实际责任主体。在这个过程中,政府部门和规划(咨询)机构之间就形成了一个委托和雇佣的关系,政府部门的行为取向就会对规划方案设计产生直接影响。规划(咨询)机构自接受设计任务书的时候开始,就受到政府的行为取向的影响,并在一次次听取方案汇报过程中得到强化。政府部门对规划方案设计的影响方式主要有两种:一是自己作为规划方案设计的实际权力主体,具有制定规划标准的权力和将项目委托给某个规划(咨询)机构的权力;二是在验收规划方案过程中具有决定权。

2) 政府部门行为取向的传统政治文化分析

从社会分工的角度看,规划(咨询)机构是城市规划方案设计的专业组织,在理论上说对规划方案的设计具有较大的自主权。但在实际的过程中,政府部门仍然主导着规划方案的设计。驱动政府部门的行为受到了传统政治文化的深刻影响。政府组织的合法性使得政治部门在管理社会事务中具有相当的权威性。政府部门权威性的获取实际上是通过对权力的控制而实现的。在我国古代,传统文化突出等级观念,使得君主处于一种独一无二的位置。在政治决策过程中,君主的权威性代表着国家权力,"往往都是通过特定的机构及其具体职权的运作来体现自己的本质和职能的"①。政府部门就是实施国家权力的机构,其本质职能在于管理社会事务。当前政府部门,在规划方案设计环节表现出权威性,而忽略从制度上建立起对规划方案设计环节的监控,在一定程度上受到传统政治文化的影响。政府部门掌握政治权力,并利用统治阶级的权威性影响政策决策,政府的这些行为取向具有典型的中国传统政治文化特征。

图7-13,在某县的土地利用现状情况里,县中学位于主城区南岸,毗邻一条河

**案例八:某县政府部门要求在控制性详细编制中将原中学位置进行调整**

　　在某县的土地利用现状情况里,县中学位于主城区南岸,毗邻一条河流,环境优雅,交通便捷,该中学是该县的重点高中,校址已经有20多年的历史。2010年,该县委托笔者导师编制控制性详细规划。县里主要领导就该中学的选址提出了要求,要求在编制控制性详细规划的时候将该校重新选址。其理由有两个,一是要将该校址转化为商业用地,二是希望重新选址有助于学校的进一步发展。从城市规划编制的技术角度讲,县中位于原地并无不妥,并且校址的搬迁涉及高昂的费用,通过土地置换的方式也不一定能达到收支平衡。在县政府主要领导的强烈要求之下,在新编的控制性详细规划中将校址进行了土地性质更改,把学校搬迁到其他地方。在规划方案编制过程中,土地性质的设置受到了政府部门的左右。

图7-13　在编制某县控规的时候受到了政府部门意图的深刻影响
资料来源:笔者导师承担的"某县控制性详细规划"项目

---

① 成臻铭.中国古代政治文化传统研究[M].北京:群言出版社,2007:291.

流,环境优雅,交通便捷,该中学是该县的重点高中,校址已经有 20 多年的历史。2011 年,该县委托编制控制性详细规划。县主要领导就该中学的选址提出了要求,要求在编制控制性详细规划的时候将该校重新选址。其理由有两个,一是要将该校址转化为商业用地,二是希望重新选址有助于学校的进一步发展。从城市规划编制的技术角度讲,从交通、环境、区位等方面来看,县中位于原地并无不妥。并且校址的搬迁涉及高昂的费用,通过土地置换的方式也不一定能达到收支平衡。在县政府主要领导的要求之下,在新编的控制性详细规划中将原校址的土地性质进行了调整,把学校的新校址调整到东北方向。上述案例说明,规划方案的编制仍然要受到政府部门的强烈控制。

### 7.5.4 规划方案选定环节政府部门的行为取向

1) 是否忠实体现政府部门的意图是选定方案的关键

城市规划在相当程度上就是要提供一种与现在所有解决的问题有关的可供选择的未来图景,是对城市未来发展具体路径的选择,具有未来导向性。然而,由于未来发展的不确定性,规划方案不可能精确地模拟未来城市的真实发展过程。因此,对于规划部门所提供的若干套备选方案中,无法以"对"或"错"的标准进行判断,而只能以"优"或"劣"性质加以比较。既然在学科理论上无法形成客观评价标准,那么政府部门的价值取向就成为了方案选定的重要原则。对于政府部门来说,选择规划方案的具体依据可能有很多,如经济性、生态性、文化性等标准。但在笔者看来,这些标准都可以归纳为一条,那就是规划方案是否忠实地表现了政府部门的意图。政府部门意图对方案的选定具有绝对的权威性,掌握着对某项规划方案选择的"生杀大权"。

2) 政府部门行为取向的传统政治文化分析

在规划方案选择的过程中,为广泛征求意见,政府部门通常会组织专家、市民代表等参加听证会等。政府部门组织相关人员参加规划方案选择,这种模式在当前还存在一些问题。如政府部门在选择专家组成员和市民代表的时候是否存在某些倾向?并且,专家和市民的建议是否被采纳?采纳多少建议?政府部门在这些问题上都具有相当的自主权。以上现象说明了一点,政府部门在规划方案的选择上存在较大的权力。由于对规划过程的细节还没有完备的法律程序,因此政府部门在规划方案的选择上仍然具有较大的"自由裁量权"。政府部门在规划方案选择方面的主导地位,仍然表现了政府对权力的控制和处理社会事务的权威性。在中国的传统政治文化中,"我国古代国家极为重视强化国家控制能力","君王权力系统"是国家控制的枢纽。自从我国近代社会有了政党以后,"君王的权力就被政党的权力所取代,而其他权力系统或权力圈并没有发生变化"[1]。在这些传统政治文

---

① 成臻铭.中国古代政治文化传统研究[M].北京:群言出版社,2007:236.

化的影响之下,规划(咨询)机构遵从政府部门的规划意愿就成为必要的义务。

在图 7-14 中,"咸宁经济开发区三期概念性总体规划"是与地方政府部门多次

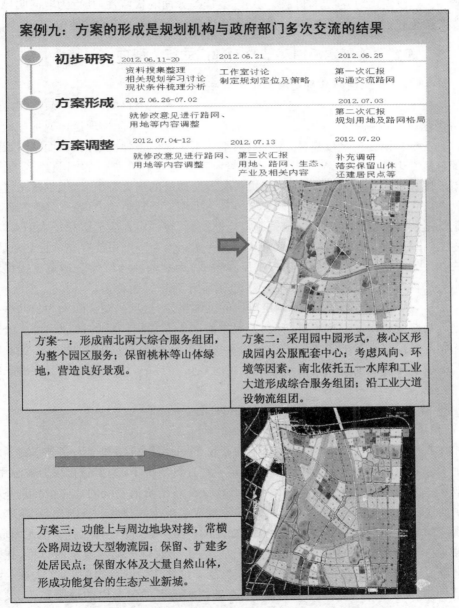

**案例九: 方案的形成是规划机构与政府部门多次交流的结果**

| 初步研究 | 2012.06.11-20 | 2012.06.21 | 2012.06.25 |
|---|---|---|---|
| | 资料搜集整理<br>相关规划学习讨论<br>现状条件梳理分析 | 工作室讨论<br>制定规划定位及策略 | 第一次汇报<br>沟通交流路网 |
| 方案形成 | 2012.06.26-07.02 | | 2012.07.03 |
| | 就修改意见进行路网、<br>用地等内容调整 | | 第二次汇报<br>规划用地及路网格局 |
| 方案调整 | 2012.07.04-12 | 2012.07.13 | 2012.07.20 |
| | 就修改意见进行路网、<br>用地等内容调整 | 第三次汇报<br>用地、路网、生态、<br>产业及相关内容 | 补充调研<br>落实保留山体<br>还建居民点等 |

方案一:形成南北两大综合服务组团,为整个园区服务;保留桃林等山体绿地,营造良好景观。

方案二:采用园中园形式,核心区形成园内公服配套中心;考虑风向、环境等因素,南北依托五一水库和工业大道形成综合服务组团;沿工业大道设物流组团。

方案三:功能上与周边地块对接,常横公路周边设大型物流园;保留、扩建多处居民点;保留水体及大量自然山体,形成功能复合的生态产业新城。

图 7-14 规划方案的选定是与当地政府部门多次交流的结果

资料来源:笔者导师承担的"咸宁经济开发区三期概念性总体规划"项目

交流的结果。规划方案的编制除满足规划设计规范外,在多次的沟通和交流中,规划方案从方案一深化到方案三,最终方案的形成较大程度体现了地方政府对项目定位的意图。这反映了地方政府部门在规划方案选择方面的权威性,其行为取向明显地体现了传统政治文化中政府对权力的控制和处理社会事务的权威性地位。

### 7.5.5 规划政策制定反馈环节政府部门的行为取向

1)决策反馈机制的本质是增加了公共参与渠道

从表面上看,规划政策制定反馈环节主要是达到三个目的。第一,政策制定过程始终存在"有限理性",即使经过再周密的思考过程,也可能出现这样或那样的问题。决策反馈阶段的制度设计,为公共政策的制定提供了弹性空间,从而减少或避免了可能发生的决策失误。城市规划政策制定过程也存在类似的问题,需要通过决策反馈提高科学性,以减少或避免决策失误所造成的损失。第二,规划政策过程的反馈决策机制,可以使更多的社会群体参与到城市规划活动之中,提高规划政策制定的透明度和公平性。规划政策制定反馈机制,在一定程度上缓解了人们对"精英主义"主导城市发展的固有认识。从而在一定程度上降低可能存在的社会矛盾。第三在规划政策制定过程中采用决策反馈模式,为某些社会群体表达意见提供了一个合法窗口,使某些矛盾不至于被激化,有利于维护社会稳定。

但是,从本质上看规划政策制定阶段的反馈机制,这项机制实际上为公共参与规划政策制定提供了一个渠道,有利于规划方案能获得更广泛的社会认可。公民政治参与是民主政治的本质特征,"意味着我国政治参与主体范围的扩大",使政府部门的权威和形成的一套价值观念被人民所认可和接纳,这样才有利于政治系统的稳定。

2)政府部门行为取向的传统政治文化分析

(1)反馈机制是一种权力监督机制

在我国的古代社会,权力是私有制的产物,个别组织机构和个人完全掌握了政治上的强制力量和职责范围内的支配力量。在这种情况下,为了防止权力被滥用,采取了一定的形式接受监督。中国传统政治文化政治价值系统的总体指向是坚决拥护君主的最高权威,但是政治道德却并不赞成君主个人权威的极端化,在这些价值观念的影响下,开创了广开言路、从谏如流的决策方式,使"纳谏则治,拒谏而危,杀谏必亡"成为治理国家的重要法则。于是,为了获取对于某些政策的意见,在一定程度上鼓励广开言路,这就是一种反馈机制。这些作为的目的在于,扩大社会参与,促进社会阶层的上下流动,稳固统治基础,"统治者通过君臣的微服私访、设置谏鼓谤木、重视乡议、奖励进谏、派员巡视采风等手段了解社情民意,容纳了一般民众对政治的有限参与,一定程度上缓解了社会的紧张状态"①。

仔细分析规划政策阶段的决策反馈机制,就能明显发现这种决策模式中包含了"广开言路、从谏如流"的意味。通过对政府公共决策的监督,从不同角度"找出政府公共决策预期目标与实际绩效之间的差距,有助于指定好合理的公共政策,减少决策失误,避免出现重大的损失"②。

(2)反馈机制通过舆论导向对权力产生制约

在规划政策制定过程中,反馈信息会形成一定的社会舆论,通过这些舆论导向,可以对权力产生一定的制约效应。在我国的古代社会,没有报纸一类的公开出版物,学校是一个重要的舆论监督机构。通过学校士人议政,发表政见,对权力起到一定的监督作用。如黄宗羲所说"学校所以养士也。然古之圣王,其意不仅此也。必使治天下之皆出于学校,而后学校之意始备"③。他借古喻今,提出学校除应该具备培养人才的功能外,还应该让士人参与舆论讨论,对国家政策、思想等方面进行监督。学校作为舆论监督机构,在"国家机构外部开辟了一个舆论监督渠道,对于传统政治文化补充新内容也是有益的"④。除了学校具有舆论监督功能以外,统治阶级还会适当扩大参与人群范围。这些舆论监督在一定程度上对权力形成了制衡,具有重要的意义。在当前的规划政策制定机制中,信息反馈是一个重要的沟通机制。如当前施行的听证制度、征集意见、审批前公告等方式,都是重要反馈方式,能起到对权力的舆论监督效果。决策反馈机制成为政府部门与社会沟通的一种联系纽带,能在公共政策和社会情绪之间形成缓冲作用。这些决策反馈机制的形成,在一定程度上受到了传统政治文化的影响。

《城乡规划法》明确规定,在"城乡规划报送审批前,组织编制机关应当依法将城乡规划草案予以公告,并采取论证会、听证会或者其他方式征求专家和公众的意见。公告的时间不得少于三十日。组织编制机关应当充分考虑专家和公众的意见,并在报送审批的材料中附具意见采纳情况及理由"。上述过程,就是针对规划政策制定而设计的一种反馈机制。只有经历了这些程序,规划方案才具有合法性和权威性。在图 7-15 中,武汉市国土资源与规划局为了广泛听取意见,在网站公布了"雄楚大街快速化改造规划方案听证会"公告,邀请社会各界对规划方案进行讨论。通过反馈过程,有效实行了规划方案与社会的广泛沟通。通过项目的听证过程,扩大了公共和社会参与的渠道,避免了因为一些信息不对称而引发的社会情

① 尹海华,李文顺,霍孟林. 政治参与的历史发展[J]. 唐山学院学报,2005,18(01):24-26.
② 石路. 政府公共决策与公民参与[M]. 北京:社会科学文献出版社,2009:296.
③ 出自《明夷待访录·学校》。
④ 柏维春. 政治文化传统:中国和西方对比分析[M]. 长春:东北师范大学出版社,2001:150.

绪,在一定程度上实现了公众对政府部门公共权力的监督,建立了良好的舆论氛围。政府部门建立反馈机制的行为取向,是对部分中国传统政治文化的继承和发扬,有利于规划政策更好的实施。

**案例十:武汉市"雄楚大街快速化改造规划方案听证会"公告**

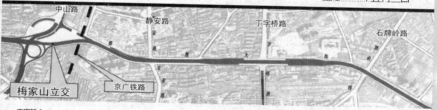

"雄楚大街快速化改造规划方案听证会"公告

兹定于5月17日举行"雄楚大街快速化改造规划方案听证会",广泛听取社会各界的意见和建议。现公告如下:

一、听证会时间:2011年5月17日上午9:00

二、听证会地点:武汉市国土资源和规划局七楼会议室(武汉市三阳路13号)

三、听证会举办机构:武汉市国土资源和规划局

四、联 系 人:王 海

联系电话:82772475

特此公告。

武汉市国土资源和规划局

二〇——年五月三日

方案简介:

雄楚大街是《武汉市城市总体规划(2010—2020年)》确定的主城区"三环十三射"快速路系统的重要组成部分,是城市东部串联一环、二环、三环的东西向重要放射线。雄楚大街快速化改造工程的实施,有利于分流武珞路交通压力,缓解武昌地区交通拥堵,方便周边单位出行,促进社会经济发展。

本次雄楚大街快速化改造规划全长14.8 km,西起梅家山立交,以高架形式连续跨过京广铁路、静安路、丁字桥路、石牌峰路、珞狮南路、卓刀泉南路、民族大道、关山大道、光谷大道后落地,近期接现状地面道路至三环线胜利立交,远期建设跨光谷谷分离式立交。主线高架为双向6车道,地面辅道为双向6车道,高架段长12.1 km,地面段长2.7 km。全线设4座立交,其中梅家山、尤李立交为半互通式立交,民院立交为分离式立交,胜利立交为全互通式立交,规划14处上下桥匝道,其中7处上桥匝道,7处下桥匝道。

图7-15 规划方案的选定是与当地政府部门多次交流的结果
资料来源:武汉市国土资源与规划局

# 7.6 规划(咨询)机构行为取向与传统政治文化分析

规划(咨询)机构是规划过程中因专业化分工而形成的职业组织,主要是为规划过程提供专业技术咨询服务和承担规划方案编制任务。规划(咨询)机构是城市规划过程的重要参与主体,他们参与到事件发展之中所承载的价值观念、文化意识、技术手段、时代背景等等,都将通过他们在规划过程的行动而影响事件发展历程,在一定意义上,他们已经成为事件未来状态的创造者。在城市规划过程中,规划(咨询)机构参与规划过程行为最大特点就是提供专业知识服务。支撑这种行为的背后至少受到两种取向因素的重要影响:首先是由专业化知识所具有的"技术理性",其次就是由于职业化生存和发展需要的"职业精神"。"技术理性"行为取向是指规划(咨询)机构对专业技术的坚持程度,即表现在规划(咨询)机构是否能够坚守专业技术底线。"职业精神"行为取向是指作为职业组织存在的理性信仰,也包括职业组织由于生存发展而肩负的社会期望。"技术理性"和"职业精神"两种行为取向始终同时存在于规划政策过程之中,规划(咨询)机构的行为是这两种行为取向的驱动的结果。

在规划政策制定阶段,规划(咨询)机构也几乎完全参与了规划政策制定的五个环节。虽然,他们在各个环节的地位有轻有重,但都会对规划政策制定产生重要影响。

## 7.6.1 规划问题提出环节规划机构的行为取向

从事规划方案编制的从业人员可能都有一个感受,在与甲方(政府部门)进行城市规划方案沟通的时候,那就是对"拟解决的关键问题"认识的深刻程度是关系到方案能否得以认可的关键。从专业技术角度认识"拟解决的关键问题"达到的深度,体现了规划(咨询)机构的专业化水平。因为,无论什么层次的规划方案编制,不可能千篇一律,而是各有侧重。规划方案不可能千篇一律,说明了规划这门实践学科的特性,即每个城市的每一项规划设计都具有自身的特殊性,这就要求规划(咨询)机构能找到规划要解决的关键问题,继而围绕如何解决这些问题开展设计工作。在规划问题的提出阶段,规划(咨询)机构的行为不是主动进行,更多的是一种被动行为。因为,虽然规划(咨询)机构拥有专业技术特长,但只有在接受政府部门委托的前提下,才开始行使咨询、论证工作。因而,规划(咨询)机构在这个环节,对规划问题选择的影响能力有限,或者说政府对某项规划问题的选择并不因为规划(咨询)机构的否定而变更。规划(咨询)机构在这个环节中从事的咨询服务工作,主要是依靠自己的专业化水平而开展。在这个环节驱动规划(咨询)机构行为的取向是"技术理性"。

## 7.6.2 目标确定环节规划机构的行为取向

在将某项社会问题确定为城市规划要解决的问题之后,就需要对预期效果做出预设,并作为规划过程的奋斗蓝图,这个带有一定理想情结的口号就是目标。因此,城市规划目标既是现实的,又是理想的。现实性是规划目标的制定一定要从实际出发,理想性是要对现实有一定的超越。对城市问题的解决究竟能达到什么程度?这受到多种因素的制约,有经济的、社会的、政治的、自然环境、现状的、技术的等等。因此,这就需要综合考虑这些因素,才能制定合理的城市规划目标。从技术的角度去判断城市规划目标实现的可能性,这是规划(咨询)机构在该环节的核心任务。也就是说在规划目标确定环节中,规划(咨询)机构的主要行为是提供技术服务。在这个环节推动规划(咨询)机构仍然依靠"技术理性"从事工作。

### 7.6.3    规划方案设计环节规划机构的行为取向

规划(咨询)机构是本环节的重要参与主体,担负着规划方案编制的任务。在这个阶段,规划(咨询)机构根据技术规范的要求和经验,通过对城市未来发展趋势的模拟和判断,将城市空间要素进行逻辑组合和排列,形成解决问题的技术路线,并将其转译为具有理想蓝图特征的"图例语言",这就是规划方案。规划方案具有两个重要特征,一是"模拟性",二是"示意性"。"模拟性"是指对城市各系统未来可能发生的状态进行模拟,"示意性"是指方案实施以后可能存在的结果进行提前展示。规划方案的两个特征,是规划方案优劣判断的基础。规划方案的设计过程并没有固定的模式,但无论哪个层次的规划设计,大致都包括三个部分,即分析任务——目标论证——得出结论。在实际的规划过程中,这个过程还具体包括与甲方交流、资料收集、现场踏勘、资料整理、设计方案等步骤。规划方案编制环节,政府部门通常会对规划项目提出宏观要求和方向性指引,更多的细节则需要规划(咨询)机构补充完善。方案设计过程是一个严密的逻辑论证的复杂的过程,表现出强烈的技术性和综合性特征。

### 7.6.4    规划方案选择环节规划机构的行为取向

对于规划(咨询)机构来说,这个阶段尤为重要。因为,规划方案选择意味着以政府单位为主的参与主体对规划方案是否接受。努力使规划方案得到认可,这是规划(咨询)机构在这个环节的核心任务。哪些因素决定着规划方案能否被接受呢?笔者认为,第一,规划(咨询)机构是否"忠实"履行了项目任务书的要求,即是否"忠实"履行了政府部门的意图;第二,规划方案的各项要素组合是否具有严密的逻辑关系。在规划方案选择的时候,是否按照项目任务书要求进行设计是一个重要标准。因为,在选择规划方案的时候,政府部门都有一个"先入为主"的判断,即政府部门事先对方案有一个大致轮廓。如果规划(咨询)机构的方案设计与自己的预期比较吻合,规划方案就容易得到肯定。如果方案设计与预期相差较大,就需要规划(咨询)机构作出较大的调整。这种选择规划方案的模式,一定程度上限制了规划(咨询)机构"技术理性"和"职业精神"的发挥。"技术理性"在规划方案编制过程中发挥着基础性作用。但是,在实际中我们发现,事情并非如此简单。因为,城市规划方案选择过程是一个交流和沟通的过程,拥有"技术理性"的方案只具有"静态"的表达功能。这就需要通过其他方式来展示规划(咨询)机构的"技术理性",才能有效传递规划方案思想,这就是雄辩的口才。因此,在参加完方案汇报以后,我们总是会感叹"拥有良好的口才是多么重要"。另外,在现实的规划方案选择过程中,还有一些因素对于规划方案的选择起着重要作用,这就是看规划方案设计是否是由某权威人士团队设计、是否由国际知名公司设计。权威人士与国家知名公司所产生的"头衔效应",常常使规划方案选择变得更加容易得到认可。迷信权威、崇拜国外规划设计,这是当前我们选择方案中最容易产生的取向,这具有典型的中国传统式的思维特点。需要说明的是,这些人士和机构运用相同的手法对不同城市进行规划和设计,这可能也是导致城市风貌"千城一面"的重要原因。综上可见,使规划方案得到相关部门的认可是规划(咨询)机构在这个环节的行为取向。

### 7.6.5　决策反馈环节规划机构的行为取向

决策反馈机制提供了一个公共参与渠道,使各参与主体在这个过程中都有一定的表达权力。参与主体的多元性,增加了反馈信息的多元性,甚至很多信息存在冲突的可能。面对这个情况,规划(咨询)机构的任务有两个,一是对公众质疑进行解释,二是根据部分意见对既有的方案内容进行调整。由于规划方案具有了一定的工程技术特点,会给规划方案的理解造成障碍,这就需要规划(咨询)机构对方案的内容作出解释。同时,政府部门和规划(咨询)机构会对部分反馈意见作出判断,对于一些反映强烈的问题或者是一些一致性意见,规划(咨询)机构会根据政府部门的授权进行相应的调整。可见,在决策反馈环节,如何以专业"技术理性"调和各方利益是规划(咨询)机构的重要行为取向。

在"咸宁经济开发区三期概念性总体规划"编制过程中,为了扩大公共参与渠道,提高规划方案的科学性,地方政府部门召开了五次由多方专家和市民参与的方案汇报会。在会议过程中,设计机构针对路网的布局进行了解释说明。在第一次方案交流过程中,相关人士提出了局部路网不够平直的反馈意见;在第二次方案交流过程中,相关人士提出了要避免由于高压线切割造成的不规则用地的反馈意见。根据上述两次反馈意见,设计机构提出了第三套路网布局方案,得到参会各方的一致认可(图7-16)。由于存在反馈机制,使路网不断得到优化,提高了路网布局的科学性。同时,也广泛吸收了相关人士的意见。规划(咨询)机构根据反馈意见内容对路网进行了调整,在一定程度上协调了各方的意见。

案例十一:反馈机制作用下对方案作出的解释和修改

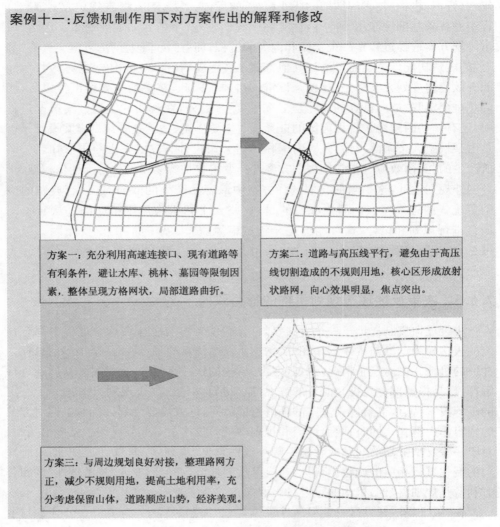

方案一:充分利用高速连接口、现有道路等有利条件,避让水库、桃林、墓园等限制因素,整体呈现方格网状,局部道路曲折。

方案二:道路与高压线平行,避免由于高压线切割造成的不规则用地,核心区形成放射状路网,向心效果明显,焦点突出。

方案三:与周边规划良好对接,整理路网方正,减少不规则用地,提高土地利用率,充分考虑保留山体,道路顺应山势,经济美观。

图 7-16 规划机构在反馈环节中作出的解释并进行方案调整
资料来源:笔者导师承担的"咸宁经济开发区三期概念性总体规划"项目

## 7.6.6 规划机构行为取向的传统政治文化分析

从表面上看,在规划政策制定阶段,"技术理性"是推动规划(咨询)机构行为最重要的取向。受"技术理性"行为取向支配,工程技术性成为规划(咨询)机构最为显著的行为特征。在这个充满"理性色彩"的群体里,"技术理性"把专业人群和非专业人群区分开来,成为规划(咨询)机构获取"话语权力"的基础。同时,由于过度强调"技术理性",从而使大多数人忽略规划过程还存在其他阶段,把城市规划过程仅仅看做是"一项工程技术",这种误解在当前的中国还十分流行。规划(咨询)机构也乐意看到这个现象而不辩解,因为这会让他们在规划过程中可能拥有更多的"话语权"。实际上,规划(咨询)机构在规划过程中只是提供技术服务而已,离开了其他阶段的配合,就连规划活动也不可能发生。

仔细分析规划(咨询)机构的行为特征,其实"技术理性"并非是规划(咨询)机构最本质的行为取向。无论在规划政策制定阶段还是在规划实施过程,"职业精神"才是规划(咨询)机构最本质的行为取向。因为,"技术理性"就是一种职业精神,是否捍卫"技术理性"就是一种"职业精神"。

1) 规划机构组织形成的力量来源于对"职业精神"的认同

规划(咨询机构)是由多个具有专业技术技能的知识分子组成的组织,这是来源于现代社会需要的一次分工。在这个组织中,凝聚组织最核心的力量是他们对自己的职业具有共同的价值倾向,即组织成员都认可规划倡导的"职业精神"。在我国的传统社会里,虽然没类似规划机构这样的社会分工,但是仍然有一个群体活跃在社会的舞台。我国古代的士人,以共同的精神力量,将自己塑造成为一个特殊的社会阶层。士人既是儒家文化为主体的传统政治文化的实际承载者,又是君主政治的主要参与者。他们身负的文化内涵,诸如道德品性、理想信仰、人格特质、思维定式等在长期的历史嬗变中,已经融入了文化传统而符码化,它们并没有随着士人的消亡而寂灭,而是裹挟于传统文化之中延传下来。我国当前的规划(咨询)机构成员均来自于学校,经受了良好的教育。传统政治文化中的部分儒家思想是它们"职业精神"产生的源泉。

2) 规划机构是政治活动参与主体扩大化的产物

规划(咨询)机构以自己的职业技能投身到社会的建设之中,推动着社会的发展和进步。从社会参与的角度看,这是社会权力的一次分配。通过这些职能分工,规划(咨询)机构在参与社会事务的管理中具备一定的权力。从政治参与的发展历程来看,如果把政治参与的主体限定为公民,那么,政治参与是近代政治生活的产物,是与现代国家和公民的概念联系在一起的。在我国的传统政治文化中,由于政治权力的高度集中,"臣民不可能有政治参与行为的"①。但是,政治参与作为一种政治活动和政治现象,不可能是无中生有。因此,要把政治参与主体的范围扩大到除君主之外的其他群体。在我国古代,"君主专制的中央集权政体,只有极少数政

---

① 朱光磊.政治学概要[M].天津:天津人民出版社,2001:163.

治精英才有资格进入决策体系"①。因此,孔子提出"学而优则仕",士人可以通过修齐治平的入世模式达到参与政治活动的目的。士人在儒家思想的影响下,通过读书做官改变身份,获取一定的参与权力,达到参与政治活动的目的。在我国政治参与的历史进程中,经历了"清末的自治运动、国民参政会及新中国的公民政治参与"②的过程。通过社会分工,扩大政治活动参与主体的范围,推进社会民主政治的建设进程,这既是社会发展的需要,又是国家政治民主建设的重要内容。正是在这种背景之下,产生了规划(咨询)机构这种专业化组织。同时,虽然规划(咨询)机构是现代社会的新生事物,但是"文化发展具有自身独特的历史轨迹,中国秦汉以来的士大夫政治文化传统经过几千年的延续和发展,已经沉淀为深厚的民族心理和民族传统"③,对规划(机构)的行为取向会产生深刻影响。

3) 规划机构的职业精神受到"士人"价值取向地深刻影响

规划(咨询)机构"职业精神"的来源无非两类:一是来源于学科赖以存在的基本准则,如强调理性、工程技术等;二是来源于学校传递的社会总体价值取向,如社会责任、公平和正义等。我国的规划(咨询)机构成员来自于学校,都受到了正统的中国式教育。在这个过程中,中国传统社会的知识分子——士人"身负的文化内涵,诸如道德品性、理想信仰、人格特质、思维定式等在长期的历史嬗变中,已经融入了文化传统而符码化,他们并没有随着士人的消亡而寂灭,而是裹挟于传统文化之中延传下来,士人身上曾经具备的所有优长与拙劣、胆识与怯懦、精湛与平庸,仍然以各种形式和各种面目,不同程度地存留在当代中国知识分子身上"④。规划(咨询)机构成员作为当代知识分子,在整体的价值取向方面,不可能不受到这些传统思想的熏陶和影响。在当前的规划现象中,我们也能明显感受到这些传统价值取向的印痕。在我国的古代社会,士人的总体价值取向主要表现在对"道"⑤的三种态度。

(1) 首先是积极求道

这类士人笃信"士不可以不弘毅,任重而道远"⑥,他们将自己个人的荣辱甚至生命置之度外,具有"天下有道,以道殉身;天下无道,以身殉道"⑦的情怀,表现出

---

① 陈士玉.当代中国公民政治参与的模式及其发展趋势研究[M].长春:吉林大学出版社,2010:47.
② 陈士玉.当代中国公民政治参与的模式及其发展趋势研究[M].长春:吉林大学出版社,2010:49-53.
③ 江荣海.传统的拷问:中国传统政治文化的现代化研究[M].北京:北京大学出版社,2012:171.
④ 葛荃.中国政治文化教程[M].北京:高等教育出版社,2006:74.
⑤ "道"是中国古代的重要词汇,道是全体社会的总体行为规范,可以理解为道义、信仰和社会良知。在"伦理本位"的古代中国,人们的世界观主要体现在对社会伦理道德的态度方面。
⑥ 本句出自《论语·泰伯》。
⑦ 出自《孟子·尽心上》。

强烈的社会责任心和义务感。在规划政策制定阶段,规划师在"积极求道"精神的指引下,敢于坚守职业道德,将自己对公平正义、维护弱势群体的理解融入到规划方案过程中。并且,他们在规划方案汇报时,能运用一些交流技巧积极影响规划政策制定者,以实现自己坚守的"职业精神"。规划师通过自己的职业身份,努力在政治参与中实现心中的价值理念,这就是士人积极求道精神的延续。

(2)第二种是消极守道

这类士人对于道的原则有着坚定的信仰,表现出"士穷不失义,达不失道"①,"不为穷变节,不为贱易身"②的气节,他们能审时度势,对自己也并不勉为其难,奉行"达则兼济天下,穷则独善其身"的宗旨。城市空间涉及多个参与主体的利益,规划方案不可能兼顾每个参与主体的利益。在这种情况下,消极守道就成为各方利益冲突的缓冲器,对矛盾冲突起着调和作用。例如,当某个区域为了道路走向平直,不得已要破坏某地的森林资源。面对这个矛盾,规划机构可以增加区域的绿化面积的方式来弥补生态的损失。在这个规划事件中,规划师消极守道的精神就发挥了缓解矛盾的作用。

(3)第三种是假道谋官

他们"手捧着儒家经典竞相奔走于仕宦途中,口头诵咏的是圣人之道,内心想着的却是捞取禄利"③。还有一类规划技术人员,在规划方案编制过程中表现出趋炎附势的态度。面对一些错误的决策行为,为了实现规划方案迅速通过的目的,表现出对某些政治人物或利益集团的愚忠,并借以"技术理性"的身份掩饰自己的论点,成为某些人实现政治目的的工具,或者成为利益集团获取利益的"帮凶"。这种为了实现自己的经济利益,不惜违背职业道德精神的行为,就是一种假道谋官的表现。他们不考虑规划项目本身可能存在的某些风险,只要有规划业务,不管什么项目都可以作为自己的规划业务内容。在当前的规划机构中,某些规划机构缺乏对这些职业自律精神的考量,从而使这种现象在当前的规划界中特别突出。

## 7.7  利益集团行为取向与传统政治文化分析

在城市规划过程中,与之关系最为密切的可能要算利益集团(开发商)了。利益集团(开发商)是我国改革开放后市场经济体制的产物,是城市建设的重要投资主体,他们的出现对于缓解政府投资不足具有积极作用。在规划过程中,驱动利益

---

① 出自《孟子·尽心下》。
② 出自《盐铁论·地广》。
③ 葛荃.中国政治文化教程[M].北京:高等教育出版社,2006:85.

集团(开发商)行为的最基本的取向是获得经济效益。正因为如此,利益集团(开发商)不仅出现在规划政策实施过程中,而且还通过某些行为影响规划政策制定过程。对于利益集团(开发商)而言,其行为并不需要影响到规划政策制定过程的每个环节,而只需对规划政策制定结果施加影响,从而实现自己的经济目的。因此在本节中,并没按照规划政策制定的五个环节依次分析利益集团的行为取向,而是将规划政策制定过程看作一个整体进行分析。

### 7.7.1 利益集团在规划政策制定阶段的行为取向

1) 通过资金优势影响规划政策制定过程

对于多数政府部门来说,通过规划实现城市土地资源的增值,这是他们在规划政策制定过程中的一个重要目的。要使土地资源增值变为现实,需要利益集团(开发商)通过购买土地资源才能实现。而利益集团(开发商)购买土地资源的前提,是在满足控规条件下进行开发有利可图。在这种情况下,政府和利益集团之间就产生了一种"同舟共济"的感情,促使规划政策制定过程中不得不考虑利益集团的某些需要。于是,在规划政策制定过程中,政府对于规划问题的选择,规划目标的设定和规划方案等方面,都会考虑利益集团的某些需要。例如,在制定容积率、公共配套、绿化、交通等控制性条件的时候,就会向着对利益集团(开发商)有利的方向制定。在这个过程中,利益集团的资金优势就转化成为一种无形的力量,对于规划政策的制定产生影响,从而实现获取经济效益的目的。

在图 7-17 中,反映了在当前城市规划政策制定过程中,利益集团与规划政策制定过程具有重要关系的典型案例。在这个案例中,利益集团由于拥有资金优势对城市规划政策制定过程产生重大影响。对于政府部门来说,需要借助利益集团的资金优势帮助运营城市,实现城市的发展目标。且不评价这种模式的好坏,但是从这个案例我们足以感受到,利益集团在当代城市规划政策制定过程中扮演着重要角色。由于他们具有资金优势,既对城市规划政策制定过程产生了重要影响,又实现了自身的经济利益。

2) 通过某些社会荣誉影响规划政策制定过程

在当前的社会,政治地位和经济条件在一定程度上可以互换。利益集团掌握巨大的财富资源,并且直接参与城市的建设和发展过程,能对社会产生广泛而深远的影响。利益集团的法人代表由于具有一定的社会影响力,从而获取某些社会政治地位,成为参与管理社会事务的"精英阶层"。如,某些大型利益集团(开发商)企业的法人代表,常常担任市、省甚至全国人大代表或政协委员。利益集团中的关键人物拥有了这些社会政治角色,就具备参与社会事务管理和法制建设的权力。当他们在实施参与权力的时候,必然会融入自己的价值观念,从而使相关法律的制定

## 案例十二：贵阳花果园规划住 35 万人被称"中国第一神盘"

在不发达的省会城市贵阳，超级大盘频频出现，当下已规划和在建的超过 200 万 m² 的楼盘，不下 10 个。

利用利益集团（开发商）的力量，开发生地，运营城市，对于穷财政的贵阳地方政府而言，是一条现实捷径。

"从那个山头到那个山头，再从这个山头到那个山头，全是我们的地。"朱晋仪指着办公室窗外对《南方周末》记者说。她的身份是中天城投集团贵阳房地产开发有限公司副总经理。

这里是"中天·未来方舟"楼盘售楼部。一条红地毯从两百米开外拾级而上，经过有着十几米高水柱的人工喷泉，直抵楼下。一公里外的南明河对岸，几栋高楼已拔地而起，更多的楼群正在生长。

"中天·未来方舟"位于贵阳东郊，朱晋仪指的四个山头圈下了 12 800 亩土地，按照规划，2018 年这里将屹立一座容纳 17 万人、建筑面积达到 720 万 m² 的巨型楼盘。它包括 70 万 m² 大型生态办公集群、滨水风情商业街、10 万 m² 大型商业 MALL、大型山体主题公园、海洋馆等。

紧邻老城区西一环路的巨无霸楼盘"宏立城·花果园"，建筑面积更达到惊人的 1 830 万 m²，规划居住人口 35 万人。2010 年 10 月开盘以来，因其单盘销量连续 23 个月踞全国之首，花果园被称为"中国第一神盘"。

贵阳近郊，利益集团（开发商）已完成拿地的楼盘"中铁·国际生态城"和"中天·假日方舟"的规划建筑面积也分别达 2 440 万 m² 和 1 200 万 m²。而当下在贵阳已规划和在建的，建筑面积超过 200 万 m² 的楼盘，不下 10 个。

超级大盘如雨后春笋般在贵阳涌现，引起媒体广泛关注。为何在并不富裕、人口也并不算密集的贵阳会出现如此之多的超大楼盘？在其他城市楼市陷入调控陷阱之时，贵阳为何会出现楼市销售火爆的现象？

**"利益集团（开发商）帮政府运营城市"**

这首先源于土地供给模式。贵阳房市的土地供给方即地方政府偏好大盘模式。一般来说，地方政府更倾向于控制土地供给量以抬高地价，获取更高土地出让收益。但在贵阳，由于财政规模有限，地方政府无力进行土地整理和市政投资，于是选择了让渡土地收入，借助社会资金，以超级大盘的路径快速实现市政基础设施建设和城市升级改造。

"政府只有能力做规划，没钱做投资和运营。"一位当地利益集团（开发商）对《南方周末》记者说，只有借助利益集团（开发商）的力量，政府才得以对老城区城中村和棚户区进行改造，或布局城市新功能区如金融中心、旅游胜地、CBD 等，实现 GDP 的高增长，"超级大盘等于是利益集团（开发商）帮政府在运营城市"。

天下没有免费的午餐。利益集团（开发商）愿意出资进行土地整理和市政配套建设，要么会涨价销售，要么拿到超大地块盖超大楼盘来摊薄成本。于是，在竞争激烈、房价低廉的贵阳，超大楼盘应运而生。

**对谁有好处？**

值得关注的是，贵阳大盘模式中，利益集团（开发商）不再暴利，买房者得了实惠，政府不搞"土地财政"也成功实现了城市的升级改造。"贵阳模式其实是政府的远景规划和利益集团（开发商）市场运营能力的有效协同，最终政府、企业、社会三方各取所需、利益均沾。"贵州中宏源投资公司总裁李崇毅认为。

**超级大盘的风险**

看上去是一个完美的多赢模式，但这个游戏规则所带来的风险是，由政府指定利益集团（开发商），不仅削弱了市场竞争，也导致政府操纵土地的权力加大。

而最让人关心的问题是，这个模式能持续多久？有媒体将贵阳楼市称为"第二个鄂尔多斯"，指称 432 万常住人口的城市不可能消化 3 400 万 m² 的房屋供给。但《南方周末》记者在贵阳采访的所有业内人士对此说法均不以为然。

图 7-17　利益集团利用资金优势对城市规划政策制定产生重要影响

资料来源：http://news. qq. com/a/20121110/000661. htm 有删减

或某些规划政策制定,向着有利于获得经济效益的方向发展。利益集团可以通过这些政治荣誉,在一定程度上影响规划政策制定,使自己获得更大的经济效益。

3)通过非正式行为影响城市规划政策过程

在现实的城市建设活动中,为了实现经济效益的最大化,利益集团会通过一些非正式行为影响规划政策制定。主要是通过搞关系、走后门、建立人情等方式影响规划政策制定。通过这些方式,利益集团可以对主要的规划政策制定人员实施影响,从而使规划政策向着有利于自己利益需求的方向发展。比如,修改容积率、修改规划控制条件、更改土地性质等。显然,利益集团影响规划政策制定的非正式行为,有碍于社会的公平和正义,必然会损害某些群体的利益,不利于社会的健康发展,甚至会导致腐败和以权谋私等现象发生。在我国当前快速的城市化发展时期,利益集团利用这些非正式行为为自己谋取利益的现象还比较突出。在某些时候,这些非正式行为会达到他们的预期效果,成为影响规划政策制定的因素。

## 7.7.2 利益集团行为取向的传统政治文化分析

1)社会阶层的分化使利益集团逐渐成为重要的政治参与力量

在我国的古代社会,以商人为主的行业组织尚未形成现代意义的利益集团。在近代中国,西方列强入侵使传统的中央权威受到前所未有的挑战。商埠的开发萌生了中国历史上新的生产方式,从而产生了新的社会阶层和利益群体。近代资本主义生产方式的引进和商品经济的发展使中国的经济面貌发生了很大的变化。"1903年,清政府颁布《商律》,标志着几千年的中国重农轻商的经济政策发生了根本的改变,为商业团体的政治参与提供了一个有所改进的环境和空间"①。《商律》的出现改变了中国传统社会的机构层次,社会阶层的分化重组产生了不同的利益群体。为了获取和维护自己的利益,他们必然把触角延伸到政策制定过程中。因为,中国古代君主专制政体的本质特征之一是政治制约经济,拥有权力即占有财富,分享权力即分享利益。这些近代的商业团体,就是现代利益集团的雏形。随着改革开放后社会阶层的分化,利益集团存在和利益需求逐渐合法化,他们需要通过参与政策制定的方式才能更好地保障自己的利益诉求。在规划过程中,以开发商为主体的利益集团参与到这个过程以获取自己的经济利益。为了更好地保护自己的利益,他们通过各种方式影响规划政策制定。利益集团具有合法的社会地位和正当的利益诉求,因此他们具备影响规划政策制定的条件。利益集团影响规划政策制定的行为,实际就是一种政治参与行为,通过他们的行为实现了社会权力的一次分配。上述社会环境作用塑造了利益集团参与政治活动的意识,也为他们实现

---

① 邱永文. 当代中国政治参与研究[M]. 北京:中共中央党校出版社,2009:125.

自身的利益价值取向创造了可能。

2）通过各种手段提升自己的社会地位

在传统社会的等级秩序里按照士、农、工、商排序，为了改善自己的社会地位，"传统社会中的工商业者始终追求名分，企盼在政治社会的伦理等级关系中改变自己四民之末的身份"①。因此，他们常常利用经济优势向政治地位转化。在这些传统习俗的思维模式之下，巨大的财富积累会使他们产生自己就是社会精英的梦想，为获取经济效益和证明自己的社会地位，他们常常会实施某些行为，满足自身的名利欲望。因此，一方面，他们通过依附于官僚阶层，形成"官商"的团体，从而达到自己的目的；另一方面，他们通过寻找官场代言人的方式，实现自己的目的。"社会价值的占有情况反映了某一个或某一类社会成员所处的社会层级，而这些社会价值不仅指有形的物质财富，也包括无形的权力和个人潜在的影响力"②，这对公共政策的社会公共性会产生一定的制约。在我国当前的规划过程中，利益集团法人积极追求"人大代表"、"政协委员"等政治光环，甚至寻找官场代言人，就是这些传统价值观念驱动的结果。

3）"关系取向"的民族个性使利益集团影响规划政策制定成为可能

不管是过去还是现在，中国一直都是一个以"关系取向"③的社会，人情关系成为处理社会生活和社会事务的重要原则。在自然经济社会条件下，维系传统中国社会的主要经济活动是农业生产，社会最基本的组成单位是家庭。"在这种社会背景之下，发展出一套以'人情'为中心的行为规范"④，以人情为中心的行为规范实际构建了"一个巨大的相互承担义务的关系网，而这种互惠的关系有时候并不必然需要谈判，而是一种默契。即使没有经过讨价还价，这种互惠和让步可以为每一个政策决策者和政策参与主体为自己的未来储存一笔可供他随时领取的'善意'。政治家善于投存大量有欠于他的义务，从而建立起围绕他的义务网络，并通过这一网络改变其他决策者行动的环境"⑤。在以"关系取向"民族文化的影响下，利益集团常常通过搞关系、走后门等方式与决策者建立人情网络，从而使城市规划问题的选择向自己偏爱的方向倾斜。当前在规划过程出现部分行贿受贿、贪污腐败、以权谋私等不良现象，都是在以"关系取向"为民族个性影响下社会的产物。利益集团通过各种方式与官员产生的"认同感"，会被社会上多数人察觉，"产生强烈的受剥夺感和不满足感"，这是在当前城市规划政策制定过程中存在的问题，如果"任由这些

① 金太军，王庆五. 中国传统政治文化新论[M]. 北京：社会科学文献出版社，2006：123.
② 张亲培. 公共政策与社会公正[M]. 长春：吉林人民出版社，2009：113.
③ 文崇一，萧新煌. 中国人：观念与行为[M]. 南京：江苏教育出版社，2006：39.
④ 文崇一，萧新煌. 中国人：观念与行为[M]. 南京：江苏教育出版社，2006：33.
⑤ 杨帆. 城市规划政治学[M]. 南京：东南大学出版社，2008：186.

问题发展,有时会对社会的存在和发展构成实质性的威胁"①。

图 7-18 反映了在当前规划政策制定过程中存在的一个较为严重的现象。利益集团通过各种非正式行为与规划政策制定主要领导建立"人情关系",通过改变控制规划条件达到经济效益最大化的目的。利益集团通过建立"人情关系"实现自身利益的行为,受到了"关系取向"传统政治文化的深刻影响。

**案例十二:长沙规划原副局长 10 年敛财 7 000 万**

10 年间,"坐拥上亿家产、16 套房产"的湖南省长沙市规划局原副局长顾湘陵涉嫌敛财 7 000 多万元,其插手"协调处理"的长沙城区楼盘有近百套。

他曾是一名出色的规划专家,因提出长沙"一江两岸"规划而备受关注;他又曾是一名主管全市规划审批的规划局副局长,众多利益集团(开发商)为结交他而不惜四处托人情找关系。

据《法治周末》记者了解,顾湘陵在长沙市规划局任职期间,收受了 50 多名房产利益集团(开发商)的好处后,插手"协调处理"用地、规划或者提高容积率的楼盘遍布长沙城区,有近百个之多。

记者注意到,为房产利益集团(开发商)在加快项目报建进度、容积率调整、局部规划调整、土地置换、劝退竞拍等方面提供帮助,牟取利益,从而收受好处,这是顾湘陵利用职权"吸金"的主要手段。

所谓"容积率",就是一个小区的总建筑面积与用地面积的比率。它是规划中的一个限制性指标,不容擅自更改,否则就是违法行为。但对商业开发来说,容积率就是钱。业内人士向法治周末记者介绍。掌握规划实权的官员只要笔下稍稍一松,对利益集团(开发商)来说,就是几百万、几千万元甚至更多的利润。

**图 7-18　利益集团通过建立"人情关系"以获取经济效益**

资料来源:http://news. qq. com/a/20121212/001218. htm 有删减

## 7.8　市民行为取向与传统政治文化分析

规划政策制定过程涉及不同的参与主体,但这些参与主体无论组织还是个人,在日常的生活中都会以市民的形式存在于城市。从这个意义上说,市民才是城市真正的主人。但是,就以个体形式存在的市民而言,对于规划政策制定过程的影响力量却十分有限,这使他们不得不沦为规划政策制定过程的弱势群体。因此,在主体地位意识缺失行为取向的驱动下,他们难以对规划过程产生太大的影响。

---

① 张亲培. 公共政策与社会公正[M]. 长春:吉林人民出版社,2009:113.

## 7.8.1 市民在规划政策制定阶段的行为取向

1）市民缺乏参与规划政策制定过程的热情

市民在规划政策制定中缺乏参与热情，这是由相关制度不完善导致的。仔细分析整个规划政策制定过程市民的参与行为我们就会发现，市民在规划政策制定过程各个环节的参与行为都是比较弱的。第一，在整个规划政策制定过程中，市民真正能直接参与到规划政策制定过程中的，主要是在听证会、征求意见这些环节。在这些环节中，他们的思维内容必然受到相应地限制。因为，既有的规划政策制定内容会对他们的判断产生引导，使他们不自觉地、慢慢地习惯和接受规划政策制定内容。第二，市民参与规划政策制定的形式比较间接。在规划政策制定过程中，市民"发出声音"的方式比较间接，主要是通过建议、提问等形式进行，而这种形式不会对既有的内容产生颠覆性的作用。"听证会"、"征求意见"中的"听"和"征"两个动词，已经形象地描述了他们在这个过程的状态。第三，在规划政策制定环节，市民参与规划政策制定过程的数量有限，难以代表和传递"普遍声音"。在我国的规划政策制定阶段，在相关的制度中还缺少一些细节的规定，例如如何选择市民代表、选择多少市民代表、市民代表应该由哪些身份组成等。这难以保证市民参与的有效性。综上可见，市民主体地位意识的建立还缺少制度土壤，使市民在规划政策制定过程中缺少参与热情。

2）市民在规划政策制定过程中需要寻求代言人

在我国现阶段，市民不得不在规划政策制定中寻找代言人。第一，按照我国的《宪法》赋予的权力，党政部门是我国的合法统治机构。他们是天生的市民代言人，市民相信他们能代表广大市民的切身利益，把在规划政策制定过程的权力委托给党政部门。第二，我国还不富有，在人均收入还较低的经济形势下，市民更多关注的是如何满足自己的基本生活需要，缺乏参与规划政策制定的动力。第三，当前我国市民的整体素质还不高，还缺乏对规划政策制定内容的理解能力，导致在规划政策制定阶段参与的质量有限。在这种情况下，就需要部分"社会精英"代言以实现他们应有的利益诉求。第四，市民参与规划政策制定过程的渠道有限。主要是在规划政策制定过程中的"听证"、"征求意见"环节，一旦自身的利益受到损失，难以通过有效的渠道维护自身的权利，只有通过信访、求助媒体、"暴力抗法"等方式解决。这些现象充分说明了市民当前参与渠道的有限性。基于上述原因，市民不得不在规划政策制定过程中寻找代言人。

3）市民的日常生活行为会成为影响规划政策制定的无形力量

不管市民在规划政策制定过程有多大的影响作用，市民都是城市中最直接、最主要的建设力量。市民是城市真正的主人，在日常生活中潜移默化地推动着城市文明的发展。首先,市民的生存发展需要"制造"了规划需求。如,随着经济社会的发展和人口的增长,市民对城市空间提出扩展的要求,因生活通勤不便而产生的交通要求,因居住环境条件不好而产生改善环境的要求,因维护自身利益而产生参与规划政策制定的要求,等等。正是市民在日复一日的生活之中,激发了"城市问题"的发生,从而产生了城市规划需要。其次,市民的生活方式不断丰富着城市的空间内涵。市民的生活习俗会转化为影响规划政策制定的无形力量,如北方的城市景观特色和南方的城市景观特色就不一样,西藏的城市空间特点就与内地的城市空间特点不一样,水资源丰富的城市与干旱地区的城市不一样,等等,市民的这些生活习俗都在无形中影响着规划政策的制定。最后,市民的民意会成为影响规划政策制定的潜在因素。任何规划政策制定过程都要考虑市民的接受程度,市民会根据自己的思维特征对规划政策制定内容作出判断,并做出接受、拒绝、抗议等行为。如果大多数市民对某项规划政策都表现出相似的态度,就形成了民意。因此,市民的民意会成为影响规划政策制定潜在的力量。如,在山清水秀的小城镇规划一个会产生较大污染的产业园区,潜在的污染风险就会在市民中形成抗议规划的民意,这些因素都需要在规划政策制定之前作出判断。总之,虽然市民在具体的规划政策制定过程中难以发挥实质的参与作用,但他们在日常的生活过程中会对规划政策制定形成无形的力量。

### 7.8.2　市民行为取向的传统政治文化分析

规划政策制定过程涉及广大市民的根本利益,市民应该具有较大的热情参与到规划政策制定过程之中。然而,现实的情况却不尽如此。究其原因,在当前我国的社会中,市民受到了传统政治文化的深刻影响。

1) 个体依附性关系导致政治参与感情冷漠

每个人都生活在一定的社会关系结构中,其中如何认知和处理个人与国家的关系,决定着自己在政治生活中的作用和价值。在我国古代,受到农业自然经济和儒家学说的影响,个体无自由、不独立,个体的存在、生存和发展完全依赖外部自然形成的和被强加的各种关系的这种依附性,其核心是对权威的依附依赖。因此,在中国传统社会里人们普遍缺乏权力主体意识。在这种情况之下,国家形成了等级制社会结构和利益格局,造成了自上而下层层依附的局面。在传统政治文化中就形成造就了个体依附品格和意识,在政治上表现为臣民依附品格和意识。在臣民依附品格和意识的作用下,人们一切听从天命,政治冷漠。这种"臣民依附思想"成为传统政治文化的重要内容,虽然自明清以来有所改变,但是"中国的政治参与仍然是一个缓慢发展的历程"①。

---

① 邱永文.当代中国政治参与研究[M].北京:中共中央党校出版社,2009:129.

长期以来形成的"臣民依附"品格,依然成为中国普通大众参与政治生活的思想禁锢,造就了人们对于政治活动参与普遍冷漠的态度。在我国当前的规划政策制定过程中,有关于公众参与的制度设计,但是停留在表面和形式上。"受臣民依附性思想"的影响,我国传统社会人们普遍缺乏权力主体意识,造成对政治参与的冷漠。

2)"臣民依附性"关系产生对决策的服从性心态

在我国当前的规划政策制定过程中,市民常常对上级机关的决策表现出服从的习惯,这是当前中国人普遍存在的一种政治心态。市民参与社会事务管理过程的权力被弱化,除非自己的利益受到了极大的侵害,否则很难实施具体的、有效的参与行为。造成这些现象的根本原因在于中国人受到了传统政治文化的严重影响。首先,在礼制等级森严的过去,人们对待政治决策的态度不能超越自己的身份。表现出"惟上是从,逆来顺受","上之所是,必皆所是;上之所非,必皆所非"[①]的普遍心理和行事准则,一切听从上者的安排。等级规制形成巨大的精神桎梏,在中国人的脑海里根深蒂固,并成为具有普遍约束意义的最高法则。其次,在臣民依附意识的作用下,人们不知有权力,只会尽义务,使人们不仅在实际的生活中,而且在精神上作为帝王的奴仆。"长期生活在文化专制与高度政治专制社会氛围中的中国人,尊卑关系已不是书本上的教条,而是浓缩于遗传基因中的文化意识。中国人惟上是从即是这种文化氛围长期培养的结果"[②]。在这种传统政治观念的约束之下,市民参与社会政治事务的权力被严重束缚,尽人皆奴仆的政治心态成为一种普遍的政治文化现象,不仅在过去而且在当前仍然影响着市民的参与态度。根植于这种传统政治文化,市民不可能生长出人的个体主体性和独立性,产生出对于个人权力的政治期盼和相应的行为选择。在当前的城市规划政策决策过程中,市民参与的主动性和积极性不高,维护权利的意识薄弱,对规划政策制定表现出严格的服从和坚决实施的态度,都是受到上述传统政治观念的影响。不过,随着经济和社会的发展,我国正逐步从"臣民社会"向"公民社会"转变。

---

① 柏维春.政治文化传统:中国和西方对比分析[M].长春:东北师范大学出版社,2001:201.
② 吴存浩,于云瀚.中国文化史略[M].郑州:河南文艺出版社,2004:27.

# 8 规划政策实施过程参与主体的行为取向分析

通过相关的程序以后,制定好的规划政策成为规划实施过程的行动指南。已制定好的规划政策只有通过实施过程才能真正发挥效应,规划政策实施过程是"将规划政策目标(理想)转化为政策现实的唯一途径"①。因此,规划政策实施过程与规划政策制定过程同等重要,都是规划过程不可缺少的组成部分。参照公共政策实施过程理论,笔者认为规划实施过程主要包括三个环节,分别是规划政策实施的解释阶段、规划政策实施的组织阶段、规划政策实施阶段。规划政策实施过程离不开参与主体行为的推动,在规划实施过程的每个环节参与主体的数量和类型不尽相同。在本章中,笔者以政府部门、规划(咨询)机构、利益集团(开发商)、市民等四大典型参与主体的行为取向为研究对象,并从传统政治文化的视角对他们的行为取向进行分析。

## 8.1 规划政策实施过程

### 8.1.1 规划政策实施是规划过程的重要组成部分

在日常的城市规划过程中,有一个问题常常被我们提起:"为什么一个好的规划项目却没有得到好的结果?"笔者认为,这是因为人们对当前城市规划过程的关注,可能把更多的目光投入到了规划政策制定阶段,而对城市规划政策实施过程缺少关注。他们认为,只要制定了一个好的政策,那么就预示着有一个好的城市未来,这完全是一种理想主义情结。实际上,规划政策制定和政策实施结果并不构成这样的线性关系。由于城市规划政策是对未来的导向,其实施过程是一个复杂而漫长的过程,我们无法在一个较短的时间内对规划政策实施情况做出评价,因此我才将规划政策制定过程作为大家共同关注的焦点。但是,制定得再好的规划政策,也需要通过实施以后才能得到检验。如果说规划政策制定只是一种理想、理性的分析过程,那么政策实施却是实际、客观的实践行为。只有通过规划政策实施过

---

① 陈振明.公共政策分析[M].北京:中国人民大学出版社,2004:220.

程,才能将规划政策转为实体空间环境,才会对我们的日常生活产生真正的影响。

在城市规划政策制定过程中,城市规划方案应该算最重要、最直观的成果。这可能也是我们为什么常常把关注的目光投向城市规划方案的编制,而忽略了对城市规划其他过程的重要原因。在这种认识论断之下,大家常常会产生这样的误会,认为城市规划过程就是政府规划部门和城市规划(咨询)机构两者之间"合作的产物",甚至认为城市规划不外乎就是编制规划方案。这样的认识论断并不是完整的城市规划过程。实际上,城市规划方案编制仅仅是城市规划过程的一个阶段,城市规划政府部门和城市规划(咨询)机构两个参与主体根本没有能力,也不可能完全主导整个城市规划过程。因为,完整的城市规划过程还涉及很多其他阶段,并且由复杂的多元主体共同参与其中。因此,城市规划方案只是规划过程中最直观的结果而已。除此之外,城市规划方案中还包含了所有参与主体的共同行为,及承载了参与主体对价值观念的共同选择。在经历规划政策制定过程之后,城市规划方案具有两个重要特性,一是具有合法性,二是在技术上具有可实施性。规划方案具有合法性是指城市规划方案在法律层面,已成为统领城市建设和发展的纲领性文件。规划方案在技术上具有可实施性,是指规划方案"技术理性"方面具有合理的逻辑关系。在这里需要强调的是,我们在评价某个规划方案的时候,常常说到"这个方案具有可实施性",其实这种说法不够准确。因为,城市规划方案仅仅是引导城市规划建设和发展的一张蓝图而已,并非能代表城市规划方案的真实实施过程。而城市规划真实的实施结果,只有在规划方案实施之后才可能进行正确的评价,并且规划方案的实际实施效果与规划方案之间肯定会存在一定的偏差。以评价规划方案实施之后的术语来评价尚未实施的规划方案,当然不够准确。因此,评价某项尚未实施的规划方案,我们只能说它在技术上具有可实施性(图 8-1)。

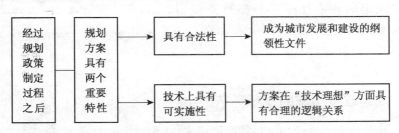

**图 8-1　规划政策制定过程之后规划方案具有的特性**

强调这个认识观点,并非是笔者在这里故弄玄虚,而是因为持有这样观点常常会导致另外一个问题的产生,那就是大家常常把关注的目光只停留在规划方案编制阶段,而忽略规划的其他过程。仿佛只要我们编制一个技术上可实施的城市规划方案就功德圆满,只要我们编制一个技术上可实施的城市规划方案就能代表城市未来真实的发展图景。笔者认为,注重规划方案的可实施性会导致忽略真正的实施过程,这是当前我国城市规划真实的现状。相信这是大家对当前我国城市规划过程的共同感受,大家不约而同地把目光聚焦在规划方案编制之前,而对于规划实施后的真实状态却很少关注。很难看到有对规划实施之后实施效果的全面总结和评价。

## 8.1.2 规划政策实施过程的三个组成环节

将城市规划过程划分为政策决策过程和政策实施过程,并不是基于制度性的设计,而是为了分析方便而做的相对划分,规划过程由规划政策制定过程和规划政策实施过程两个部分组成。如果说规划政策制定过程是对于未来某种情境所进行的设定,那么规划政策实施过程就是将未来目标设定转化为实际行动的过程。为了研究方便,笔者借助公共行政学中的政策实施理论对规划政策实施过程进行分析。规划政策实施是由多个主体参与行为活动的集合,并且这些行为活动存在一定的先后逻辑关系。因此,规划政策实施过程并非是一个"即时的行为动作",而是一个复杂的过程。公共行政学行动派代表人物查尔斯·奥·琼斯认为"政策实施是将一项政策付诸实施的各项活动,在诸多活动中,尤以解释、组织和实施三者最为重要。所谓解释就是将政策的内容转化为民众所能接受和理解的指令;所谓组织就是将指建立政策实施机构,拟定实施的办法,从而实现政策目标;所谓实施就是由实施机关提供例行的服务与设备,支付经费,从而完成议定的政策目标"①。参照公共行政学政策实施理论,笔者认为,规划政策实施过程也由解释、组织、实施等三个环节构成(图 8-2)。

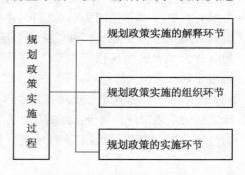

图 8-2 规划政策实施过程的三个组成环节

## 8.1.3 规划政策实施的解释环节

规划方案是规划政策制定最重要的成果,规划方案一旦选定,就需要将规划内容转化为现实,即需要转入到规划政策的实施阶段。规划政策解释活动是规划政

---

① C O Jones, An Introduction to the Study of Public Poicy[M]. 2nd ed. North Scituate, Mass: Duxbury Press, 1977:139; J L Pressman , A Wildavsky. Implementation: How Great Expectation in Washington Are Dashed in Oakland[M]. Berkely: University of California Press, 1973.

策实施的第一个环节。解释活动的目的是履行告知义务,并引导公众积极配合规划方案的实施。规划政策解释活动是规划政策实施的重要环节。首先,由于规划方案成果在表达形式上具有工程技术的特点,普通大众接受和理解规划方案的能力有限。这就需要将规划方案成果转化为大众容易理解的形式,从而使社会大众知晓规划政策内容。通常的规划解释形式有以下几种:规划效果图公示、规划成果文字解读、规划方案模型、规划方案数字体验等方式,这些行为就是对规划方案成果的一种解释行为。其次,由于规划政策制定过程中参与主体的数量有限,更多的社会公众对某项规划政策并不知情,不利于规划政策的有效实施,这就需要通过解释活动对公众进行告知。通过解释活动,公众可以更为深入地了解规划政策目标、具体内容、自身义务等内容。规划政策实施中的解释活动,有利于增强共识、化解社会冲突、提高规划政策的透明性,从而推动规划政治实施过程的顺利开展。

在当前的规划过程中,很多地方政府将网站作为解释规划方案的重要平台。在图8-3中,武汉市国土资源与规划局在网页上设置了"规划展示"专栏,对既定的规划方案进行展示,并对方案进行一定的解释说明。这些信息面向公众开放,有利于公众了解规划方案内容,并在规划方案的实施过程中积极配合,推动规划过程的顺利进行。

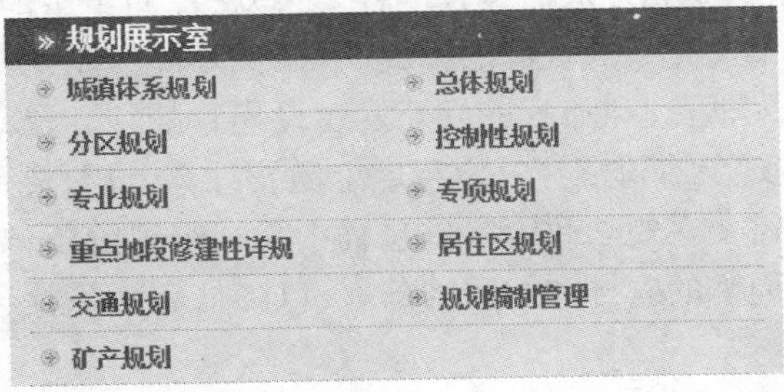

**图8-3** 武汉市国土资源与规划局网站设立了专门的栏目用于"解释方案"

资料来源:武汉市国土资源与规划局网站

## 8.1.4 规划政策实施的组织环节

为保证规划政策实施过程的顺利进行,需要整合人员、资金、物质、舆论等多种资源,这个过程就是规划政策实施的组织环节。对于规划政策实施组织活动来说,通常最主要的考虑因素有以下几个:实施主体、投资主体、社会和谐等方面。实施主体和投资主体是规划政策实施过程中重要的参与主体。

1) 实施机构

实施主体也可理解为实施机构,是推动规划政策实施的组织机构。在规划实践过程中,我们经常看到,为实施某个具体规划项目而成立的工作小组,就是为推动规划政策顺利实施而建立的组织机构。另外,在这个阶段,还需要把利益集团(开发商)吸收进入这个机构。组织机构是规划政策的管理、控制、监督主体,而利益集团(开发商)是方案的实施主体。

2)项目资金

项目资金是推动规划政策顺利实施的基础保障,离开了对项目投资主体的考虑,再完美的城市规划方案也仅仅是一堆不可实施的漂亮图纸。在日常的生活中,我们经常发现这样的例子,某个城市动辄提出要把城市打造成几百平方公里、几百万人口的规划口号,而对投资渠道的来源缺乏科学的论证和考虑,很显然这种强烈的主观意识仅仅是一种妄想,并不具备真正实施的可能。在我国社会主义市场经济环境下,规划项目的投资主体日益多元,市场化运作已成为规划政策实施过程的重要融资方式。在这种情况之下,利益集团的资金优势使他们成为规划政策实施过程重要的参与主体。

3)社会和谐

规划政策实施过程还应考虑社会和谐的因素。由于政策实施的原因,导致大量不和谐现象发生在这个过程之中。例如,由于过度的房屋拆迁导致的上访和暴力执法,由于毁坏自然生态环境而导致的社会公众、民间组织的抗议,由于破坏历史文化遗产而导致的文化景观资源的损失,长时间不能完工的项目导致政府的公信力降低,各部门多头管理和随意进行开发建设导致的社会资源浪费和造成居民生活的不便①,这些现象有可能在一定程度上激发社会矛盾,成为社会不和谐现象发生的诱因。这就需要在规划政策实施过程中重视组织阶段,对政策实施过程可能发生的现象做出周密的安排和细致的部署,以降低和消除社会不和谐现象发生的可能。

## 8.1.5 规划政策的实施环节

在经过前两个阶段的准备工作之后,实施主体按照规划方案的要求和内容,将规划政策的目标、任务付诸实施。实施活动是规划政策实施的关键阶段,通过这个过程可以将规划方案内容转化为具体实践,这也是将规划项目具体落地的必要步骤。规划政治实施的效果受到多种因素的制约。例如,前期的方案解释效果,组织

---

① 我们经常发现城市的项目建设中存在这样的现象:刚刚完工的道路,由于要填埋电力管线又重新挖开。电线填埋工作刚刚结束,又可能因为电信施工而重新挖开。电信施工结束之后,又可能因为绿化工程又要把道路挖开。诸如此类的现象,经常发生在城市的建设过程之中,不仅会造成资源的极大浪费,还会激发社会公众的强烈意见,导致社会不和谐的现象发生。鉴于城市空间经常出现的这些现象,城市是不是应该成立专门的机构,对近期的施工建设项目做出统一的部署安排,以避免这些现象的发生?

安排是否周密,参与主体的实施情况如何等。在规划政策实施过程中,最重要的参与主体有政府相关部门、利益集团和市民公众等。政府部门发挥组织保障功能和监督功能:组织保障功能主要是指创造实施过程有序开展的条件,监督功能主要是确保实施过程按照规划的预定目标开展。利益集团通常是实施活动的具体承担单位,负责将规划方案转化到物质空间上。市民在这个过程中主要配合、监督、支持实施活动的开展情况。

## 8.2　政府部门的行为取向及传统政治文化分析

政府部门是整个规划过程的权力主体,不仅主导着规划政策制定过程,而且也主导着规划政策实施过程。在这种情况下,政府的任何行为方式都会影响规划政策实施过程的结果。并且这些行为的效果将在各个阶段累积,从而共同作用于规划政策实施过程。规划政策实施过程不仅是一项实践活动,而且还是政府部门进行城市空间治理的行为。

### 8.2.1　规划政策实施解释环节的行为取向

经过规划政策制定过程之后,城市规划方案已经成为一项公共决策。然而,如果没有其他环节的配合,规划政策不可能自动地得到实施,也不可能自发地被社会所接受。因此,如果要推动规划政策的落实,必然要进入到规划政策实施阶段。规划政策实施的第一个环节就是对规划政策的阐释,支撑政府部门这些行为的取向在于两点:一是进行舆论导向,二是将规划政策内容表达形式进行转化。

1) 制造舆论导向的行为取向

政府部门通过舆论的导向作用,使规划政策更加深入人心,形成规划政策实施的良好氛围。通常情况下,政府常常会通过大众熟悉的渠道传递规划政策内容,使公众了解并接受规划政策。例如,利用大众媒体进行公开报道,邀请市民参与各种讲座,公示规划政策内容,规划成果公开展览,规划方案专家解读,等等。通过上述行为,能够将规划政策转化为大家熟悉的信息,为政策内容的有效实施创造良好的社会环境。除此以外,还有另外一种舆论导向行为,那就是政府动员。政府动员活动是一种号召行为,旨在鼓励社会成员接受规划政策内容,以推动规划政策有效实施。例如,在某个规划区域召开群众大会,号召大家支持配合规划政策实施;号召社会部分具有影响力的群体,如公务人员、事业机构人员、规划理论学者等群体响应政府号召,支持规划政策内容(图8-4)。总之,政府部门会通过各种渠道,将规划政策内容传递给公众,以制造良好的舆论氛围。

吴志强教授在湖北省图书馆举办"走进世博"讲座
资料来源:湖北省图书馆

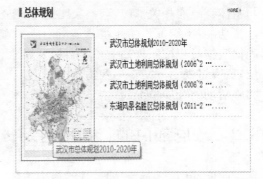

武汉市国土资源与规划局在网站上对总体规划进行解释
资料来源:武汉市国土资源与规划局网站

上海市规划展览馆内景
资料来源:上海市规划展览馆

湛江日报刊登的规划成果公告
资料来源《湛江日报》

图8-4　几种常见的规划政策解释手段

2) 转化方案内容形式的行为取向

规划政策制定最直观、最重要的成果就是城市规划方案,规划方案中包含了实现政策目标的技术方法和手段,在规划方案的表达形式上,具有强烈的工程技术特点,这显然不利于社会公众的识别。因此,就需要将规划政策的核心内容转为公众可识别的符号,以便于大家理解和接受。当前,政府部门通常采用以下几种方式(如图8-4):(1)部分城市都设置了城市规划展览馆,将规划方案内容制作成直观的模型;(2)有的城市利用虚拟现实技术,让市民亲身体验;(3)有的城市利用数字技术,将规划方案制作成动画短片便于市民理解;等等。政府部门通过这些行为将规划方案内容转化成社会公众便于感知的形式,增强了公众对于规划方案内容的了解,有利于推动规划政策内容的有效实施。

### 8.2.2 规划政策实施组织阶段的行为取向

规划政策的顺利实施离不开物力、财力和人力等要素的支持。在规划政策实施的组织过程中,政府的行为取向就是要将各种资源要素进行有效配合和优化组合,以推动规划政策实施过程的顺利开展。在上述行为取向的推动下,政府部门主要通过以下行为实现:

1) 组建实施机构

实施机构是政策开展的责任主体,对政策实施的进展、效果负责。因此,成立实施机构就成为政府部门在组织阶段的重要行为。在当前的国家制度中,政府部门不能直接进入城市建设领域从事开发工作。为完成规划政策的实施工作,就需要成立独立的实施机构。(1)当前大多数城市都成立了城市投资公司,并且其中的主要成员大多来自官方,公司的组建具有强烈的官方背景。城市投资公司拥有资金条件,按照政府对城市建设的某些决议内容,依据城市规划方案要求,进行城市规划方案内容的具体落实工作。(2)政府部门常常通过招投标的形式,选择利益集团作为规划政策实施机构。(3)政府规划职能部门也算实施机构。在规划政策制定阶段,城市规划部门常常扮演着主要角色,而规划政策实施阶段的业务范畴大多超越了其职能范围。城市规划部门在这个过程中更多的是履行城市管理的职能,其主要的功能是对城市建设的具体内容和方式进行审批和监督。从这个意义上说,城市规划部门也是规划政策的一个实施机构。(4)在某些情况之下,由于规划政策具有宏观战略意义,实施过程中需要多个部门的协调和配合才能顺利推进,通常会成立专门的工作领导小组。

2) 落实资金筹集

规划政策的顺利实施,离不开配套资金作为保障。政府部门作为整个城市规划过程的权力主体,需要提供规划政策实施的配套资金。政府部门筹集规划政策实施资金来源有两个:一是通过财政预算获得。政府部门每年都有相关规划建设项目的任务安排,并在年度预算中列有资金计划。政府部门通过安排财政支出以确保规划政策项目资金,这是政府部门推动规划政策实施的重要行为。二是通过市场投资获取。在有的情况下,政府部门安排的财政预算不能满足项目资金的需要,更多的是需要通过吸收市场资本的形式获取。面对这种情况,政府部门便采取多种措施,营造良好的市场氛围,吸引市场投资。

在图8-5中,武汉市汉南区为实施"欧洲风情小镇"项目,通过与上海绿地控股集团合作筹集建设资金。

**案例一：武汉将投资 400 亿建华中唯一"欧洲风情小镇"**

投资 400 亿元占地 5.6 km²，汉南将开建华中唯一"欧洲风情小镇"。

本报讯（记者王刚　通讯员谢永红　邓娟）昨日，汉南区与世界 500 强企业——上海绿地控股集团就"汉南新城（欧洲风情小镇）"项目建设签署合作协议。未来 3 至 5 年将完成投资 400 多亿元，打造一个生态宜居、产城一体、具有浓郁欧洲风情的现代新城——汉南新城（欧洲风情小镇）。

据了解，目前国内有上海、天津、成都等少数几个城市建有以欧美风格为特色的小城镇，旅游、经济及社会效益等都十分显著。汉南新城（欧洲风情小镇）建成后，将成为华中唯一的"欧洲风情小镇"。

根据规划，汉南新城（欧洲风情小镇）位于汉南城关纱帽地区，东至马影河，西至武监高速，南至纱荆线，北临武汉碧桂园，面积 5.6 km²，马影河、协子河和太白湖贯穿其中，自然生态环境优美，水系发达。

据悉，新城将以欧洲特色风情为基调，新建欧洲特色风情街区、中央公园、五星级酒店、水上特色餐厅、商务中心、高档养老公寓、市民舞台及学校、医院、体检中心等项目。

新城主要功能包括商务、休闲和宜居，重点打造"汉南特色之旅"、"现代商贸之旅"和"水岸文化之旅"等三大旅游线路。

汉南区委负责人表示，建设汉南新城（欧洲风情小镇），是汉南实施新城区"独立成市"战略的有力举措，是吸收高端人才、留住高端人才的需要，是提高城市价值、提升城市品质的需要，也是走差异化、特色新型城镇化道路的需要。

图 8-5　武汉汉南区利用开发商资金实施"欧洲风情小镇"规划方案

资料来源：《长江日报》2012 年 11 月 8 日

3）制定保障制度

城市规划方案更多的是为实施过程提供一套技术路线，并没有对规划实施过程做出具体的行为规范。规划政策实施过程的社会环境具有复杂性，会遇到各种各样的问题，而解决这些问题必然需要依靠制度建设作为保障。比如，规划政策实施的投融资模式问题，规划政策实施过程中项目的审批制度问题，规划政策实施过程中可能产生的纠纷问题等。同时，还需要对规划政策实施过程人的行为做出规范要求。规划政策实施过程中的人员构成包括，与整个实施过程具有密切关系的所有成员。面对规划实施过程可能发生的种种状况，为保障规划政策实施过程的顺利开展，就需要通过相关制度的建设作为保障。在这个过程中，政府会推动相关法律、法规的完善，或者制定某些条例，在体制机制建设方面推动规划政策实施过程的顺利进行。

## 8.2.3　规划政策实施环节的行为取向

规划政策实施环节是将规划政策内容转为实体环境的具体操作，或者说是将规划方案蓝图转化为城市实体物质空间的具体操作。在当前我国的制度环境下，由于实行政企分离体制，政府部门不能直接参与城市建设的具体实践中。因此，具体的转化过程通常是由利益集团实现的。但是，政府部门在这个过程中仍然发挥着管理和控制作用，在这些行为取向的指引下实施规划政策。首先，规划部门是整个规划过程的权力主体，需要对规划实施的整个过程承担相应的责任。利益集团只有在得到规划政策实施组织委托的前提之下，才能参与到规划政策的实施过程。政策实施组织机构有权根据自己的实际需要，对利益集团进行选择。因此，规划政策实施的实际权力仍然属于政府部门所有。其次，政府部门要在政策实施过程中实施协调、监督和管理行为。规划政策实施过程中，会出现各种问题，需要通过政府部门的协调才能解决。同时，为保证规划政策实施按照既定方案开展，以实现规划政策目标，防止在规划实施过程中出现偏差，需要政府进行监督和管理。最后，政府部门是规划政策实施效果的主要评价者。在规划政策实施之后，政府部门就会对实际政策实施情况做出评价。评价情况的好坏直接关系到利益集团是否能得到相应的经济回报，是否需要对实施情况做进一步的修改完善，是否能够进行下一次合作，等等。综上可见，为了确保方案的顺利实施，政府部门在这个环节中发挥着重要作用。

## 8.2.4　政府部门行为取向的传统政治文化理解

通过分析城市规划政策实施过程中政府部门的各种行为，我们会发现，政府部门牢牢地把控着规划政策实施的全部过程。无论在规划政策的解释阶段、组织阶段还是政策实施阶段，政府部门的参与行为对规划政策实施的整个过程都起着绝对的主导作用。政府部门在参与社会事务管理中发挥主导作用，不仅体现在城市规划政策实施方面，而且体现在其他的社会事务管理中。也就是说，在我国，政府部门在社会事务的管理行为中始终处于主导地位。通过借助传统政治文化知识理论可以发现，政府部门的这种管理行为取向受到了传统政治文化中官僚政治的深刻影响。学者秦晖认为，中国最大的问题是"国家机器的权力太大"[①]，表现在处理社会事务的时候具有绝对的权威性，其行为直接渗透到社会管理的各个层面。官僚政治是古代中国权力高度集中的产物，"是当时专制政体的一种配合物或补充物而产生的"[②]，自秦代开始直到清末，中国专制——官僚的政治形态并没有太大的变更。这种传统政治统治模式深刻地影响着中国人的行为习惯，直到今天仍然留存在政府部门社会管理模式的观念里。在古代的专制主义中国，小到人们的日常

①　秦晖. 自由主义、社会民主主义与当代中国"问题"[J]. 战略与管理，2000(05)：83-91.
②　王亚南. 中国官僚政治研究[M]. 北京：中国社会科学出版社，1981：20.

生活,大到国家社会活动,都无不受到政府部门的管制,表现出强烈的官僚政治特征。封建专制时代政治管理模式具有官僚政治的特点,即官僚机构在政治参与具有广泛性和社会流动性。并且,中国官僚政治的支配作用有深入的影响,中国人的思想活动乃至他们的整个人生观,都拘囚锢蔽在官僚政治所设定的樊笼中。政府部门主导社会资源,并进行社会事务管理活动,这种政治管理模式得到社会大众的普遍认可。"官僚政治的支配的、贯彻的作用,就逐渐把它自己造成一种思想上、生活上的天罗地网,使全体生息在这种政治局面下的官吏与人民,支配和被支配者都不知不觉地把这种政治形态看为最自然最合理的政治形态"①。传统官僚政治管理模式同样也体现在规划政策的实施过程之中,使政府部门在整个规划政治实施过程中占据绝对的主导地位,它们把整个过程管得太死、统得太死,导致其他参与主体的作用不能有效发挥。在这种管理模式之下,不能充分发挥市场的作用和民主政治的作用,成为当前中国政治体制改革的重点内容②。

## 8.3 规划(咨询)机构的行为取向及传统政治文化分析

在规划过程中,我们常常认为规划(咨询)机构的参与行为主要发生在规划政策制定阶段,其行为的主要功能是为规划政策过程提供工程技术方面的专业咨询服务。但是,对于一个已制定的城市规划政策,如果没有经过实施过程,其方案包含的技术理性只是停留在理论之上,规划(咨询)机构也无法对技术内容承担责任。因此,规划(咨询)机构的技术理性只有通过具体的实施过程,才能得到检验。换言之,规划(咨询)机构在规划政策实施阶段也需要承担技术服务功能。在这种情况之下,规划(咨询)机构有必要参与到规划政策实施阶段,以配合规划政策实施的顺利开展。

### 8.3.1 规划(咨询)机构的行为取向

提供技术服务是规划(咨询)机构在规划政策实施过程中的主要功能。在规划政策实施过程中,规划(咨询)机构的主要任务是保持规划方案的技术理性能在规划实施过程中得到有效延续,其行为取向在于确保两个阶段在技术方面具有一致性。同时,正是由于在规划政策中包含了规划(咨询)机构的技术理性,这不得不将

---

① 王亚南. 中国官僚政治研究[M]. 北京:中国社会科学出版社,1981:24.

② 正值本书研究开展之时,2012 年全国"两会"在北京召开。温家宝总理在《政府工作报告》中明确提出,"要加强政治体制改革,破解发展难题"。很多专家在解读政府政治体制改革的时候就谈到,政府体制改革简单地说就是,"政府该管的地方才管,政府不该管的地方要放手"。换言之,在过去的政府管理模式中,政府对社会事务管得太多,管得太死。这样的政治管理模式,不利于市场的健康发展和社会的发展。

规划(咨询)机构自始至终地"捆绑"在整个规划过程之中。在规划政策实施过程的三个环节,规划(咨询)机构的行为都体现了这个特点。在规划政策阐释过程中,规划(咨询)机构的主要行为就是配合政府部门做好方案的阐释工作。阐释意味着将规划政策内容向大众做出具体的说明,其中技术方面的说明工作就需要得到规划(咨询)机构的配合,他们要协助政府部门将规划方案的"技术工程语言"转化为大众可以接受的信息,并要对公众和专业的质疑做出解释工作。在规划政策实施的组织阶段,规划(咨询)机构通常情况下也是实施机构的组成成员。它们根据自己所掌握的专业技术及经验,为规划政策内容在实施过程中碰到的问题提供咨询服务。在规划政策的实施阶段,规划(咨询)机构的主要工作内容也是提供技术咨询服务,如调整修改方案内容,对规划方案内容的技术进行说明等。相比较而言,规划(咨询)机构在规划政策实施阶段的具体行为并没有在规划政策实施阶段多,所做的工作内容主要是为了确保技术的延续性而开展。

## 8.3.2　规划机构行为取向的传统政治文化理解

### 1) 要实现理想和现实的衔接

通过分析规划(咨询)机构在规划政策实施阶段的行为取向可以发现,确保规划方案成果技术的延续性仍然是规划(咨询)机构在本阶段的工作重点。看来,是否捍卫"技术理性"的职业精神仍然是影响它们行为取向的关键。如果说规划政策制定阶段更多的是一种"纸上谈兵"的工作,那么规划政策实施就是一种现实实践。规划(咨询)机构从规划政策制定阶段进入规划政策实施阶段,跨越了理想和现实的两端。通常情况下,"技术理性"是对城市建设发展的理性思考,具有一定的理想主义情结。然而,规划政策实施必然要面对实践环境,存在许多的复杂性和不确定性。于是,接踵而来的是,他们总是承受着理想与现实冲突的困扰。应该说,这种冲突是它们在这个阶段表现出来最典型的心理特征。

### 2) 受到"士人"从属参与型心态的影响

在前述章节中笔者谈到,规划(咨询)机构作为具有规划专业技术的一类知识分子,具有传统知识分子共同的特征,其行为取向在一定程度上受到"士人"传统文化的影响。因此,传统政治文化中"士人"在面对理性和社会冲突时具有的心态,可以为分析规划(咨询)机构的行为取向提供借鉴。在我国的传统文化中,士人总是面临着理想中的"道"与现实中"王"之间冲突的困扰,从而形成了他们参与政治的特殊心态。士人周旋于道、王之间,无论何去何从,大体上总是承受着理性与现实相冲突的困扰。……在政治观念上形成了独特的"德权相匹"价值观念,这种观念在儒家思想家和士人之中具有普遍性,并成为士人政治心态形成的观念性前提。在"德权相匹"观念的长期作用下,逐渐形成了士人所特有的,"主体性和依附性兼而有之的'从属参与型'政治心态"①。在这种"从属参与型"政治心态的作用下,他们的日常行为表现出两个基本特点。首先,在理想价值方面重道义而轻利、权。他们"居天下之广居,立天下之正位,行天下之大道"②,表现出知识分子的宏大的志向和一定的主体精神,并形成了积极的政治参与心理取向。对于规划(咨询)机构来说,这种理想价值取向表现出对规划方案中"技术理性"的坚持,以及对城市整体利益和公共利益等职业精神的积极追求。其次,在他们的行为价值选择上,他们的基本倾向是,在坚持原则的前提下,讲求变通。奉行审时度势,讲求进退取舍的政治参与理念。正所谓,"大德不逾闲,小德出入可也"③,"与时屈伸,柔从若蒲苇"④。规划(咨询)机构在坚持理想主义情结的同时,也要在实际过程中进行适度的变通。实际上,如果过度地强调自己的"技术理性"和职业精神常常会使自己陷入"向权力讲述真理"的境地,因此需要规划(咨询)机构根据实际情况做出一定的变通。"规划师不能以一己之思想来代替多元化的利益主体,不能以一己之空间和构图偏好来协调利益之间的冲突,更不能以一己之荐言的受阻而怀有不平的心态。事实上,城市规划提供给多元利益主体的是一个协商机制和谈判机制,一味强调自身对'真理'的把握,不仅误导规划师,使其忘却了真正应当承担的社会责任,而且使交流沟通的协调过程变成了'战场'"⑤。规划(咨询)机构在规划政策实施过程中的行为取向,正是在维护"技术理性"的理想和保持变通的现实中寻找一种平衡。这种价值取向,正是来源于传统政治文化中士人的"从属参与型政治心态"。

## 8.4 利益集团的行为取向及传统政治文化分析

规划政策实施阶段最重要的目的就是要把规划政策内容转化为物质空间实体,以开发商为主的利益集团在这个过程中扮演着重要角色。如果说利益集团在规划政策制定阶段的行为更多是一种利益愿望,而在规划政策实施阶段却是一种实际行动。因为,城市规划方案总是需要通过利益集团的行为才会变成现实,并且利益集团在这个过程中的行为直接关系到规划目标的实现情况。

### 8.4.1 利益集团的行为取向

在规划政策实施过程的各个阶段之中,利益集团的行为主要表现在组织阶段

---

① 葛荃. 中国政治文化教程[M]. 北京:高等教育出版社,2006:88.
② 出自《孟子·滕文公下》。
③ 出自《论语·子张》。
④ 出自《荀子·不苟》。
⑤ 杨帆. 城市规划政治学[M]. 南京:东南大学出版社,2008:2.

和实施阶段。在规划政策实施的组织阶段，最重要的任务就是要在政府部门的主导下加入到规划政策实施机构之中。因此，是否成为规划政策实施机构的成员，意味着能否参与规划政策实施过程。利益集团在这个阶段的行为取向就是要使自己成为政策组织的实施成员，才能获取经济效益。利益集团进入规划政策实施组织的行为有两种途径：第一种途径就是由于他们参与了规划政策制定过程，从而自然地成为规划政策实施组织成员的一部分。这类利益集团通常是具有较强的实力，能够为政策的顺利实施提供如资金、技术、经验等要素服务，从而被政府部门认定为最符合政策制定和实施过程中的需求。利益集团进入规划政策实施组织的第二种途径，就是通过规划政策实施部门的邀约，从而成为规划政策实施组织的成员。当前最常用的邀约方式就是项目招标，即政府部门在市场上公开挑选最具竞争力的利益集团成为组织成员。利益集团的资金、技术、经验等综合实力是决定其能否成为实施组织成员的重要因素。利益集团成为规划政策实施组织成员，就具备参与规划政策实施过程的资格，从而使利益集团进入了规划政策实施的实施阶段。对于利益集团来说，参与规划政策的实施过程才是他们的最终目的。因为，将规划方案转化为物质实体，最重要的媒介就是资本。利益集团在实施规划政策的时候融入了劳动力资本和智力资本，这些要素成为它们经济效益的主要来源。

　　在图8-6中，贵阳市为了经营城市，推动城市的快速发展，采用了政府部门加利益集团"联合"的模式。也就是说，由于在规划政策制定之初就考虑到了利益集团投入资金建设的模式，因此很多利益集团自然地成为规划政策实施组织成员。由于利益集团投入大量资金进行基础设施建设和拆迁工作，需要通过建设超级大盘才能回收投入成本。在这种情况之下，利益集团成为了规划实施组织的主体成员，既实施了规划政策，也使贵阳产生了很多超级大盘。

---

**案例二：贵阳市超大楼盘的产生是政府和利益集团共同作用的结果**

　　面对贵阳市城市运营的需要和建设的需要，"政府只有能力做规划，没钱做投资和运营"。一位当地开发商对《南方周末》记者说，只有借助开发商的力量，政府才得以对老城区城中村和棚户区进行改造，或布局城市新功能区如金融中心、旅游胜地、CBD等，实现GDP的高增长，"超级大盘等于是开发商帮政府在运营城市"。

　　经典的成功案例是2007年开盘的贵阳金阳新区"世纪城"项目，该楼盘建筑面积600万㎡，建成后形成金阳新区最繁华的12万人聚居的住宅小区和商业中心。"政府开发金阳新区10年无起色，'世纪城'一个项目便使这一大片都热闹起来了。"朱晋仪说。

　　天下没有免费的午餐。开发商愿意出资进行土地整理和市政配套建设，要么会涨价销售，要么拿到超大地块盖超大楼盘来摊薄成本。于是，在竞争激烈、房价低廉的贵阳，超大楼盘应运而生。

**图8-6　利益集团成为规划政策实施组织机构成员**

资料来源：http://news.qq.com/a/20121110/000661.htm 有删减

### 8.4.2　利益集团行为取向的传统政治文化分析

1）收入分配体制的调整催生了利益集团

利益集团参与规划政策实施过程最核心的目的就是获取经济效益,这也是利益集团存在的主要行为取向。改革开放之前,我国在经济上实行的是高度集中的计划经济体制和单一的所有制模式,分配上推行平均主义和"大锅饭"制度,意识形态上强调与人民利益高度一致,要求个人利益必须服从集体利益,局部利益必须服从于整体利益。因此,在这种社会背景之下,"中国仅存在'自在'的利益群体,而不存在'自为'的利益集团"①。改革开放之后,按照"效率优先,兼顾公平"的原则,遵循"让一部分人先富起来"的思路,这部分先富起来的人结成了既得利益集团。从我国真正的利益集团产生过程来看,利益集团的形成是国家收入分配体制的产物。这是在"效率优先,兼顾公平"价值取向指导下,社会收入分配体制的一种调整。

2）参与政治权力分配就能够收获经济效益

从政治文化的角度理解,收入分配方式反映了国家政治制度在某个过程的价值取向。在我国古代,参与政治权力从而获取财富是最捷径的致富方式。就是说要获取经济的富裕,参与政治权力过程是重要的实现手段。"中国古代君主专制整体的本质特征之一是政治制约经济,拥有权力即占有财富,分享权力即分享利益"②。如《盐铁论·刺相》所言"管尊者禄厚,木美者枝茂。故文王德而子孙封,周公相而伯禽富"。这种通过参与政治权力分配以获取经济效益的思想,成为中国人的一种普遍观念,并对当前的社会收入分配制度产生重要影响。既然参与政治权力分配就能够收获经济效益,那么努力进入政治过程就成为驱动人们参与政治的重要价值取向。城市规划过程"是一项高度的政治化活动"③,是"一个组织动用社会资源来确定国家政策的行为"④。城市规划政策实施阶段就是一种具体的政治行为,是对城市空间及土地资源分配政治权力的具体表现。因此,如能成为城市规划政策实施组织成员,就意味着拥有这个过程的某些政治权力,这些政治权力是利益集团实现经济利益的工具。总的来说,利益集团在价值取向方面表现出对于经济地位的追求,他们的实际行为体现在实际参与规划政策实施过程之中。利益集团参与规划政策实施过程以获取某种政治权力,这受到了传统政治文化中"政治决定经济"行为取向的影响。

---

①　任剑涛.政治学:基本理论与中国视角[M].北京:中国人民大学出版社,2009:207.
②　葛荃.中国政治文化教程[M].北京:高等教育出版社,2006:224-225.
③　[美]约翰·M.利维.现代城市规划[M].孙景秋,等译.北京:中国人民大学出版社,2003:8.
④　童明.现代城市公共政策的思想基础及其演进[D].博士学位论文.上海:同济大学,1999:3.

## 8.4 市民的行为取向及传统政治文化分析

在规划政策制定阶段,市民常常通过公众参与的方式,投入到维护自己利益的行动之中。实际上,市民在这个过程获取的利益只具有理论上的意义,更多的是带有"宣誓权力"的意味。因为,规划政策制定阶段的利益分配格局只是一种理想假设。由于现实环境的复杂性和不确定性,当市民的利益与其他主体利益之间发生冲突的时候,可能作出牺牲的常常是市民的利益。只有在规划政策的实施阶段,才是对空间利益分配的实际操作。

### 8.5.1 市民在规划政策实施阶段的参与行为

城市规划政策制定是社会公共利益的一种分配方式,涉及所有参与主体的利益。规划政策实施的效果,事关参与主体对利益的实际获取情况。从理论上说,在规划政策制定阶段,就已经将市民的利益追求融入到规划政策之中。因此,在规划政策实施阶段,维护自身利益就是他们的主要行为取向。具体来说,市民维护自身利益的行为主要有三种方式。

1) 配合规划政策实施

城市规划政策的顺利实施离不开市民的配合,顺利实施的规划政策当然包含了市民的利益追求。从理论上说,在规划政策制定阶段,市民已经将自己的利益追求融入到规划政策之中。也就是说,制定完备的规划政策已经包含了市民的利益,并得到了市民的认可。市民对规划政策的认可态度,就会转化为一种配合行为。但是,在我国当前实际的城市规划过程中,由于公民的参与热情不高、参与制度不够完善等原因,导致规划政策制定过程中市民不能充分表达自己的利益追求,规划政策很难融合太多的市民愿望。也就是说,市民在规划过程中享有的权利少,而承担的义务较多。市民更多是直接面对某项规划政策的结果,表现出一种忠诚、服从的态度。服从规划政策的态度,就是一种配合行为。

2) 监督规划政策实施情况

如果规划政策实施过程偏离了预定方案内容,必然会打破既定的利益分配方案,使参与主体的利益受到损失。面对这种情况,需要各个利益主体对规划政策的实施过程进行监督。理想情况下,市民当然也不例外,他们会根据利益分配方案内容(规划政策),对规划政策实施情况进行监督。例如,监督规划政策实施是否按照规划方案内容进行,监督规划政策实施过程是否有违法、违纪行为,监督规划政策实施过程是否对自然环境造成破坏,监督规划政策实施过程是否存在钱权交易,等等。但是,在大多数情况下,市民这种监督行为的主动性还不够强,维护自己权力的意识还比较薄弱。这也是当前市民在规划过程亟待提高的内容。

3）直接参与规划政策实施过程

城市规划是一项社会成员共同参与的集体活动,任何规划政策的顺利实施,都离不开市民(人民)的劳动实践行为。首先,市民是城市生活的主体。不管是政府部门的工作人员还是利益集团的成员,他们在多数情况下,通常还是以市民的形式存在于城市。包括他们在内的所有市民,他们的日常生活、工作行为,通常情况下是在规划政策范围内进行。从这个意义理解,市民在城市中的生活和工作就是一种规划政策实施行为。其次,还有部分市民直接参与到城市规划政策的实施之中。将城市规划政策转化为实体物质空间,必然要通过人类的劳动实践才能完成。而实现这一转化过程的人,其主体还是大量的普通市民。市民的直接参与行为,是规划政策实施过程顺利实施最基本的力量。

## 8.5.2 市民行为取向的传统政治文化理解

如果说规划政策制定过程是利益分配的过程,那么规划政策实施过程则是实现利益和维护利益的过程。因此,实现利益和维护利益是规划政策实施过程参与主体最主要的价值取向。实现利益是通过规划政策实施来实现,而维护利益主要通过监督行为来实现。市民参与规划政策实施阶段的各种行为,都是受实现利益和维护利益两种价值取向的驱动。

1）习惯型政治义务观影响市民实现利益

由于民族个性特点原因,我国市民参与规划政策实施过程的行为取向具有自身的民族特色。我国的传统社会是君主政治一统天下,君权至上作为一项基本政治价值准则与君主政治相始终。先秦诸子百家就是维护君主政治和君权至高无上的主流,正所谓"天下同归而殊同,一致而百虑。天下何思何虑?"①秦汉以后,君权至上价值准则得到统治者和全社会的普遍认可,正如董仲舒说"君也者,掌令者也,令行而禁止"②。在君主政治条件下,君主拥有最高的决策权。贵族朝臣和各级官吏所享有的权力不过是君权的再分配形式,他们行使君主恩赐的权力,如参政、议政、行政、监察等权力,是在履行为臣的义务。因此,要持续获得这些权力,必须要绝对忠于君主。忠君义务观念要求臣子们在理念、心态和政治行为选择上,以忠于君主为基本原则,并使臣民形成"习惯型政治义务观念"。忠君关系不仅仅存在于君臣之间,而且成为传统社会最基本的伦理法则,成为所有市民的生活教条。在习惯型政治义务观的影响下,服从君主命令、遵从上级政策安排成为市民自觉的习

---

① 出自《周易·系辞下》。
② 出自董仲舒《春秋繁露》。

惯,这种观念根深蒂固地存在于中国人的思想之中。在规划政策实施过程中,面对政府的规划政策内容,市民们更多的是表现出一种自觉服从的态度。自觉服从规划政策内容,就会表现出一种配合、顺从的态度。在这种情况下,市民当然只会被动地接受规划政策制定过程利益的安排,行为上表现出对政策内容的接受和服从,从而推动着规划政策既定利益分配格局的实施。因此,在我国的规划政策实施过程中,市民实现自身利益需求,深刻受到了"习惯型政治义务观念"价值取向的影响。

2）缺乏权力主体意识影响市民维护利益

在维护自身利益方面,市民的行为取向也受到了中国传统政治文化的深刻影响。中国传统政治文化的基本特征之一是伦理与政治混而如一,个人的道德修养被认为是政治生活规范化和秩序化的起点,并由此使人们形成了"修身、齐家、治国、平天下"的政治行为模式。在"人皆可以为尧舜"至圣形象的感召下,人们纷纷皈依圣人,致力于通过修身的方式来提高自身的道德修养。在这种传统道德修身观念的普遍约束之下,人民不是权力的主体,而是作为道德义务主体参与全部的社会和政治生活,表现出忘我的追求和无偿的奉献。在传统的道德修身观念的普遍约束之下,人们权力主体意识,任何形式的个人利益都被忽略。也就是说,由于缺乏缺乏权力主体意识,个人利益受到忽略已经成为中国人的行为习惯。既然个人利益被忽略是中国人的一种自觉习惯,那么也根本谈不上对于自身利益的维护了。在规划政策实施的实际过程中,虽然市民是规划政策实施过程最直接、最基本的力量,但都是一种被动的安排和服从的结果。虽然市民在规划政策实施过程中偶尔会实施监督行为,但更多的是一种忍无可忍的无奈举措。在两千多年封建专制制度之下,市民主动权力意识薄弱已成为中国人思维习惯的惰性,长期残留在中国人的思维意识之中。在我国城市规划政策实施过程之中,市民维护自身利益习惯的养成还有很长的路要走。

# 9　全球化语境及应对策略思考

随着 21 世纪的到来,世界的经济、政治进入了全球化时代。多元文化交融和共生于不同的城市,信息技术的高度发展使世界变成了"地球村"。面对这样一个飞速发展的时代,城市规划环境正经历着巨大的变革。具有不同文化背景下的城市规划思想已对我国的城市规划产生巨大影响,城市规划思想的输出也将成为民族强盛的标志。如何去应对这样陌生的场景,又如何能把握规划理论发展的机遇,这是城市规划理论研究需要考虑的重要命题。笔者认为:一方面,我们不得不借鉴城市规划理论的先进成果,为我所用;另一方面,我们又不可能彻底摈弃传统政治文化对我们行为取向的禁锢,另辟蹊径。

## 9.1　规划参与主体行为取向的全球化语境

在前面的研究过程中,笔者将城市规划过程简单地划分为规划政策制定和规划政策实施两个部分,并对这个过程中规划参与主体的行为及行为取向进行了讨论。至此,我们对城市规划过程活动的本质有了更进一步的了解,即城市规划是一项有意识、有目的的人类活动。对城市规划本质的上述认识,至少包含了这样两个判断:首先,城市规划过程是人类主观意识作用的结果。其次,城市规划过程活动是人类主观意识支配下参与主体行为的集合。因此可以说,人类的主观意识和意识支配下的人类行为是城市规划过程得以开展的基本要素。人类的主观意识是一种价值判断,这些价值判断驱动着人类的规划参与行为。因此,价值判断就成为规划活动开展的逻辑起点。看来,我们得改变一些固有的看法,至少不应该再把城市规划过程仅仅看做是一项理性的工程技术行为。实际上,价值判断和技术理性共同构成了城市规划最基本特征。我们既不能将价值判断单独抽离于城市规划之外,也不能将城市规划简单地看做是一项工程技术行为。价值判断和工程技术是城市规划过程不可缺少的两面(图9-1),可以说城市规划活动就是围绕着这两

图 9-1　城市规划活动的本质特性

218

个方面在展开。

价值观念的形成常常是基于民族文化传统而形成的,通常需要数代人甚或千百年的传承积淀。也就是说,民族价值观念的形成依赖于特定时期文化土壤形成的社会环境。因此,在城市规划过程理论研究,必然应该关注社会环境的变化。当前,我国的社会环境正发生着深刻的变革,以地缘关系和血缘关系为主的传统自然经济已经解体,经济和政治的全球化正逐步改变着我国既有的社会环境。随着全球化进程的加速,人类的生活跨越了国家和地区界限,以经济、政治和文化为先导的全球化正深刻地改变着人类的空间格局,并由此带来了崭新的人类图景。在价值观念方面,全球化进程对民族国家根深蒂固的制度、传统、文化、价值产生了强烈的冲击,使更多先进的价值、文化和制度具有了超越民族的普遍性,日益获得各国人民的认可和接受,开始出现了一种所谓的全球认同。在城市发展方面,由于信息、交通、经济分工等原因使城市形成了全球城市网络。早在 1966 年,霍尔(P. Hall)便前瞻性地提出了基于新型全球经济重组背景下产生一些世界城市(World City),沃夫(Wolf,1982)、弗里德曼(Friedmann,1982)、莫斯(Moss,1987)、萨森(Sassen,1991)等人提出了世界城市体系的假说(图 9-2)。他们认为各种跨国经济实体正在逐步取代国家的作用,使得国家权力空心化,全球出现了新的等级体系结构,分化为世界级城市、跨国级城市、国家级城市、区域级城市、地方级城市,即形成了"世界城市体系"[①]。面对经济、政治的全球化进程,城市规划过程理论将面临

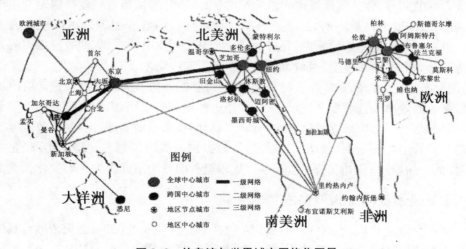

图 9-2 信息流与世界城市网络化图景

(资料来源:http://image. baidu. com/i)

<hr />

① S Sassen. The Global City:New York,London,Tokyo [M]. Princeton:Princeton University Press,1991.

全球化的语境。在快速全球化进程的语境下,国家社会分工、地域空间关系变化、外来文化等,势必会对规划参与主体的行为取向带来迅猛冲击。规划参与主体行为取向也出现了一些新的特点,具体表现在以下几个方面:

### 9.1.1 政府部门行为取向发生的变化

首先,经济全球化侵蚀了一部分民族国家的经济主权,特别是发展中国家,面临着向全球开放经济市场的压力和发展机遇。因此,一个国家或地区的经济发展情况,不再是国内或者区域内的问题,更多的是需要考虑国际因素。也就是说,国家或地区政府不再对经济的发展情况享有绝对的主导权力,他们的经济自主权也因此而被剥削弱。另外,由于跨国公司成为经济全球化的主要载体,大量存在的跨国公司在经济全球化过程中正扮演着"第二政府"的角色。他们不仅是国家贸易规则的制定者,也是生产技术创新者和转移者,使技术落后的发展中国家处于被动依赖的地位,从而削弱了国家的经济主导权①。对于政府部门来说,经济地位主导权力的弱化,使他们将对经济的一部分"话语权力"转交给市场。这种趋势也体现在城市规划过程中,改变和影响着政府部门的行为取向。例如,在 20 世纪 90 年代城市规划理论出现的"新区域主义"(New Regionalism),就是以提高区域在全球经济中的竞争力为目标而形成的区域发展理论。"新区域主义"理论背景下,政府部门的行为取向在于通过生产技术和组织变化提高区域的全球竞争力。政府部门宏观经济目标的调整,会分解成城市规划领域的目标,诱导着城市规划政策制定发生相应的改变,使城市在空间形态、产业布局、用地性质、利益分配等方面出现新的变化。对于我国的政府部门来说,经济全球化带来了较大的冲击,促使政府部门的某些传统行为取向发生改变,对城市规划过程产生较大影响。再如,20 世纪 90 年代后,面对全球化的激烈竞争和公民社会的茁壮成长,西方社会中对于通过政府改革来提高政府效率并进而提升城市竞争力,通过扩展非政府组织(NGO)在城市生活中的影响与管理作用来促进社会的协调等方面的要求空前高涨,出现了"政府重塑运动"与"管治(Governance)思潮",并导致西方国家城市规划与管理中出现"企业化"特征。随着政府职能的转变,其参与规划过程的行为取向也发生着变化。

### 9.1.2 规划机构行为取向发生的变化

面对全球化趋势,规划(咨询)机构不再受到地方主义的保护,必须依靠自身的技术实力才能赢得市场的接纳。"技术理性"成为规划(咨询)机构参与社会竞争的重要力量。因此,提高竞争实力占据市场成为规划(咨询)机构的主要行为取向。

---

① 徐蓝.经济全球化与民族国家的主权保护[J].世界历史,2007(02):1-10.

在这种情况下,规划(咨询)机构需要通过各种途径吸收先进的技术和思想理念,以提高自身的竞争实力。同时,"职业精神"也成为衡量他们竞争能力的重要指标。要获得社会和公众的普遍认可,必然要求规划(咨询)机构以国际价值标准来要求和约束自己,这是它们生存和发展的基础。在全球化加速发展的背景之下,它们必然要改变部分传统的行为取向模式,使自己更加主动和积极地融入到市场竞争中。

### 9.1.3 利益集团行为取向发生的变化

利益集团是市场经济的产物,通常情况下是以经济效益为自己的最高价值取向。在全球经济一体化进程中,利益集团面临来自全球的竞争,许多跨国公司也纷纷进入中国市场,它们的某些先进思想、理念对中国的利益集团产生重要影响。表现在:利益集团在不断创造企业的经济效益的同时,还要通过其他各种手段提高企业的自身形象,形成特定的企业文化。例如,关注社会公益事业,加强人才建设,提高企业服务管理水平,等等。经济全球化过程,对利益集团带来的不仅仅是竞争,更多的是为利益集团带来思想和观念的改变。随着自身经济实力的强大,利益集团掌握和控制的资源不断增加,对传统民族国家权力和权威构成了挑战。它们纷纷活跃在政治舞台,表现出对政治参与的积极热情。如它们对城市规划过程施加更多的影响,使规划政策的制定更加有利于自身经济利益的需要。经济全球化对利益集团在规划过程中的行为取向产生重大影响,从而改变了他们在此过程中的角色和社会地位,使他们成为参与城市规划过程的重要参与主体,使城市规划过程的利益分配走向多元。

### 9.1.4 市民行为取向发生的变化

经济和政治的全球化热潮,对市民在规划过程中的参与行为取向产生巨大影响。随着民主、民权、人权等思潮的逐步涌入中国,市民传统的臣民观念开始觉醒,并开始运用民主政治的价值标准来衡量自己的权力。在城市规划过程之中,市民不仅仅是停留在被动接受的状态,而是开始逐步进入自己的权力意识轨道,并以某些方式参与到规划政策制定和规划政策实施过程之中。例如,在我国的《城乡规划法》中,明确规划了公众参与的权力,使公民参与规划政策过程有了制度保障。在这种情况下,市民参与规划过程决策,不再是一种口号,而是实实在在可以转化为一种权力。城市规划过程为公众提供了一个参与政治决策的平台,为他们参与利益价值分配提供了基础。但是,我们也应该清楚地认识到,中国与西方政治文化的内在价值系统存在很大的差异,西方倡导的公民权利及义务等观念难以在短时间扎根于中国的传统政治文化土壤,现代社会的公民意识尚未能完全取代积淀传承下来的传统臣民观念。

## 9.2　如何融入全球化

城市规划参与主体的行为取向直接影响着规划政策制定过程和实施过程,而行为取向的形成主要是受到了传统政治文化的深刻影响。传统政治文化的形成是一个复杂而漫长的历史过程,与社会环境密切相关。当前,我国的社会环境正发生着深刻的改变,尤其是全球化进程中对我国既有的文化、意识形态、制度体系、社会生活方式等造成极大的冲击。我们已不可能生活在一个单一、封闭的社会环境之中。不管我们是否有准备,各种异域思想、理念一定会漂洋过海,改变着既有的传统价值观念。城市规划过程将面临一个更加复杂的社会环境,参与主体行为取向也将面对一个多元共生的文化空间。我们既面临着新价值理念对传统民族文化带来冲击的挑战,又面临着文化理念创新的机遇。如何平衡处理好两者之间的关系,已成为城市规划理论研究需要正视的问题。笔者认为,从大的方面来说,我们至少存在两种应对态度:一是规划参与主体的部分行为取向积极融入全球化进程,即采用"变"的态度;二是规划参与主体的部分行为取向继续维持民族个性,即采用"不变"的态度。

### 9.2.1　规划过程参与主体行为取向的"变"

1) 政府参与规划过程行为取向的变化

城市规划过程是一项公共政策,是政府推动社会经济发展和进行城市空间管理的重要工具。受传统思想制约,政府通常在这些社会事务的管理活动中发挥着主导作用,成为社会公共事务管理的"划桨者"。在全球化背景下,政府的经济分配权力和政治权力被弱化,国家和区域参与全球化竞争更需要市场发挥其资源配置的基础性作用。这就要求政府转变职能,创新社会管理模式。加快城市规划过程规则制定,完善城市规划过程法制建设,而不是一味地包办和主导这项公共决策。要由过去的社会公共事务管理的"划桨者",转变为社会公共事务管理的"掌舵者"[①]。即从传统的统治理念转变为公共治理,或者说更少地"划桨"、更多地"掌舵"。政府部门要在城市规划过程中,切实调整传统政治文化主导下的行为取向模式,才能适应新时代的需要。

2) 规划(咨询)机构参与规划过程行为取向的变化

在以前的社会体制之下,规划(咨询)机构往往是政府部门的直接下属机构,具有浓郁的官办色彩,其业务的来源都受地方主义的保护和支持。全球化背景下,跨

---

① 竺乾威.公共行政学[M].上海:复旦大学出版社,2011:23-25.

国界、跨区域竞争已经成为必然事实,规划(咨询)机构势必要加入这场竞争之中。技术手段和职业精神成为规划(咨询)机构重要的竞争力量,中国的规划(咨询)机构需要在这两个方面不断加强。

3) 利益集团参与规划过程行为取向的变化

以地产开发商为主体的利益集团,要改变以经济为主要目标的价值取向,在快速适应社会发展需要的同时,要承担更多的社会责任。我国作为一个正处在改革开放的国家,国家不仅经历着深刻的制度转型,而且也经历着迅速的经济发展和社会变迁,利益分化基础上的组织化发展日益显现其特征。相比较而言,我国的利益集团还处于比较稚嫩的阶段。对于利益集团来讲,其发展的方向需要在两个方面做出努力。首先,要从传统的人民团体到新兴利益集团组织转变,即要快速适应社会转型的需要。其次,利益集团要"从阶级政治到良性互动的集团政治",即在社会公共事务管理中扮演社会大众与国家之间的"缓冲器"的角色,以促进社会的和谐发展。

4) 市民参与规划过程行为取向的变化

受传统臣民政治文化制约,在以往的城市规划过程之中,市民既缺乏真正的参与权力,也无参与的意识。服从和忠诚的义务观是市民行为取向的主题,在这种情况之下,市民的利益也在少数社会精英的操纵之下被牺牲。在当前的时代背景之下,随着经济的发展、教育程度的提高和中产阶级壮大,平等、民主等公民权利概念逐渐进入国人的意识。市民的臣民意识开始逐渐向现代公民意识转变,不仅只会在规划过程中承担义务,而且还懂得在规划过程中争取权力。市民的权利意识逐渐增强,需要在规划过程中表达观点、维护利益、实施监督,参与到城市规划过程之中。社会事务管理走向大众治理,这是社会政治民主的必然发展趋势。

## 9.2.2 规划过程参与主体行为取向的"不变"

1) 某些传统行为取向不会轻易改变,并将继续影响着规划参与主体的行为取向

全球化所带来的社会变革对规划参与主体行为取向产生的冲击已经成为不争的事实。但是,这并不可能对规划参与主体的行为取向产生颠覆的作用。因为,两千多年来形成的传统政治习俗、态度、价值和信仰已经深深扎根于中国的土壤,已经成为一种文化基因根植于中国人的思想意识之中,在这片土壤上生活的人群,以及在这个群体社会环境成长的中国人,必然受到传统政治文化的作用,并在规划过程中表现出自己独特的民族个性。虽然面对社会环境的剧变,某些传统政治文化仍然左右着规划参与主体的行为取向,不会轻易改变,并将继续对中国人的行为取向产生影响。这就需要我们在城市规划理论研究的时候,注重传统政治文化对城

市规划过程的影响。

2）社会整体环境不会轻易改变，这是规划过程理论本土化研究的重要基础

对于城市规划过程理论来说，部分理论是对规划现象的一般抽取，具有普遍共性，能广泛用于指导城市规划过程。但是，通常情况下，城市规划过程理论是在特定社会背景条件之下的产物，必然与自身的文化、政治制度、民族个性、信仰、社会历史、经济条件等要素保持一致。也就是说，城市规划理论的产生背景和运用环境必然存在差异性。正如弗里德曼教授所言，城市规划理论的"普遍性理论是有针对性的，是从特定国家的具体现实中产生而来的"，"普遍性的理论并不是放之四海皆真理的，其适用与否取决于具体的规划文化背景"①，这就要求我们因地制宜、结合实际进行规划理论本土化研究。因地制宜、结合实际的研究态度，其中最重要的就是要遵循传统政治文化对我们固有的影响，即民族价值取向不会轻易改变的。

3）传统政治文化不会在短时间内改变，还将在较长的时间内影响规划参与主体的行为取向

"传统政治文化的形成是一个复杂而长期的过程，通常需要数代人甚或千百年的传承积淀"②。传统政治文化的形成需要漫长的过程，而传统政治文化改变也是一个缓慢的发展过程。我们的行为取向不可能凭空臆造，总是在前人的基础上进行实践和加工。换句话说，我们的行为取向必然要以传统政治文化为基础，才能进行继承和发展。当前能继续作用我们行为取向的传统意识形态，已经经历了千百年的"风吹雨打"，成为一种稳定的价值惯性，不会在一个较短的时间内发生改变。这些稳定的价值观念，成为中国人的民族个性，并会在城市规划过程之中表现出来。因此，中国的城市规划理论研究一定会表现出自身的某些民族特性。

---

① 周珂，王雅娟. 全球知识背景下中国城市规划理论体系的本土化——John Friedmann 教授访谈[J].城市规划学刊，2007(05):16-24.
② 葛荃. 中国政治文化教程[M]. 北京:高等教育出版社，2006:29.

# 10 结论和展望

## 10.1 本书的主要结论

### 1）城市规划过程具有浓郁的政治属性

城市规划过程是一项高度的政治化活动，其发生、决策、实施等各个阶段都呈现出强烈的政治色彩，故部分政治理论可以成为解释城市规划现象的理论依据。城市规划过程的政治特性主要表现在以下几个方面：第一，城市社会问题的出现是城市规划理论和实践得以诞生的根本原因，消除或缓解这些社会问题需要通过"权力"才能实现。第二，经济和政治制度是城市规划过程发生的社会基础，法律是城市规划过程实施的制度保障。第三，政治学是城市规划学科和规划系统的重要组成内容，城市规划活动具有浓郁的政治色彩。第四，城市规划活动具有浓郁的价值判断，意识形态是指导城市规划的重要价值基础。第五，城市规划过程作为一项公共政策，制约和影响着城市规划行为过程。公众参与是城市规划过程的重要阶段，公众成为公共政策参与的重要主体。第六，城市规划要以人为主体，实现"人文关怀"精神是城市规划的最高价值准则。上述几点分析表明，城市规划过程与部分政治学理论具有密切的关系。因此，部分政治学理论可以作为研究某些城市规划现象的理论基础。

### 2）规划现象具有鲜明的民族特色

城市规划的核心任务是参与主体对城市土地和空间资源进行分配，而在这个过程包含着大量的政治问题。如，为什么要分配、怎么分配、谁来分配、凭借什么力量分配、等一系列问题。要回答"为什么要分配"的问题，必然要涉及公共政策的知识，而公共政策与国家制度密切相关。要回答"怎么分配"的问题，必然关乎社会价值的选择问题。城市规划作为一门实践性很强的学科，不可能脱离意识形态的干扰而处于价值的真空状态。这些价值系统与社会的主流价值系统一致，并被涵盖在国家制度的价值系统之中。要回答"谁来分配"的问题，必然涉及规划权力主体的归属问题，即谁对规划城市享有权力。要回答"凭借什么力量分配"的问题，必然涉及权力和市场作用的问题。规划过程得以顺利实施是依靠权力作为基础而实现的。同时,市场犹如"一双看不见的手"对城市利益的调节发挥着重要作用。对于一个民族来说,社会制度、意识形态、社会权力主体、权力分配机制等政治现象必然会受到传统政治文化的深刻影响。同时,一个民族的社会制度、意识形态、权力主体、权力分配等政治现象会与其他民族之间表现出巨大的差异,即这些内容构成了一个民族最鲜明的政治属性。因此,研究这些内容,就是对民族政治现象实际的一种研究。城市规划过程涉及大量的政治现象,从政治属性的角度出发,是进行城市规划理论本土化研究的一个重要方向。

3) 参与主体的行为取向是推动规划现象发生的基本力量

(1) 城市规划是一个公共参与的过程

按照城市规划过程各个阶段的特征,笔者将其划分为规划政策制定过程和规划政策实施过程两个部分。根据每个阶段的核心任务和工作内容,这两个过程分别由几个阶段组成。规划政策制定过程包括:问题的提出与筛选、确定规划设计、确定规划设计、选定规划方案、决策过程反馈等五个阶段。规划政策实施过程包括:解释、组织、实施等三个阶段。在每个阶段,都有不同的主体参与其中进行权力的追逐和利益的分配。因此,规划过程实际上是一个公共参与过程。

(2) 规划过程是参与主体行为的结果

参与主体的行为产生规划现象,无数规划现象组成规划过程。人(即参与主体)是城市规划活动得以开展的基本力量,通常以被代言的人、组织化的人、个体化的人等三种状态存在于城市规划过程之中。在规划过程中参与主体大致有 8 类。它们在规划过程中参与行为的差异,会对城市规划过程施加不同的影响。通常情况下,政府部门、规划(咨询)机构、利益集团和市民是规划过程最典型的四类参与主体,它们在规划过程的参与行为及支撑这些行为的取向构成了本书研究的重点。

(3) 行为取向是参与主体行为的驱动力量

城市规划是一项人类有意识的社会活动。城市规划现象是参与主体行为的结果,但是参与主体的行为并不是任意产生,而是受到自身价值取向的驱动。也就是说,价值取向驱动参与主体产生行为,参与主体的行为制造规划现象,无数规划现象构成了规划过程,这就是行为取向、参与主体、规划现象之间的逻辑关系。通过本书的研究,初步构建了意识形态(行为取向)—人(参与主体)—事实(规划现象)研究框架。

4) 传统政治文化是生成参与主体行为取向的基础

规划过程参与主体的行为取向源于对传统政治文化的继承和发展,传统政治文化是生成参与主体行为取向的基础。传统政治文化的形成过程复杂而漫长,通常需要数代人或千百年的传承和积淀。传统文化通过社会化功能,"把自己所属的社会团体对社会的信仰和观念融合到自己的态度和行为中去的过程,是社会的一代向下一代传递其政治文化的方式"①。其蕴含的态度、情感、价值、信仰等行为取向,无时无刻不影响着人们的政治行为。这些传统政治文化中的行为取向,或促使某些政治行为发生,或阻止了某些政治行为的出现。政治文化规范着人们的政治行为取向,无不渗透在每个人的意识形态之中。任何一个民族都不可能与他的文化传统一刀两断,中国数千年的文化积淀也不可能在一夜之间消弭。传统政治文化一旦形成,便具有强烈的稳定性,成为全体社会成员的无意识,体现在社会成员的各种政治行为之中。政治文化具有的传承特性,使一些传统的观念、意识、心态仍然盘踞在当代中国的文化之中,仍然渗透在当代中国人的灵魂之中,仍然左右着人们对世界的认识、甄别和选择。传统政治文化对规划过程的影响,主要表现在四个方面:第一,传统政治文化调整和改变着规划过程参与主体的意识形态;第二,传统政治文化影响着规划参与主体参与制度的创建;第三,传统政治文化影响着参与主体的类型和数量;第四,传统政治文化影响着参与主体参与规划过程的阶段设定。故传统政治文化可以解读规划过程参与主体的行为现象,成为探索参与主体行为取向的研究视角。传统政治文化视角,由政治情感、政治认知、政治态度、政治价值和信仰等四个部分组成,这也构成了本书认识城市规划参与主体行为取向的视角。

5) 传统政治文化深刻影响着规划过程参与主体的行为

政府部门、规划(咨询)机构、利益集团和市民等四类典型参与主体产生于中国文化土壤,其行为方式具有鲜明的民族个性,使我们与其他民族在城市规划过程中的行为表现出较大差异。这些行为取向受到传统政治文化的深刻影响:

(1) 在规划政策制定过程中

政府的行为取向主要受到以下传统政治文化的影响:中国传统政治最大的特点就是王权支配社会,政权统治是信托式的。因此,政府部门参与规划政策制定的行为取向主要是,体现等级权威、维护统治政治秩序、调节社会经济分配。政府部门参与规划政策制定的几乎所有行为都围绕着这几个方面进行。规划(咨询)机构的行为取向主要受到以下传统政治文化的影响:规划(咨询)机构由专业知识分子构成,其职业精神受到传统士人文化的影响。对"专业技术理性"表现出"积极求道"、"消极守道"、"假道谋官"等三种态度。利益集团的行为取向主要受到以下传统政治文化的影响:为获取自身的经济效益,采取各种办法影响规划政策制定。反映我国传统社会关系中,以"人情"和"关系"取向为核心的社会关系法则。市民的行为取向主要受到以下传统政治文化的影响:市民在规划政策制定方面很少能真正参与城市空间利益分配,表现出对规划政策制定的冷漠、服从的特点。市民的这种参与规划政策制定的行为取向,是长期生活在文化专制与高度政治专制社会氛

---

① K P Langton. Political Socialization[M]. London: Oxford University Press, 1969:4.

围的结果,等级森严的尊卑关系使市民形成了典型的臣民观念。

(2)在规划政策实施过程中

政府的行为取向主要受到以下传统政治文化的影响:政府部门几乎主导着整个规划政策实施过程,表现出处理社会事务时候具有的绝对权威性。这是因为,在我国的传统社会"国家机器的权力太大"[1],其行为直接渗透到社会管理的各个层面。政府部门具有官僚政治的特点,是专制政体的一种配合物或补充物。规划(咨询)机构的行为取向主要受到以下传统政治文化地影响:从规划政策制定到规划政策实施,规划(咨询)机构面对"技术理想"与现实实际的冲突,它们在职业精神方面常常表现出对"技术理性"的变通。规划(咨询)机构的这些行为取向受到了传统政治文化的影响。这与传统士人面临着理想中的"道"与现实中"王"之间冲突的困扰相似,表现出"从属参与型"政治参与心态。在理想价值方面重道义而轻利、权,并在坚持原则的前提下,讲求变通。利益集团的行为取向主要受到以下传统政治文化的影响:利益集团积极参与城市规划政策实施过程,其目的就是要通过参与政治权力分配而获取经济效益。在行为取向方面受到传统政治文化的影响,即中国古代君主专制政体的本质特征之一是政治制约经济,拥有权力即占有财富、分享权力即分享利益。市民的行为取向主要受到以下传统政治文化的影响:通常情况下,市民被动接受规划政策制定过程利益的安排,行为上表现出对政策内容的接受和服从。这种行为取向,深刻受到了"习惯型政治义务观念"传统政治文化价值取向的影响。在维护自身利益方面,市民很难真正积极、主动地维护自身利益。这是因为,在传统的道德修身观念的普遍约束之下,人们缺乏权力主体意识,任何形式的个人利益都被忽略。

6)全球化进程下参与主体行为取向的"变"与"不变"

以经济、政治和文化为先导的全球化正深刻地改变着人类的空间格局,对民族国家根深蒂固的制度、传统、文化、价值产生了强烈的冲击。这种社会环境的变化也同样影响着城市规划过程参与主体的行为。政府部门在经济主导的权力被弱化,不得不将部分"话语权力"转交给市场,"政府重塑运动"与"管治(Governance)思潮"成为政府部门重要的行为取向。"技术理性"和"职业精神"成为规划(咨询)机构参与社会竞争的重要力量。利益集团积极参与政治分配对传统民族国家权力和权威构成了挑战,使城市规划过程的利益分配走向多元。民主、民权、人权等思潮使市民传统的臣民观念开始觉醒,逐步进入权力意识轨道,并以某些方式参与到规划政策制定和规划政策实施过程之中。全球化进程中对规划参与主体的行为取向带来的冲击,需要从规划理论研究层面提出相应策略。从大的方面来说,应对策

---

① 秦晖.自由主义、社会民主主义与当代中国"问题"[J].战略与管理,2000(05):83-91.

略主要包含两个部分：即参与主体行为取向积极融入到文明、进步的全球文化中，这就是"变"的策略；参与主体行为取向要保存和坚守一些民族优秀的文化传统，这就是"不变"的策略。

## 10.2 需要进一步研究的问题

本书从传统政治文化的视角，以城市规划过程各类现象为导向，去寻找规划过程四大典型参与主体的行为与传统政治文化的联系。并对四大典型参与主体在规划过程中的行为取向进行了传统政治文化解读，初步建立传统政治文化作为认识城市规划参与主体行为取向的一般框架。但是，这些研究只能说是初步的、探索性的，不仅有很多遗漏，而且可能对参与主体行为的分析并不十分透彻。也许部分学者会认为，本书的研究并没有像其他研究内容一样，着眼于针对某项具体的规划问题或规划技术方案的探索，显得并没有太强的实用性。也许，这是实用主义对本书最为客观和中肯的评价。但是，笔者始终认为，城市规划本体理论研究，不仅应该包含现实规划现象的研究，而且还要关注城市规划活动发生最基本的要素，即还应侧重于对人和人的行为取向系统进行研究。我们不能囿于对实用主义的盲目崇拜，而荒芜了通向理论研究的道路。

应该说，本书对规划参与主体行为取向的研究仅仅是一个开始，无论是研究的视角，还是研究的方法和具体内容，还存在着许多需要完善和改进的地方。这是笔者下一步需要继续努力的方向。

1）对传统政治文化视角的完善和丰富

本书只是初步建立了传统政治文化作为认识规划参与主体行为取向的一般框架，即从政治态度、政治情感、政治信仰等角度构建了认识规划参与主体行为取向的框架。由于对传统政治文化的研究成果多采用"拿来主义"，因此在借鉴的内容方面、借鉴的深度方面有待进一步提高。同时，当前所运用到的传统政治文化内容成果，还不能对许多规划参与主体的行为取向作出完整的解释。这就需要我们拓宽传统政治文化的吸收渠道，不断加深对传统政治文化知识的认识，以推动传统政治文化认识视角的完善。以传统政治文化作为本书的研究视角，从研究的方法论层面上说，具有人文社科研究方法中"规范性研究"的特点。这种研究方法也存在一定的局限性，如缺乏实证、可重复检验等缺陷。因此，在传统政治文化的视角下，需要在研究方法上进一步创新，以提高研究成果的科学性和指导性。

2）对规划过程参与主体的各种行为尚待进一步发掘

在本书的研究中，主要从规划政策制定和规划政策实施两个过程中去探索参与主体的行为、取向及规划现象。这种过程的划分是为了研究的方便而做的简化处理，可能实际的规划过程并非完全按照这个过程进行。因此，规划过程的两段式划分是否具有一般性，还需要通过实证过程进行研究。显然，如果城市规划过程发生改变，参与主体在每个过程阶段的具体行为也与当前的研究成果存在差异。因此，借用各种城市规划现象，对规划过程进行持续探索，进而去发现参与主体更多的行为，这有利于我们更加清晰地认识规划参与主体的行为方式。同时，本书对规划过程参与主体的行为进行了初步探索，但这显然不是规划过程参与主体行为的全部，可能还有大量规划参与主体的行为没有包括到本次研究之中。因此，遵循规划过程中规划政策过程和规划政策实施的两段式划分，继续对参与主体的行为进行讨论很有必要。

3）需要建立传统政治文化与参与主体行为之间更多的联系

通过对城市规划过程中大量城市规划现象的探索，我们会在这个过程中发现参与主体更多的行为。其中，参与主体的部分行为必然同样与传统政治文化保持着密切的关系，也就是说传统政治文化同样是驱动这些参与行为发生的动力。因此，这就需要我们加大对传统政治文化的借鉴力度，从更为广阔的视角范围内找到传统政治文化与规划参与主体行为取向的联系。相信这样的研究过程是一个持续不断的深入过程，因为城市规划现象必然会随着社会的变化而不断地推陈出新，而当前的政治文化也势必会成为将来传统政治文化的一部分。

4）对四大典型主体参与主体行为取向的研究有待进一步深入

本书只针对四大参与主体在规划过程中的主要行为取向进行初步探索，由于资料有限和经验有限，尚不能全面、准确反映他们的全部行为取向。因此，它们还有许多参与行为取向尚待发掘。而且，随着社会经济的发展，规划参与主体的行为取向将必然发生变化，导致新的城市规划现象层出不穷。这个问题说明，对于规划参与主体行为取向的研究，不可能一劳永逸。但是，无论社会经济发展到什么程度，有一点可以肯定，即城市规划过程永远是各个规划参与主体行为取向的产物，并且规划参与主体的行为取向一定会受到传统政治文化的影响。从这个意义上理解，以传统政治文化作为视角去关注城市规划中的人及行为取向具有普遍的意义，可以作为城市规划本体理论研究长期关注的一个课题。

5）沿着规划过程其他四类参与主体行为取向开展研究

城市规划过程必然是各参与主体共同行为的结果。在本书的研究中，由于笔者经历和水平有限，尚未具体论述其他4类参与主体（专家组织、研究机构、新闻机构、非政府组织）在规划过程中的行为，更没从传统政治文化的视角去分析它们的行为取向。但是，这四类参与主体在城市规划过程中具有较大的作用，同样会对城市规划过程产生深刻的影响。因此，本书对规划过程参与主体行为取向的研究并不完整。同时，规划参与主体的类型和数量会随着经济社会发展情况而变化，其功能和作用也会不断调整。但无论怎么说，它们都是规划过程中的有效参与主体，其行为都会对规划过程产生重要影响，它们的行为取向研究同样应该是规划过程参与主体行为取向研究的重要组成部分。同时，无论这些规划参与主体的类型和数量如何变化，有一个事实不会改变，那就是它们诞生于中国的文化土壤，不可能与传统政治文化分割开来。因此，运用传统政治文化的视角，同样适用于对这些参与主体行为取向的分析。

6）沿着传统政治文化中的某个具体内容展开

本书初步搭建了研究规划过程参与主体行为取向认识的一般框架，涉及政治认识、政治态度、政治情感、政治价值与信仰等层面的内容。从这些层面来分析当前的各种规划现象，还比较粗犷不够精细，无法从较为微观的层的面对城市规划现象进行剖析。笔者相信，如果聚焦于传统政治文化的某个内容，可能会使研究的内容更加深入和细致。例如，从政治信仰和政治价值的角度去研究参与主体的行为取向，从政治认知的角度去研究参与主体的行为取向，等等。沿着传统政治文化的某个内容进行研究，应该说会使规划参与主体行为取向研究内容变得更加充实。

7）研究全球化对规划参与主体行为取向的具体影响及应对策略

全球化是当前社会发展的必然趋势，在这种背景下，外来的价值观念势必与传统价值观念之间发生冲突，对规划参与主体的行为取向产生深刻影响。因此，在当前全球化进程加速的必然趋势下，关注全球化过程如何影响城市规划参与主体行为取向，怎样影响城市规划参与主体行为取向，会产生什么样的城市规划结果，这些内容也非常值得探索。同时，规划理论还需要讨论应对这些冲击的策略，因为并非全球化过程中所有内容都适应中国的城市规划过程。

8）沿着理论的实践运用进行研究

城市规划理论研究的本质目的在于，对城市规划的现实实践做出参照和指导。以传统政治文化作为研究规划参与主体行为取向的视角，可以寻找到参与主体行为取向的一般规律。这些规律构成了规划参与主体行为取向的民族特征，并且这些规划参与主体行为取向的规律将会稳定的存在于规划的过程之中，使参与主体在处理相同规划事务的时候，表现出相似的行为。因此，规划参与主体行为取向的一般规律，可以作为预测规划参与主体行为的理论依据，具有较大的实用价值。比如，在设置城市规划过程参与阶段的时候，就可以根据我国参与主体的行为特点进行设定，这显然更加有利于推动城市规划过程的顺利开展。再如，我们可以根据城市规划参与主体行为的民族特点，对它们将要产生的行为进行预测，使规划过程能更加符合规划参与主体行为取向习惯，从而回避某些社会矛盾或社会损失的发生。笔者相信，这是一个非常值得研究的方向。

# 后　记

　　本书改编自作者的博士毕业论文，看着当初撰写的厚厚一叠毕业论文，内心百感交集。本书包含着我辛勤学习的汗水，也承载着我四年学习生活的种种感怀。"日月运行，一寒一暑"，漫长而又短暂的武汉大学校园生活已经结束，回首这四年时光，有艰辛，有欢乐，也有焦虑。此时此刻，终于可以对这四年的生活作一个简短的小结了。

　　珞珈山的灵气，东湖的俊秀，成就了武汉大学如诗如画的校园环境，更何况这里汇聚着最浓郁的人文气息，能在如此优美而又充满文化气息的校园里学习，这是我今生的幸事。四年来，我师从周建教授学习，老师学术功底深厚，人生阅历丰富，更具有高尚的师德师风，能跟随她学习，这是我一生的荣幸。老师授课精彩，项目讲解生动活泼，夹杂着浓郁的师生情感、充满着对学术的独特见解、洋溢着生活的智慧，我在她那里收获了太多思想和知识。老师关注文化，而我的毕业论文选题也正是来源于老师的启迪，她使我能走出专业领域的某些禁锢，引导我进入规划理论研究的大门。一次次求教，一次次耐心作答，这是我研究得以顺利开展的基石。可以说，在我毕业论文的字里行间都闪烁着老师的思想和智慧。我想，无论是在工作、学习和生活中，老师的学识、人品和智慧都将启迪我一生。谢谢您老师，我将永远铭记您的教诲。

　　四年来，在这里还有那么多熟悉的脸孔，正是你们的关心、帮助和支持，才让我渡过了难忘的岁月。同班同学及他们的部分家属，让我感受到了同学间的真诚、无私和关切，谢谢你们。师弟师妹们在我学习和生活中帮助很多，你们洋溢着朝气蓬勃的青春气息，使工作室成为我温馨的记忆。还有很多友人，也给予我学习、生活上的各种关心，谢谢你们。正是你们对我的点点滴滴，让我对武汉大学这段求学生涯充满了美丽和温馨的记忆。

　　四年来，我的求学之路也充满着温暖和艰辛。我的学习能够顺利进行，离不开原单位领导的支持和同事的关心，谢谢你们。我也十分珍惜这难得的求学机会，始终以积极的态度投入到学习之中，图书馆、学术报告厅、珞珈山、东湖等都留下我学习和思考的身影。在这四年的求学过程中，我学会了坚持、思考和创新。我想这必将是陪伴我一生的宝贵财富。

　　在四年艰苦的求学路上，还有年迈的母亲、岳母、岳父、贤惠的妻子陪我一起走过，谢谢你们对我的支持。写下这些的时候，儿子已满 3 岁，他让我感受到了无比的幸福和巨大的责任。

　　本书得以顺利出版，感谢东南大学编辑，谢谢你们为出版本书付出的大量劳动和心血。虽然这一路行色匆匆，但也五彩缤纷！未来还任重道远，我将铭记这段历程！

# 读书期间发表的论文

1. 彭觉勇.总规层面的城市设计实施存在问题、原因及改善对策研究[J].规划师，2010(6):20-23.
2. 彭觉勇.转型期城市规划咨询体系有效运行的策略研究[J].规划师，2011(6):16-19.
3. Peng Jueyong. Optimization Planning Decision-making Mechanism to Build Urban Spatial Characteristics in China[C]. The 2nd International Conference on Multimedia Technology,2011.
4. 彭觉勇.优化规划决策机制以塑造城市空间特色[J]//转型与重构——2011中国城市规划年会论文集[C].2011.

# 参考文献

[ 1 ] J Jacobs. The Death and Life of Great American Cities[M]. New York: Random House, 1961.

[ 2 ] P Davidoff, T A Reiner. A Choice Theory of Planning(1962)[J] // A Faludi. A Reader in Planning Theory[M]. Oxford: Pergamon Press, 1973.

[ 3 ] J Ratcliffe. An Introduction to Town and Country Planning[M]. London: Hutchinson, 1974.

[ 4 ] K G Willis. The Economics of Town and Country Planning[J]. The Town Planning Renew,1981,52(4):481-482.

[ 5 ] Lucian Pye ,Sidney Verba. Political Culture and Political Development[M]. Princeton N J: Princeton University Press, 1965.

[ 6 ] Andrew Heywood. Political Theory: An Introduction[M]. 2nd ed. Basingstoke: Palgrave Macmillan, 1999.

[ 7 ] F M Barnard. Herder on Social and Political Culture [M]. Cambridge: Cambridge University Press, 1969.

[ 8 ] B Leonardo. The Origins of Modern Town Planning[M]. Cambridge: M. I. T. , 1967.

[ 9 ] N Northam. Urban Geography[M]. Hoboken New Jersey: John Wiley & Sons, 1978.

[10] P Hall. Cities of Tomorrow: An Intellectual History of Urban Planning and Design in the Twentieth Century[M]. London: Blackwell Publishers, 1988.

[11] S Campbell, S S Fainstein. Reading in Planning Theory [M]. London: Blackwell Publishers, 1996.

[12] R Freestone. Urban Planning in a Changing World: The Twentieth Century Experience [M]. New York: Brunner Routledge, 2000.

[13] M Castells , P Hall. Technopoles of the World: The Making of 21st Century Industrial Complexes [M]. London: Routledge, 1994.

[14] S Sassen. The Global City: New York, London, Tokyo [M]. Princeton: Princeton University Press, 1991.

[15] Edward B Tylor. Primitive Culture[M]. New York: Harper and Row,1958.

[16] Paul Davidoff. Advocacy and Pluralism in Planning[J]. Journal of the American Institute of Planners, 1965,31(04):331-338.

[17] G Wilson. Interest Groups[M]. London: Blackwell, 1990.

[18] W A Maloney，G Jordan，A M McLaughlin. Interest Groups and Public Policy：The Insider/Outsider Model Revisited[J]. Journal of Public Policy，1994,14(01)：17-38.

[19] K P Langton. Political Socialization[M]. London：Oxford University Press，1969.

[20] C O Jones. An Introduction to the Study of Public Poicy[M]. 2nd ed. North Scituate，Mass：Duxbury Press，1977.

[21] J Pressman ，A Wildavsky. Implementation：How Great Expectation in Washington are Dashed in Oakland[M]. Berkely：University of California Press，1973.

[22] Andreas Faludi. A Reader in Planning Theory[M]. New York：Pergamon Press,1973.

[23] John Friedmann. Planning in the Public Domain[M]. Princeton：Princeton University Press，1987.

[24] William C Johnson. Public Administration[M]. Cleveland：The DPG Inc.，1992.

[25] J John Palen. The Urban World[M]. New York：McGraw-Hill Inc，1992.

[26] D T Cross. M R Bristow. English Structure Planning[M]. London：Pion Ltd，1983.

[27] Peter Hall. Urban and Regional Planning[M]. 3rd ed. London：Routledge，1992.

[28] Peter Hall. Cities of Tomorrow[M]. Oxford：Basil Blackwell，1988.

[29] Peng Jueyong. Optimization Planning Decision-making Mechanism to Build Urban Spatial Characteristics in China[R]. The 2nd International Conference on Multimedia Technology，2011.

[30] 陈季修. 公共政策学导引与案例[M]. 北京：中国人民大学出版社，2011.

[31] 吴晓,魏羽力. 城市规划社会学[M]. 南京：东南大学出版社，2010.

[32] 李德华. 城市规划原理[M]. 北京：中国建筑工业出版社，2004.

[33] 张京祥. 西方城市规划思想史纲[M]. 南京：东南大学出版社，2005.

[34] 刘贵利. 城市规划决策学[M]. 南京：东南大学出版社，2010.

[35] 孙施文. 城市规划哲学[M]. 北京：中国建筑工业出版社，1997.

[36] 景跃进,张小劲. 政治学原理[M]. 北京：中国人民大学出版社，2010.

[37] 葛荃. 中国政治文化教程[M]. 北京：高等教育出版社，2006.

[38] 任剑涛. 政治学：基本理论与中国视角[M]. 北京：中国人民大学出版社，2009.

[39] 俞可平. 政治学教程[M]. 北京：高等教育出版社，2010.

[40] 张友渔,王啸冲,王邦佐,等. 中国大百科全书·政治学卷[M]. 北京：中国大百科全书出版社,1992.

[41] 周辅成. 西方著名伦理学家评传[M]. 上海：上海人民出版社，1987.

[42] 李会欣,陈静. 政治学[M]. 上海：上海财经大学出版社，2006.

[43] 杨光斌. 政治学导论[M]. 北京：中国人民大学出版社，2007.

[44] 吕振羽. 中国政治思想史[M]. 北京：人民出版社，2008.

[45] 易中天. 先秦诸子百家争鸣[M]. 上海：上海文艺出版社，2009.

[46] 邓小平. 邓小平文选[M]. 北京：人民出版社，1993.

[47] 王乐理. 政治文化导论[M]. 北京：中国人民大学出版社，2002.

[48] 刘泽华,葛荃. 论中国传统政治文化[M]. 长春:吉林大学出版社,1987.

[49] 钱广华. 西方哲学发展史[M]. 合肥:安徽人民出版社,1988.

[50] 崔功豪,王本炎,等. 城市地理学[M]. 南京:江苏教育出版社,1992.

[51] 谢明. 公共政策导论[M]. 第二版. 北京:中国人民大学出版社,2008.

[52] 陈敏豪. 生态文化与文明前景[M]. 武汉:武汉出版社,1995.

[53] 杨帆. 城市规划政治学[M]. 南京:东南大学出版社,2008.

[54] 张兵. 城市规划实效论[M]. 北京:中国人民大学出版社,1998.

[55] 周大鸣. 人类学导论[M]. 昆明:云南大学出版社,2007.

[56] 顾建光. 文化与行为[M]. 成都:四川人民出版社,1988.

[57] 竺乾威. 公共行政学[M]. 上海:复旦大学出版社,2011.

[58] 沙莲香. 社会心理学[M]. 北京:中国人民大学出版社,2006.

[59] 冯天瑜. 中国文化史[M]. 北京:高等教育出版社,2005.

[60] 任剑涛. 伦理王国的构造:现代视野中的儒家伦理政治[M]. 北京:中国社会科学出版社,2005.

[61] 吴存浩,于云瀚. 中国文化史略[M]. 郑州:河南文艺出版社,2004.

[62] 葛兆光. 思想史的写法:中国思想史导论[M]. 上海:复旦大学出版社,2004.

[63] 梁漱溟. 中国文化要义[M]. 上海:学林出版社,1987.

[64] 钱穆. 国史新论[M]. 北京:三联书店,2001.

[65] 俞可平. 权利政治与公共利益[M]. 北京:社会科学文献出版社,2000.

[66] 吴小如. 中国文化史纲要[M]. 北京:北京大学出版社,2007.

[67] 王亚南. 中国官僚政治研究[M]. 北京:中国社会科学出版社,1981.

[68] 周大鸣. 人类学导论[M]. 昆明:云南大学出版社,2007.

[69] 顾建光. 文化与行为[M]. 成都:四川人民出版社,1988.

[70] 韩晓燕,朱晨海. 人类行为与社会环境[M]. 上海:格致出版社,2009.

[71] 金太军,王庆五. 中国传统政治文化新论[M]. 北京:社会科学文献出版社,2006.

[72] 成臻铭. 中国古代政治文化传统研究[M]. 北京:群言出版社,2007.

[73] 邱永文. 当代中国政治参与研究[M]. 北京:中共中央党校出版社,2009.

[74] 石路. 政府公共决策与公民参与[M]. 北京:社会科学文献出版社,2009.

[75] 朱光磊. 政治学概要[M]. 天津:天津人民出版社,2001.

[73] 陈秉钊. 当代城市规划导论[M]. 北京:中国建筑工业出版社,2003.

[77] 陈士玉. 当代中国公民政治参与的模式及其发展趋势研究[M]. 长春:吉林大学出版社,2010.

[78] 张亲培. 公共政策与社会公正[M]. 长春:吉林人民出版社,2009.

[79] 江荣海. 传统的拷问:中国传统政治文化的现代化研究[M]. 北京:北京大学出版社,2012.

[80] 柏维春. 政治文化传统:中国和西方对比分析[M]. 长春:东北师范大学出版社,2001.

[81] [美]克利福德·格尔兹. 文化的解释[M]. 纳日碧力戈,等译. 上海:上海人民出版社,1999.

[82] [美] 罗伯特·达尔. 现代政治分析[M]. 王沪宁, 陈峰, 译. 上海: 上海译文出版社, 1987.

[83] [英] 格雷厄姆·沃拉斯. 政治中的人性[M]. 朱曾汶, 译. 北京: 商务印书馆, 1995.

[84] [美] 格林斯坦, 等. 政治学手册[M]. 纽约: 艾迪生-韦斯利出版公司, 1975.

[85] [古希腊] 柏拉图. 理想国[M]. 郭斌和, 张竹明, 译. 北京: 商务印书馆, 1986.

[86] [美] 加布里埃尔·A. 阿尔蒙德, 西德尼·惟巴. 公民文化: 五国的政治态度和民主[M]. 马殿军, 阎华江, 郑孝华, 等, 译. 杭州: 浙江人民出版社, 1989.

[87] [美] 加布里埃尔·A. 阿尔蒙德, 小 G. 宾厄姆·鲍威尔. 比较政治学: 体系、过程和政策[M]. 曹沛霖, 郑世平, 公婷, 等, 译. 北京: 东方出版社, 2007.

[88] [英] E. 霍华德. 明日的田园城市[M]. 金经元, 译. 北京: 商务印书馆, 2002.

[89] [美] P Hall. 城市与区域规划[M]. 邹德慈, 等, 译. 北京: 中国建筑工业出版社, 1985.

[90] [美] 露丝·本尼迪克特. 文化模式[M]. 王炜, 等, 译. 上海: 三联书店, 1988.

[91] 金经元. 近现代西方人本主义城市规划思想家——霍华德、格迪斯、芒福德[M]. 北京: 中国城市出版社, 1998.

[92] [美] 刘易斯·芒福德. 城市文化[M]. 宋俊岭, 李翔宁, 周鸣浩, 译. 北京: 中国建筑工业出版社, 2009.

[93] 马克思恩格斯选集[M]. 北京: 人民出版社, 1995.

[94] [美] 约翰·罗尔斯. 政治自由主义[M]. 万俊人, 译. 南京: 译林出版社, 2000.

[95] [日] 加藤节. 政治与人[M]. 唐士其, 译. 北京: 北京大学出版社, 2003.

[96] [美] 尼古拉斯·亨利. 公共行政与公共事务[M]. 项龙, 译. 北京: 中国人民大学出版社, 2002.

[97] [美] 乔恩·谢泼德, 哈文·沃斯. 美国社会问题[M]. 太原: 山西人民出版社, 1987.

[98] [美] 詹姆斯·E. 安德森. 公共政策制定[M]. 北京: 中国人民大学出版社, 2009.

[99] [美] 迈克尔·罗斯金, 等. 政治科学[M]. 林震, 等, 译. 北京: 华夏出版社, 2001.

[100] [美] 乔纳森·特纳. 社会学理论的结构[M]. 邱泽奇, 张茂元, 译. 北京: 华夏出版社, 2001.

[101] [美] 克利福德·格尔兹. 文化的解释[M]. 纳日碧力戈, 等, 译. 上海: 上海人民出版社, 1999.

[102] 李阎魁. 城市规划与人的主体论[D]: 博士学位论文. 上海: 同济大学, 2005.

[103] 童明. 现代城市公共政策的思想基础及其演进[D]: 博士学位论文. 上海: 同济大学, 1999.

[104] 石楠. 城市规划政策与政策性规划[D]: 博士学位论文. 北京: 北京大学, 2005.

[105] 朱日耀. 中国传统政治文化的结构及其特点[J]. 政治学研究, 1987(06): 43-49.

[106] 王运生. 中国转型时期政治文化对政治稳定的二重作用[J]. 政治学研究, 1998(02): 49-54.

[107] 石楠. 试论城市规划社会功能的影响因素——兼析城市规划的社会地位[J]. 城市规划, 2005(08): 9-18.

[108] 徐蓝. 经济全球化与民族国家的主权保护[J]. 世界历史, 2007(02): 1-10.

[109] 俞可平. 政治文化论要[J]. 人文杂志, 1989(02): 53-57.

[110] 秦晖. 自由主义、社会民主主义与当代中国"问题"[J]. 战略与管理,2000(05):83-91.

[111] 金开诚. 文化的定义及其载体[J]. 中国典籍与文化,1992(03):43-46.

[112] 李文斌,牟家华. 住房政策的局限性:政策的初衷与实施效果的背离[J]. 城市发展研究, 2006,13(02):107-110.

[113] 尹海华,李文顺,霍孟林. 政治参与的历史发展[J]. 唐山学院学报,2005,18(01):24-26.

[114] 张永桃. 中国政治学二十年(1978—1998)——纪念党的十一届三中全会召开20周年[J]. 江苏社会科学,1998(06):1-10.

[115] 吴良镛. 面对城市规划的"第三个春天"的冷静思考[J]. 城市规划,2002,26(02):9-13.

[116] 周珂,王雅娟. 全球知识背景下中国城市规划理论体系的本土化——John Friedmann 教授 访谈[J]. 城市规划学刊,2007(05):16-24.

[117] 张庭伟. 20世纪城市规划理论指导下的21世纪城市建设——关于"第三代规划理论"的 讨论[J]. 城市规划学刊,2011(03):1-7.

[118] 吴志强.《百年西方城市规划理论史纲》导论[J]. 城市规划汇刊,2000(02):9-20.

[119] 周干峙. 我所理解的吴良镛先生和人居环境科学[J]. 城市规划,2002,26(07):6-7.

[120] 唐子来,吴志强. 若干发达国家和地区的城市规划体系评述[J]. 规划师,1998,14(03): 95-100.

[121] 陈秉钊. 世纪之交对中国城市规划学科及规划教育的回顾和展望[J]. 城市规划汇刊,1999 (01):1-5.

[122] 吴良镛. 城市世纪、城市问题、城市规划与市长的作用[J]. 城市规划,2000,24(04): 17-23.

[123] 吴良镛. 怎样规划未来的城市[J]. 城市开发,2001(12):8-10.

[124] 谭少华,赵万民. 论城市规划学科体系[J]. 城市规划学刊,2006(05):58-61.

[125] 周干峙. 城市及其区域——一个典型的开放的复杂巨系统[J]. 城市轨道交通研究,2009 (12):1-3.

[126] 孙施文. 中国城市规划的发展[J]. 城市规划汇刊,1999(05):1-9.

[127] 吴志强. 论进入21世纪时中国城市规划体系的建设[J]. 城市规划汇刊,2000(01):1-6.

[128] 崔功豪. 当前城市与区域规划问题的几点思考[J]. 城市规划,2002,26(02):40-42.

[129] 吴良镛. 城市地区理论与中国沿海城市密集地区发展[J]. 城市规划,2003,27(02):12-16.

[130] 邹德慈. 发展中的城市规划[J]. 城市规划,2010(01):24-28.

[131] 顾朝林. 科学发展观与城市科学学科体系建设[J]. 规划师,2005,21(02):5-7.

[132] 张兵. 城市规划理论发展的规范化问题——对规划发展现状的思考[J]. 城市规划学刊, 2005,21(02):5-7.

[133] 赵民. "公共政策"导向下"城市规划教育"的若干思考[J]. 规划师,2009,25(01):17-18.

[134] 赵民,刘婧. 城市规划中"公众参与"的社会诉求与制度保障——厦门市"PX项目"事件引 发的讨论[J]. 城市规划学刊,2010(03):81-86.

[135] 梁鹤年. 西方规划思路与体制对修改中国规划法的参考[J]. 城市规划,2004(07):37-43.

[136] 段进. 中国城市规划的理论与实践问题思考[J]. 城市规划学刊,2005(01):24-27.

[137] 赵民. 在市场经济下进一步推进我国城市规划学科的发展[J]. 城市规划汇刊,2004(05):29-31.

[138] 石楠. 试论城市规划中的公共利益[J]. 城市规划,2004,28(06):20-31.

[139] 孙施文. 规划的本质意义及其困境[J]. 城市规划汇刊,1999(02):6-11.

[140] 杨保军. 直面现实的变革之途——探讨近期建设规划的理论与实践意义[J]. 城市规划,2003,27(03):5-9.

[141] 吴志强,于泓. 城市规划学科的发展方向[J]. 城市规划学刊,2005(06):2-10.

[142] 梁鹤年. 政策分析[J]. 城市规划,2004(11):13-16.

[143] 张庭伟. 怎样规划未来的城市[J]. 城市开发,2001(12):8-10.

[144] 赵民,雷诚. 论城市规划的公共政策导向与依法行政[J]. 城市规划学刊,2007(06):21-27.

[145] 毛其智. 对城市规划公众参与及规划教育的几点认识[J]. 第三次城市规划教育学术研讨会,2006.

[146] 孙施文,殷悦. 西方城市规划中公众参与的理论基础及其发展[J]. 国外城市规划,2004,19(01):15-21.

[147] 吴良镛. 人居环境科学的人文思考[J]. 城市发展研究,2003,10(05):4-7.

[148] 彭觉勇. 优化规划决策机制以塑造城市空间特色[J]//转型与重构——2011中国城市规划年会议文集[C],2011.

[149] 彭觉勇. 转型期城市规划咨询体系有效运行的策略研究[J]. 规划师,2011(06):16-19.

[150] 彭觉勇. 总规层面的城市设计实施存在问题、原因及改善对策研究[J]. 规划师,2010:(06):20-23.

[151] 罗小龙,张京祥. 管治理念与中国城市规划的公众参与[J]. 城市规划汇刊,2001(02):59-63.

[152] 梁鹤年. 公众(市民)参与:北美的经验与教训[J]. 城市规划,1999(05):49-53.

[153] 赵万民,王纪武. 中国城市规划学科重点发展领域的若干思考[J]. 城市规划学刊,2005(05):35-37.